Körpererfahrung

Körpererfahrung

Grundlage menschlichen Bewegungsverhaltens

Herausgegeben von

Jürgen Bielefeld

Dortmund

Mit Beiträgen von

S. Baumann, Würzburg · Ch. Bielefeld, Kiel
J. Bielefeld, Dortmund · H. Lange, Braunschweig
K.-H. Leist, München · J. Loibl, Hamburg · J. Mrazek, Köln
P. Paulus, Göttingen · M. Peter-Bolaender, Bochum
V. Rittner, Köln

Verlag für Psychologie · Dr. C. J. Hogrefe
Göttingen · Toronto · Zürich

Druck und Bindearbeit
Hubert & Co., Göttingen
Printed in Germany
ISBN 3 8017 0246 4

Inhaltsverzeichnis

Kap. III: DIAGNOSE UND FÖRDERUNG DER KÖRPERERFAHRUNG IM RAHMEN DER BEWEGUNGSERZIEHUNG

Kap. IV: ANHANG

Vorwort

Die besondere Problematik einer Beschäftigung mit der 'Körpererfahrung' scheint vor allem darin zu liegen, daß der Körper des Menschen sowohl Ausgangspunkt als auch Gegenstand der Erfahrung sein kann, ja, im zweiten Falle sogar beides zugleich sein muß. Diese Ambivalenz des 'Leibsein und Leibhaben' läßt die Körperlichkeit des Menschen als Gegenstand wissenschaftlicher, kritisch-systematischer Auseinandersetzung geradezu prädestiniert erscheinen.

Seit alters her sind es insbesondere Philosophie und Anthropologie, die sich mit der Leiblichkeit im Gesamt der Leib-Seele-Thematik beschäftigen. Konkreter beanspruchen Anatomie und Physiologie den Körper als ihren ureigensten Untersuchungsgegenstand, und auch die Psychologie beschäftigt sich mit ihm, soweit er als Träger und/oder Objekt psychischer Prozesse von Bedeutung erscheint. Die vielen gegenseitigen Berührungspunkte, die sich dabei im Grenzbereich von Medizin und Psychologie ergeben, lassen gerade in letzter Zeit das Gebiet der 'Psychosomatik' immer bedeutsamer erscheinen.

Auch aus pädagogischer Sicht verdient diese Thematik Aufmerksamkeit, da der Umgang mit dem eigenen Körper offenbar nicht von vornherein optimal vorprogrammiert ist, sondern manche Schwierigkeiten aufwirft. So ist bspw. ein Kleinkind erst nach und nach in der Lage, mit einer richtungs- und entfernungsgenauen Bewegung Gegenstände seiner Umwelt zu ergreifen. Bei anderen Aufgaben und Anforderungen werden das eigene Gewicht oder die eigenen Körpermaße über- oder unterschätzt und erst aufgrund vielfältiger Erfah-

rungen, d.h. durch Lernprozesse kommt das Individuum dazu, seinen Körper kennenzulernen und zu erfahren und seine körperlich bedingten Möglichkeiten angemessen einzuschätzen und einzusetzen.
Neben dieser eher sensorisch-kognitiven Seite der Körpererfahrung, deren Beeinträchtigung sich im leichten Fall als unharmonische, ungeschickte, schwerfällige oder plumpe Bewegungsausführung niederschlägt, im schweren Fall aber auch zur Verletzungshäufigkeit, man spricht dann von sog. Unfallern, oder konkreten Bewegungsstörungen führen kann, kommt ebenso dem mehr emotional-affektiv geprägten Körpererleben große Bedeutung zu:
Wie der Mensch Erscheinungsbild und Gegebenheiten seines Körpers akzeptiert, wie er seine körperlichen Möglichkeiten einsetzt, wie er seinen Körper beachtet und mit ihm umgeht, wie er ihn letztlich als sein 'Eigen', als unmittelbar ihm und nur ihm zugehörig betrachtet, diese Selbstannahme seiner Körperlichkeit zwischen den Extremen eines hypochondrisch-narzißtischen Körperbezuges und der bewußten Vernachlässigung trägt nicht zuletzt zum körperlichem Wohlbefinden, zur 'psycho-physischen Gesundheit' und damit entscheidend zum Selbstgefühl und zur Ich-Findung bei.

Dies alles weist darauf hin, daß auch der Umgang mit dem eigenen Körper - speziell im Zeitalter fortschreitender Industrialisierung und Technisierung - systematisch erlernt, daß der Körper, als materiale Basis des 'Ich' oder 'Selbst' vielfältig im positiven Sinne erfahren werden muß. Allerdings stellt die Überprüfung solcher Lernprozesse bisher noch ein gewisses Problem dar, da unzureichende oder gar negative Körpererfahrungen sich nicht so leicht erfassen lassen, wie etwa die Beherrschung des kleinen Einmaleins, der Grammatik oder sonstiger Kulturtechniken.
Sensorische Defizite dieses Bereiches konkretisieren sich sehr häufig im motorischen Verhalten, insbesondere als 'visuo-' oder 'ideamotorische Leistungsinsuffizienzen', bzw. in allgemein verminderten Koordinationsleistungen, da die Möglichkeiten der Bewegungsantizipation oder der kinästhetischen Wahrnehmung beeinträchtigt sind. Von einer eindeutigen Symptomzuordnung kann bisher jedoch noch keineswegs gesprochen werden.
Noch problematischer erscheint eine Diagnose von Defiziten im Bereich emotional-affektiver Körpererfahrungen, da sich solche Mängel fast ausnahmslos in Verhaltensstörungen, häufig aber ebenfalls in einer Beeinträchtigung der Bewegungskoordination äußern, als deren Ursache nur selten Körperbild-Störungen diagnostiziert werden.

Bei der besonderen Bedeutung, die der Körpererfahrung sowohl für motorische Lernprozesse als auch im Rahmen der Gesamtentwicklung für den Aufbau einer positiven Ich-Beziehung, für emotionale Ausgeglichenheit und nicht zuletzt für das Selbstbewußtsein des Menschen von vielen Autoren zuerkannt wird, erscheinen eine diesbezügliche vorbeugende und/oder ausgleichende Förderung, wie sie bereits in allen psychomotorischen und motopädagogischen Programmen (besonders für behinderte Kinder) an zentraler Stelle verankert ist, unverzichtbar! Die wissenschaftliche Grundlegung eines solchen bewegungspädagogischen bzw. -therapeutischen Vorgehens bedarf aber, trotz der in den letzten Jahren eingesetzten Publikationsflut zum Thema, noch einer eingehenden systematischen, am wissenschaftlichen Standard orientierten, anwendungsgeleiteten Auseinandersetzung mit dem hypothetischen Konstrukt 'Körpererfahrung'. Dabei muß dann insbesondere der fundamentale Bezug der Körpererfahrung zum Bewegungsverhalten thematisiert werden, der erstaunlicherweise trotz fast 80jähriger Forschungstradition bisher nur zögernd bzw. eher peripher Berücksichtigung gefunden hat. Erschwerend kommt hinzu, daß die Fülle der wissenschaftlichen Fragestellungen, methodologischen Zugriffe, historischen, kulturellen und sonstigen Einflüsse den Komplex 'Körpererfahrung' haben so ausufern lassen, daß ohne ein systematisierend-strukturierendes Ordnungsraster der bisherige Erkenntnisstand kaum gezielt und erschöpfend nutzbar gemacht werden kann.

In diesem Sinne war es die Absicht des Herausgebers, Körpererfahrung als Grundlage menschlichen Bewegungsverhaltens mit dem vorliegenden Reader aufzuarbeiten und für eine vertiefte Themenbearbeitung zu erschließen.

Im Kap. I wird ein solches, oben gefordertes Strukturmodell entwickelt und vorgestellt, welches zugleich den Ordnungsrahmen für die weitere Themenbearbeitung darstellt. Im Sinne einer gezielten Themeneinführung wird zudem die bewegungspädagogische Bedeutung der Körpererfahrung generell, sowie deren Bedeutung speziell für das motorische Lernen behandelt.

Im Kap. II wird, sozusagen als allgemeiner Erkenntnishintergrund, Körpererfahrung in persönlichkeitspsychologischer und kulturhistorisch-gesellschaftlicher Sicht aufgearbeitet, wodurch der Anteil der Körpererfahrung an der Selbsterfahrung bzw. am Selbstkonzept, zugleich aber auch Zeit- und Kulturabhängigkeit des Umganges mit dem eigenen Körper deutlich werden.

Im Kap. III werden Teilbereiche des Komplex' Körpererfahrung im Sinne einer vorwiegend nicht-klinischen Betrachtung für die Analyse des Bewegungsverhaltens nutzbar gemacht, wobei sowohl theoretische, wie auch diagnostische und pädagogisch-therapeutische Aspekte Berücksichtigung finden.

Im Kap. IV schließlich wird dem Leser eine Bibliographie zur Körpererfahrung aus bewegungswissenschaftlicher Sicht zur Verfügung gestellt, welche den bisherigen Publikationsstand sowohl aus sportwissenschaftlicher, wie aus psychomotorisch bzw. motopädagogischer Sicht dokumentiert und zugleich alle Grundlagen - sowie weitere Texte beinhaltet, welche für eine fundierte wissenschaftliche Themenbearbeitung unverzichtbar und hilfreich erscheinen.

Der Herausgeber ist insbesondere den Autoren zu großem Dank verpflichtet, die sich auf das Wagnis eines solchen Unternehmens eingelassen und versucht haben, die vorgeschlagene Struktur und Terminologie mit ihren Beiträgen anschaulich werden zu lassen. Trotz umfangreichen Gedankenaustausches und vielfältiger Abstimmungsarbeiten konnte die unterlegte Gesamtkonzeption sicherlich nicht stringent umgesetzt werden, insofern spiegeln der gesamte Reader wie auch die Einzelbeiträge, für die die jeweiligen Autoren allein verantwortlich zeichnen, sowohl den bisherigen Kenntnisstand wie auch die aktuelle wissenschaftliche und persönliche Themensicht und Themenbearbeitung des Herausgebers und der Autoren im Themenkreis 'Körpererfahrung' wieder.

Dem Verlag für Psychologie, Dr. C. J. Hogrefe, dankt der Herausgeber für Drucklegung und Herausgabe, insbesondere den Herren Dr. Lundberg und B. Otto für die angenehme und vertrauensvolle Zusammenarbeit.

Jürgen Bielefeld

Kapitel I

Einführung in die Thematik

Zur Begrifflichkeit und Strukturierung der Auseinandersetzung mit dem eigenen Körper

Jürgen Bielefeld

1. Der eigene Körper als Erfahrungsquelle

Eine Rückbesinnung auf den Körper als 'vitales Zentrum' des Individuums wird in den letzten Jahrzehnten speziell mit therapeutischer Intention mehr und mehr vollzogen, was letztlich gar zum grundlegenden Axiom der sog. 'bioenergetischen Analyse' führte: Der Mensch 'ist' der Körper! (LOWEN 1976).
Mit teilweise nur graduellen Unterschieden haben sich auf dieser 'Körpererfahrungsbasis' zahlreiche psychotherapeutische Techniken entwickelt, von denen exemplarisch nur die

- 'konzentrative Bewegungstherapie' (STOLZE 1958),
- 'integrative Bewegungstherapie' (PETZOLD 1974),
- 'sensory awareness' -Methode (BROOKS 1974),
- 'Eutonie' (ALEXANDER 1964),

oder etwa die in der philosophisch-anthropologischen Gedankenwelt Rudolf STEINERs begründete

- 'Heileurythmie' (vgl. WILMAR 1974)

genannt werden sollen.
Hingewiesen sei daneben auch noch auf die besondere Bedeutung, die dem Tanzen in allen Epochen und Kulturbereichen der Menschheit zuerkannt wird: Durch seinen Körper und in der Bewegung tritt der Mensch in sozialen Kontakt, drückt sich aus und teilt sich mit, so daß WIGMAN (1963) sehr treffend gar von der 'Sprache des Tanzes' spricht. So wie der hierauf aufbauenden 'Tanztherapie' (vgl. etwa WILLKE 1978) ist allen diesen Ansätzen gemeinsam, daß sie den menschlichen Organismus, seinen Körper, seinen Geist und seine

Psyche, als eine Einheit betrachten, d.h., auf einer ganzheitlichen Auffassung des Menschen beruhen. Denken, Fühlen und Wollen oder - wie es im modernen wissenschaftlichen Sprachgebrauch heißt - Kognition, Emotionalität und Motorik sind somit als drei unterschiedliche Verhaltensbereiche des Menschen zu verstehen, deren analytische Trennung zwar relativ leicht möglich ist, letztlich jedoch zu keinem besseren Verständnis der 'Individualität' oder 'Persönlichkeit' führen kann.

Vornehmlich das der philosophischen Tradition des 'kartesianischen Dualismus' verpflichtete Abendland trennt deutlich zwischen Körper und Geist, welche DESCARTES als zwei von einander unabhängige Substanzen postulierte. Diese einseitige Hervorhebung des Geistigen (noch dazu verbunden mit seiner idealistischen Grundlegung) entwickelte sich im Verlaufe der Industrialisierung dann zu einer offensichtlichen Ungleichgewichtung von geistiger und körperlicher Arbeit, letztlich gar von Theorie und Praxis generell. Darüber hinaus ist gerade die hochindustrialisierte Welt durch einen erschreckenden Mangel an Emotionalität und Spontaneität gekennzeichnet.

Beides, Bewegungs- wie Ausdrucksverarmung führt aber offensichtlich zu einem Verlust an Ursprünglichkeit und Natürlichkeit und letztlich auch zu einer Einbuße schöpferisch-geistigen Leistungsvermögens. Alltagserfahrungen wie wissenschaftliche Untersuchungen belegen den engen Zusammenhang von geistigen, emotionalen und motorischen Vollzügen, der sich sogar in paralleler Wortverwendung niederschlägt, etwa im Begriff der 'Haltung' für äußeres Erscheinungsbild wie für die innere Verfassung, oder im Begriff der motorischen und geistigen 'Gewandtheit'.

Funktionale Basis und Ausgangspunkt allen Verhaltens des Individuums ist sein Körper (oder, um einer materialistisch orientierten Auffassung zuvorzukommen, sein Leib). Doch wie das Naheliegende oft zu wenig beachtet wird, fremd und unbekannt bleibt, ist wohl auch die eigenen Leiblichkeit dem Menschen zu gewohnt, zu selbstverständlich, als daß der eigene Körper Objekt bewußter Aufmerksamkeit und Auseinandersetzung wäre. Zumeist erst bei aktuellen funktionalen Beeinträchtigungen durch

Verletzungen oder Erkrankungen werden Selbstverständlichkeiten wieder in Frage gestellt, wird der eigene Körper wieder als bedeutsam wahrgenommen.

Im Umkreis des hiermit angesprochenen Sachverhalts herrscht jedoch eine solche begriffliche Vielfalt (oder sollte man sagen: Verwirrung?) vor, daß vor einer weiteren inhaltlichen Auseinandersetzung zunächst eine terminologische Abklärung solcher Begriffe wie 'Körperschema', 'Körperbild', 'Körperkonzept', Körperbewußtheit', 'Körper-Selbst', 'Körper-Ich' und vielen weiteren sowie deren nicht immer eindeutigen englischsprachigen Übersetzungen vorgenommen werden muß. Gemeinsam nämlich ist allen diesen Begriffen, daß sie ein jeder für sich das Gesamt oder aber spezifische Aspekte der auf den eigenen Körper bezogenen Wahrnehmungen, Empfindungen, Kenntnisse und Erfahrungen zu bezeichnen vorgeben, die Vielzahl und Vieldeutigkeit der Begriffe haben das Verständnis und die Vergleichbarkeit der Publikationen indes eher erschwert, als daß sie zu einer Fundierung und kontinuierlichen Weiterentwicklung dieses Untersuchungsfeldes beigetragen hätten.

2. Historischer Abriß und Terminologie

Die Auseinandersetzung mit dem eigenen Körper ist mit je unterschiedlichen Zielsetzungen und methodologischen Instrumentarien von verschiedenen Wissenschaften bzw. Forschungsrichtungen geführt worden, insbesondere von der Medizin, Neurophysiologie und Psychiatrie, und der Psychologie. In jüngster Zeit haben auch die Bewegungswissenschaften, Sportwissenschaft und Motologie, diese Thematik entdeckt, bspw. bei der Erforschung perceptiv-motorischen Lernens oder bei der Konzipierung bewegungstherapeutischer Programme.

Die wissenschaftliche Auseinandersetzung reicht etwa bis zur Jahrhundertwende zurück: Neuere Autoren verweisen zumeist auf grundlegende Arbeiten des englischen Neurologen H. HEAD und des deutschen Psychologen P. SCHILDER.

So führte bereits HEAD (1911, vgl. JORASCHKY 1983) den Begriff des 'Schemas' ein, dem auch heute noch als 'Körperschema' bzw. 'body scheme' (oder entsprechende Übersetzungen) zentrale Bedeutung zuerkannt wird. Darunter ist eine schematische Vorstellung vom eigenen Körper zu verstehen, die das Individuum über die Rückmeldung innerer und äußerer Wahrnehmungsreize erwirbt. Einerseits leisten die Außenreizempfänger (die sog. Exteroceptoren) die exakte Lokalisation von auf die Körperoberfläche einwirkenden haptischen Reizen, andererseits sind die von den Innenreizempfängern (den sog. Intero- oder Proprioceptoren) ausgelösten kinästhetischen Empfindungen, wie Körperlage-, Muskel- und Sehnenspannungsinformation, die Grundlage für die Wahrnehmung der jeweils aktuellen Haltung und Bewegung des eigenen Körpers. Beide Wahrnehmungsquellen führen nach HEAD zu neurophysiologischen Reaktionen, die er auch als Oberflächen- und Tiefensensibilität bezeichnet. Belege für seine Auffassung, daß diese schematische Körperwahrnehmung Ergebnis corticaler Aktivitäten seien, findet der Autor bei Patienten mit Hirnläsionen, denen die richtige Einschätzung von Körperhaltungen bzw. passiven Bewegungen offensichtlich nicht möglich ist.

Einen über diesen neurophysiologischen Wahrnehmungsakt hinausgehenden Erklärungsansatz legte dann SCHILDER (1923; 1935) vor: Zwar gebraucht er ebenfalls den Terminus 'Körperschema', wie ihn PICK (1915) als Übersetzung des HEADschen Begriffes verwendet, bezeichnet damit aber

"das Raumbild, das jeder von sich selbst hat. Man darf annehmen, daß dieses Schema in sich enthalte die einzelnen Teile des Körpers und ihre gegenseitige räumliche Beziehung zueinander" SCHILDER (1923, 2).

Zugleich betont er die besondere Bedeutung der visuellen Reizaufnahme für die Entwicklung des Körperschemas, welches er zudem als wichtiges Element in die gesamte Persönlichkeitsstruktur einbezieht.

"When we perceive or imagine an object, or when we build up the perception of an object, we do not act merely as a perceptive apparatus. There is always a personality that experiences the perception" SCHILDER (1935, zit. n. SHONTZ 1969, 13).

Ähnlich wie schon bei PICK (1915) erhält die Körperwahrnehmung dadurch eine anthropologisch-psychologische Deutung, indem sie sich durch jeweils individuelle und sozial-vermittelte Erfahrungen in der je spezifischen Lebensgeschichte aufbaut bzw. modifiziert, weshalb SCHILDER (1935) im folgenden auch von 'body image' spricht.

Speziell diesen psychologisch bedeutsamen Anteil macht CONRAD (1933) mit seiner Forderung deutlich,

"klar zwischen dem Körper als physischen Organismus, als objektiv gegebener Realität einerseits, und als einen Anschauungsgegenstand in phänomenalen Raum zu unterscheiden" (BAUMANN 1974, 304).

Mit seiner Auffassung, daß das Bewußtsein eigener Körperlichkeit Ausdruck eines Ganzheitsprozesses sei, skizziert CONRAD zudem bereits die theoretische Basis aktueller psycho- und bewegungstherapeutischer Programme zum bewußten Wahrnehmen und Erleben des eigenen Körpers.

Die weitere Entwicklung ist vornehmlich durch eine intensive Forschungstätigkeit gekennzeichnet, die neben einer bis heute nicht verebbenden Literaturfülle bedauerlicherweise aber auch eine verwirrende Begriffsinflation hervorgebracht hat.

Insbesondere diese zahlreichen Neuschöpfungen verbunden mit einem zumeist unpräzisen Gebrauch des jeweiligen Begriffs ist von vielen Autoren kritisiert worden (vgl. etwa SMYTHIES 1953; de AJURIAGUERRA 1965; SHONTZ 1969; WHITING 1973; BAUMANN 1974; PAULUS 1982). Allerdings spiegeln unterschiedliche Begriffswahl wie abweichendes Begriffsverständnis häufig aber auch nur die unterschiedlichen, philosophischen, anthropologischen, psychologischen, medizinischen und letztlich auch pädagogischen und therapeutischen Ansätze wider, wie man es positiv auch aus einem Zitat von SHONTZ (1969, 5) herauslesen kann: "... the meanings of terms depend upon what one is trying to explain".

Allerdings trifft die kritisierte Begriffsverwendung weniger auf den Teilbereich des eigentlichen Körperschemas zu, der eine zumindest weitestgehende terminologische und inhaltliche Übereinstimmung beim Großteil der Autoren aufweist (vgl. etwa HEAD 1920; CONRAD 1933; SHONTZ 1975; PLÜGGE 1970; JORASCHKY 1983), während demge-

genüber die Vielzahl persönlichkeitstheoretisch orientierter Publikationen begrifflich kaum zu vereinheitlichen ist.
Neben 'Körper-Ich' (BISCHOF 1966), 'Körper-Bild' (SIBLIK 1973), 'Körper-Selbst' (JORASCHKY 1983), 'Körper-Bewußtheit' (FISHER 1970) oder 'Körper-Imago' (FROSTIG 1975) kommen auch Begriffe wie 'körperliches Selbst' (DORSCH 1976), 'Leiberleben' (POECK & ORGASS 1964), 'body image' (SCHILDER 1935), 'body concept' (BENNET 1960) und viele andere mehr zur Anwendung.

Vergleichende Darstellungen verschiedener Ansätze sind darüber hinaus auch deshalb schwierig, weil einige Autoren einunddenselben Begriff für unterschiedliche Inhalte verwenden, bspw. 'Körperschema' bei HEAD (1920) und SCHILDER (1923), oder 'body concept' bei SMYTHIES (1953) und BENNET (1960), bzw. unterschiedliche Begriffe für letztlich übereinstimmende Inhalte gebrauchen, so etwa 'Körper-Ich' (BISCHOF 1966) und 'body concept' (BENNET 1960) oder 'body percept' (BENNET 1960) und 'body scheme' (HEAD 1920) usw.

Eine systematische Literaturübersicht macht zudem deutlich, daß die wissenschaftliche Behandlung dieses Themenkomplexes, zumindest in den ersten Jahrzehnten, eine sehr deutliche Gewichtung zugunsten des Körperschema erfahren hat. Die bereits angesprochene relativ größere terminologische Abklärung und - was für die praktische Arbeit von besonderem Interesse ist - eine breite Palette diesbezüglicher diagnostischer Erhebungsmöglichkeiten scheinen dies zu belegen.
Auch empirisch-experimentell ist der Teilbereich Körperschema gut fundiert, verwiesen sei hier lediglich auf das grundlegende 'rod and frame'-Experiment (vgl. WITKIN 1965), welches in der Folgezeit in z.T. äußerst aufwendigen technisch-apparativen Variationen wiederholt worden ist und letztlich gar eine eigenständige Forschungsrichtung zur Feld- (Un-)Abhängigkeit der Körperwahrnehung angeregt hat (vgl. etwa WAPNER & WERNER 1965; WITKIN u.a. 1977).

Wohl in Anlehnung an den generellen Psycho-Boom hat sich in den letzten ca. 15 bis 20 Jahren auch der Schwerpunkt der Auseinandersetzung mit dem eigenen Körper mehr und mehr in Richtung der subjektiven Aneignung und Verfügung der eigenen Körperlichkeit, d.h. im Sinne des 'Körperbildes' verschoben. Unter Anwendungsaspekten ist hier auf die kaum noch überschaubare Fülle psycho- und bewegungstherapeutischer 'Körperprogramme' zu verweisen, aber auch persönlichkeits- und sozialpsychologische wie soziologische Forschungen haben zu dieser Schwerpunktverlagerung beigetragen, vgl, etwa FISHER & CLEVELAND 1968; KANE 1972; zur LIPPE 1978; KAMPER & RITTNER 1976; PAULUS 1982.

3. Entwicklung eines Strukturmodells

3.1. Ausgangssituation und Zielsetzung

Wie die vorstehenden Ausführungen deutlich gemacht haben sollten, haben unterschiedliche wissenschaftliche, methodische, historische, kulturelle usw. Zugänge der Auseinandersetzung mit dem eigenen Körper zu einer kaum noch überschaubaren Vielzahl von Begriffen und Begriffsdeutungen geführt, die letztlich wiederum auf die Komplexität und den Konstruktcharakter des zugrundeliegenden Sachverhalts verweist. Eine befriedigende terminologische und definitorische Klärung wird nach SHONTZ (1969) jedoch erst dann entwickelt werden können, wenn (noch mehr) 'wesentliche und grundlegende Aspekte geklärt seien'. Bis dahin aber ließen sich, trotz enger Orientierung an vorhandener Literatur, willkürliche Definitionen wohl kaum vermeiden.

Zumindest teilweise kann die Willkürlichkeit und Unverbindlichkeit bisheriger Begriffsverwendung aber auch darauf zurückgeführt werden, daß der gesamte Themenkomplex zu diffus, vornehmlich die erdrückende Fülle an Einzelbefunden zu wenig strukturiert aufgearbeitet worden ist. Zwar sind schon zahlreiche Versuche einer strukturierenden Aufhellung unternommen worden, nachhaltig durchgesetzt hat sich bisher aber keiner. Viele Begriffsschöpfungen wurden gar erst mit dieser Intention kreiert, jedoch nur selten überzeugend entwickelt und begründet und mglw. deswegen wiederum nur von wenigen anderen Autoren aufgegriffen und/oder mit dem selbem Begriffsverständnis verwandt.

Wenn im folgenden nun ein neuerlicher Strukturierungs- und Systematisierungsversuch unternommen wird, so geschieht dies auf der Grundlage verschiedener Entwicklungen:

(1.) hat sich der Erkenntnisstand bzgl. der Auseinandersetzung mit dem eigenen Körper seit der Situationsanalyse SHONTZ' (1969) erheblich weiterentwickelt. Dies gilt auch insbesondere für den deutschsprachigen Bereich, was u.a. durch die integrativen Zusammenfassungen von PAULUS (1982) und JORASCHKY (1983) dokumentiert wird,

(2.) haben sich in den letzten Jahren verschiedene Autoren verstärkt um eine solche Systematisierung bemüht, u.a. SHONTZ (1969; 1975), WHITING (1973), FROSTIG (1975), so daß, wenngleich die genannten Ansätze aus unterschiedlichen Gründen auch nicht akzeptiert werden können, die Basis eines neuen Versuchs breiter fundiert erscheint, und

(3.) ist die Auseinandersetzung mit dem eigenen Körper in den letzten ca. 10 Jahren verstärkt in bewegungswissenschaftlicher Sicht (Sportwissenschaft, Psychomotorik, etc.) aufgegriffen worden (vgl. etwa LEIST 1976; FUNKE 1980; BINNEWIES & WEINBERG 1984), vielfach jedoch ohne erkennbare Bezugnahme auf den sonstigen psychologischen, medizinischen, etc., wissenschaftlichen Standard bisheriger Körperforschung.

Eine strukturierende Auffächerung des Gesamtkomplexes erscheint deshalb geboten, um unergiebige Wiederholungen zu vermeiden und stattdessen zu systematischer Themenbearbeitung anzuregen.

Dennoch wird es auch zum gegenwärtigen Zeitpunkt nicht möglich sein, ein generell gültiges, wohl nicht einmal ein allgemein akzeptiertes Strukturmodell mit überschneidungsfreien und eindeutigen Zuordnungen zu schaffen. Wenn man sich die mit wachsender Publikationsfülle ebenfalls anwachsende Zahl von Begriffen und Begriffsverwendungen vor Augen führt, dann kann es sehr pragmatisch eigentlich nur darum gehen, ein 'plausibles' Modell zu schaffen, welches bisherige Befunde relativ logisch zuzuordnen erlaubt und als Basis systematischen Vorgehens zukünftiger Forschung und Anwendung dienen, d.h. mehr im heuristischen Sinne wirksam werden kann. Auf terminologische Neuschöpfungen wird dabei verzichtet (denn an Begriffen besteht ja wahrlich kein Mangel), vielmehr sollen Begriffe ausgewählt werden, die unter Berücksichtigung der historischen Entwicklung, des jeweiligen Forschungs- bzw. Publikationsumfangs sowie des aktuellen Erkenntnisstandes möglichst prägnant und eindeutig (auch in englischer Übersetzung) den jeweils angesprochenen Sachverhalt charakterisieren!

3.2. 'Körperschema' und 'Körperbild', die zwei Komponenten der Auseinandersetzung mit dem eigenen Körper

Schon in den frühen Arbeiten (siehe 3.1) lassen sich deutlich zwei unterschiedlich akzentuierte Ansätze der Auseinandersetzung mit dem eigenen Körper aufzeigen: Zunächst die aus der neurophysiologischen Forschung HEADs (1911) entstandene Postulierung zweier Schemata, welche als im Cortex gespeicherte Standards den Vergleichsmaßstab für alle Körperpositionen und -bewegungen bzw. aller auf den Körper einwirkenden haptischen Reize, also eine rein perceptiv-kognitive Leistung des Individuums darstellen, später dann die durch PICK (1915) bereits angedeutete und von SCHILDER (1923; 1935) erweiterte Auffassung im Sinne persönlichkeitsspezifischer Grundlegung und Auswirkung dieser Schemata.

> Trotz mehr als 50jähriger intensiver Forschungsarbeit hat sich an diesen beiden Arbeitsschwerpunkten seither grundsätzlich nichts geändert, wenngleich auch von Seiten der Medizin, der Psychiatrie, der Psychologie usw. jeweils sehr unterschiedliche Fragestellungen aufgeworfen wurden. Zahlreiche Definitionen beider Teilbereiche machen zudem deutlich, daß es sich hierbei nicht um zwei völlig voneinander unabhängige Themenkomplexe handelt, sondern diese vielmehr im Sinne zweier Facetten einunddesselben Sachverhalts zu verstehen sind: Während auf der einen Seite vorrangig nach Struktur und Prozeß der Wahrnehmung des eigenen Körpers gefragt wird, gilt das Interesse auf der anderen Seite in erster Linie der Frage nach der subjektiv-individuellen Einordnung und Bewertung eben dieser Wahrnehmungen.

Allerdings behandeln nur wenige Autoren diese beiden divergierenden Aspekte der 'Körperlichkeit' unter einunddemselben Begriff, so etwa SCHILDER, der zunächst 'body scheme' (1923), später dann 'body image' verwendet. Auf 'body image' greift dann auch WITKIN (1949) zurück, während AUERSPERG (1960) von 'Schemata' (also im Plural) spricht, denen er sowohl physiologische als auch erlebnismäßige Bedeutung zuerkennt.

Zumeist findet sich jedoch die schon bei CONRAD (1933) geforderte terminologische Unterscheidung, bspw. bei BISCHOF (1966), der dem lediglich auf die morphologische Struktur der Körpergestalt reduzierten Begriffsumfang des 'Körperschemas' das phänomenal gefaßte 'Körper-Ich' gegenüberstellt, welches durch die Wesensmerkmale des "Eigenen", "unmittelbar zu mir Gehörenden", und "von meinem ich (meiner Seele) Durchdrungenen" (BISCHOF 1966, 422) ausgezeichnet ist. In ähnlichem Verständnis stellt JORASCHKY (1983) 'Körperschema und Körper-Selbst' als Regulationsprinzipien der Organismus-Umwelt-Interaktion gegenüber.

Zur Verdeutlichung dieser beiden unterschiedlichen Betrachtungsweisen fordert SHONTZ (1969) eine Trennung von wahrnehmungspsychologischer Analyse und persönlichkeitstheoretischer Betrachtung, wobei beide Arbeitsschwerpunkte sowohl einer klinischen wie auch einer nicht-klinischen Betrachtung offen stehen.
Für WITKIN u.a. (1962); de AJURIAGUERRA (1965), WHITING (1973) und andere Autoren sollte vom Standpunkt des Individuums aus zwischen einer kognitiv und einer emotional geführten Auseinandersetzung mit dem eigenen Körper differenziert werden, bzw. zwischen

"the body as it is known, i. e., as the object and subject of cognitive activity; and the body as it is experienced or the object and subject of affective activity (de AJURIAGUERRA 1965, 85).

Nach BAUMANN (1974, 305) wird mit dieser heute generell eingehaltenen Unterscheidung zwischen phänomenalen und neurophysiologischen Aspekt der Tatsache Rechnung getragen,

"daß sich die Prozesse, die das Verhältnis des Menschen zu seinem Körper bedingen, auf verschiedenen Ebenen abspielen".

Auch für den hier vorzustellenden Systematisierungs- und Strukturierungsansatz kann dieser hinreichend belegte Erkenntnisstand nicht übergangen werden. Terminologisch wird dazu (vgl. etwa

AUERSPERG 1960) auf die Begriffe 'Körperschema' (body scheme) und 'Körperbild' (body image) zurückgegriffen, da diese Begriffe u.E. sowohl in historischer wie auch in systematischer Sicht im Hinblick auf die nachfolgende Detaildifferenzierung eine angemessene Berücksichtigung der Publikationslage darstellen.

3.3. Auf der Suche nach einem Oberbegriff: 'Körpererfahrung'

Aus der Fülle der Termini, die für Teilbereiche oder aber den Gesamtkomplex der Auseinandersetzung mit dem eigenen Körper Verwendung gefunden haben, ist fast ein jeder (von irgendeinem anderen Autor) auch im gegensätzlichen Sinne gebraucht worden. Belege hierfür sind so zahlreich wie unbefriedigend, da kaum ein Autor sein Begriffsverständnis hinreichend expliziert und darüber hinaus auch nicht von dem konkurrierender Termini abgrenzt. Gleiches gilt auch für die Versuche strukturierender Zu-, teilweise gar hierarchischer Über- und Unterordnungen, wobei jeder zentrale Terminus sowohl als Oberbegriff, wie auch zur Kennzeichnung lediglich eines Teilbereichs nachzuweisen ist.

So faßt bspw. FROSTIG (1975) unter dem Oberbegriff 'Körperbewußtsein' drei Teilaspekte zusammen ('Körperschema', 'Körperimago' und 'Körperbegriff'), während LIPOWSKI (1977) demgegenüber mit 'Körperbewußtsein' (body awareness) lediglich einen Teilbereich der 'Körpererfahrung' (body experience, die aber wohl eher im Sinne des 'Körperbildes' verstanden werden muß) kennzeichnet.

Bei BAUMANN (1974; 1975; 1978) und bei zahlreichen anderen Autoren wird ausschließlich auf das 'Körperschema' rekurriert, wenngleich die inhaltlichen Ausführungen, mehr noch aber die Methodenwahl darauf hindeuten, daß nicht allein kognitiv-perceptive Leistungen thematisiert werden.

Mit gegensätzlicher Gewichtung ihrer Themenschwerpunkte und Methodenwahl greift SIBLIK (1973) hingegen auf den Begriff 'Körperbild' zurück, und auch KIENER (1973; 1974) überschreibt sein - auch die Kenntnis des eigenen Körpers umfassendes - Sammelreferat mit Untersuchungen zum 'Körperbild' (body image).

Vor allem im anglo-amerikanischen Schrifttum hat der Begriff 'body concept' große Verbreitung erfahren, wobei auch er sowohl im übergeordneten wie im untergeordneten Sinne Verwendung findet. Für SMYTHIES (1953); FROSTIG & HORNE (1964) und SHONTZ (1975) ist 'body concept' gleichbedeutend mit dem Wissen über Bau und Funktion des menschlichen Körpers, bei FROSTIG (1975) entspricht er dem von ihr kreierten 'Körperbegriff'.

Ein wesentlich umfassenderes Begriffsverständnis beinhalten demgegenüber die Ausführungen WITKINs (1965, 27):
"... the body concept - that is to say, the systematic impression an individual has of his body, cognitive and affective, conscious and unconscious, formed in the course of growing up".

In ähnlicher Weise faßt auch WHITING (1973) die Aussagen verschiedener Autoren zum 'Körperkonzept' zusammen:

"1 The ability of the body to make movements appropriate to the demands of environment
2 bodily sensations
3 imagination - mental imagery which is not purely representational
4 ego-development
5 affective-development
6 cognitive-development
7 the development of 'awareness' of body functioning and abilities
8 general kinaesthetic sensitivity" (1973, 52).

Die Auflistung dieser Bestimmungsstücke macht deutlich, daß der Autor das 'Körperkonzept' in Analogie etwa zum 'Selbstkonzept' (vgl. FILIPP 1979) vornehmlich psychologisch definiert. Auch die weitere Unterscheidung in kognitive und affektive Anteile, wobei der kognitive Aspekt noch untergliedert wird in "knowing 'that'" und "knowing 'how'" (was wohl mit 'Körperstruktur' und 'Körperfunktion' identifiziert werden kann), kann wohl als Beleg für diese Sichtweise gelten.

In den letzten Jahren gewinnt indes ein Begriff zunehmend an Bedeutung, der im Gegensatz zu den vorgenannten fast ausschließlich im globalen, übergeordneten Sinne verwendet und teilweise auch definiert wird, und zwar der der 'body experience' (Körpererfahrung), worunter JOURARD (1967) versteht: "... what someone perceives, believes, imagines, feels and fantasies about his body" (zit. n. MORRIS & WHITING 1971, 134).

Von einem ähnlichen Begriffsverständnis geht auch LIPOWSKI (1977, 473) aus:

"By body experience I mean the perceptions of attitudes towards, and beliefs about one's own body appearances and functions".

Bei LIPOWSKI (1977) wie auch bei SHONTZ (1969), VAYER (1972), BERNARD (1981), BIELEFELD & BIELEFELD (1980) und PAULUS (1982) erhält der Begriff zudem die Bedeutung eines übergeordneten Konzepts verschiedener Teilaspekte der Körperwahrnehmung und des Körpererlebens.

Das bisher differenzierteste und überzeugendste Plädoyer für 'Körpererfahrung' als übergeordneten Begriff hat SHONTZ (1975) dargelegt: Bei der Entwicklung seiner Modellvorstellungen ging der Autor davon aus, daß sich 'body experience' als differenziertes Ganzes auf vier hierarchisch organisierten Ebenen herausbildet. Die Basis (level 1) bilden die am stärksten von der sensorischen Stimulanz abhängigen 'Körper-Schemata', die als Grundlage für die Erfahrung des 'Körper-Selbst' (level 2) angesehen werden, welches wiederum Voraussetzung für die 'Körper-Vorstellung' ist (level 3). Die summierten Erfahrungen dieser drei Ebenen bilden nach SHONTZ (1975, 68) die Grundlage für die Existenz der Persönlichkeit, während die Entwicklung der 'Körper-Kenntnis' (level 4) zwar als zur rein biologischen Existenz nicht notwendig, für Gesundheit und Wohlbefinden aber gleichwohl sehr nützlich, angesehen wird.

"Level 1: Body Schemata
- a. Topographic localization on body surface
- b. Spatial orientation of body parts
- c. Hedonic response to body experience

Level 2: Body Self
- a. Development of self-environment boundary and personal space
- b. Egocentric directionality
- c. Evaluative judgement of body experience

Level 3: Body Fantasy
- a. Overdetermined sybolization
- b. Expression of whishes and impulses not suitet to formal language

Level 4: Body Concept
- a. Labeling of body parts and functions
- b. Knowledge of effects of actions; cognitive controll".

Sofern die Ebenen des body self und der body fantasy zusammenfassend als das identifiziert werden, was andere Autoren als Körperbild bezeichnen (die Ausführungen des Autors widersprechen dieser Sichtweise zumindest nicht), dann läßt das Modell von SHONTZ (1975) sehr starke Übereinstimmungen mit dem Strukturierungssatz von FROSTIG (1975) bzw. mit dem früheren von SMYTHIES (1953) erkennen. Auch die Hierarchie der unteren zwei bzw. drei Ebenen läßt sich logisch nachvollziehen, da es inzwischen allgemein akzeptierte Auffassung ist, daß die Körperschema-Funktion im Kern autonom reift, während die Körperbild-Funktion allein erfahrungsabhängig, also später ausgebildet wird. Nicht überzeugend nachvollziehbar erscheint allerdings die Anordnung des body concept als oberste Hierarchie-Ebene im SHONTZ-Modell (was aber auch vom Autor selbst offenbar als nicht ganz so stimmig angesehen wird)!

Für eine Verwendung als übergeordnetes, d.h. sowohl 'Körperschema' wie 'Körperbild' einschließendes Konzept spricht u.E. nicht allein das bisherige, relativ offene bzw. eher globale Begriffsverständnis, sondern mehr noch die Ambiguität des Erfahrungsbegriffs, der nicht allein den Prozeß der Wahrnehmung und des Erlebens als solchen, sondern zugleich auch das Produkt dieses Vorgangs, "...das aus eigenem (meist wiederholtem) Wahrnehmen und Erleben gewonnene Wissen" (DORSCH 1976, 161) umfaßt.

Insofern verweist (Körper-) Erfahrung zunächst zwar auch auf das Wahrnehmen (hier des eigenen Körpers), doch wird dieses Wahrnehmen nicht allein als neurophysiologischer Prozeß der Intero- und Exteroceptoren verstanden, vielmehr ist jede Wahrnehmung zugleich auch untrennbar mit Empfindungen (Erlebnisqualitäten), mit Gefühlen der Zustimmung oder Ablehnung, der Freude oder des Ärgers, usw. verbunden.
In einem dialektischen Beziehungsverhältnis gehen Erfahrungen somit sowohl als Produkt von Wahrnehmungs- und Erlebensempfindungen in den Verfügensbestand (die Persönlichkeit) des Individuums über, und als Orientierungs- und Bedingungsgröße zugleich in den Prozeß aller folgenden Wahrnehmungs- und Erlebensempfindungen mit ein.
In Bezug auf den eigenen Körper, d.h. die Integration von Körper-

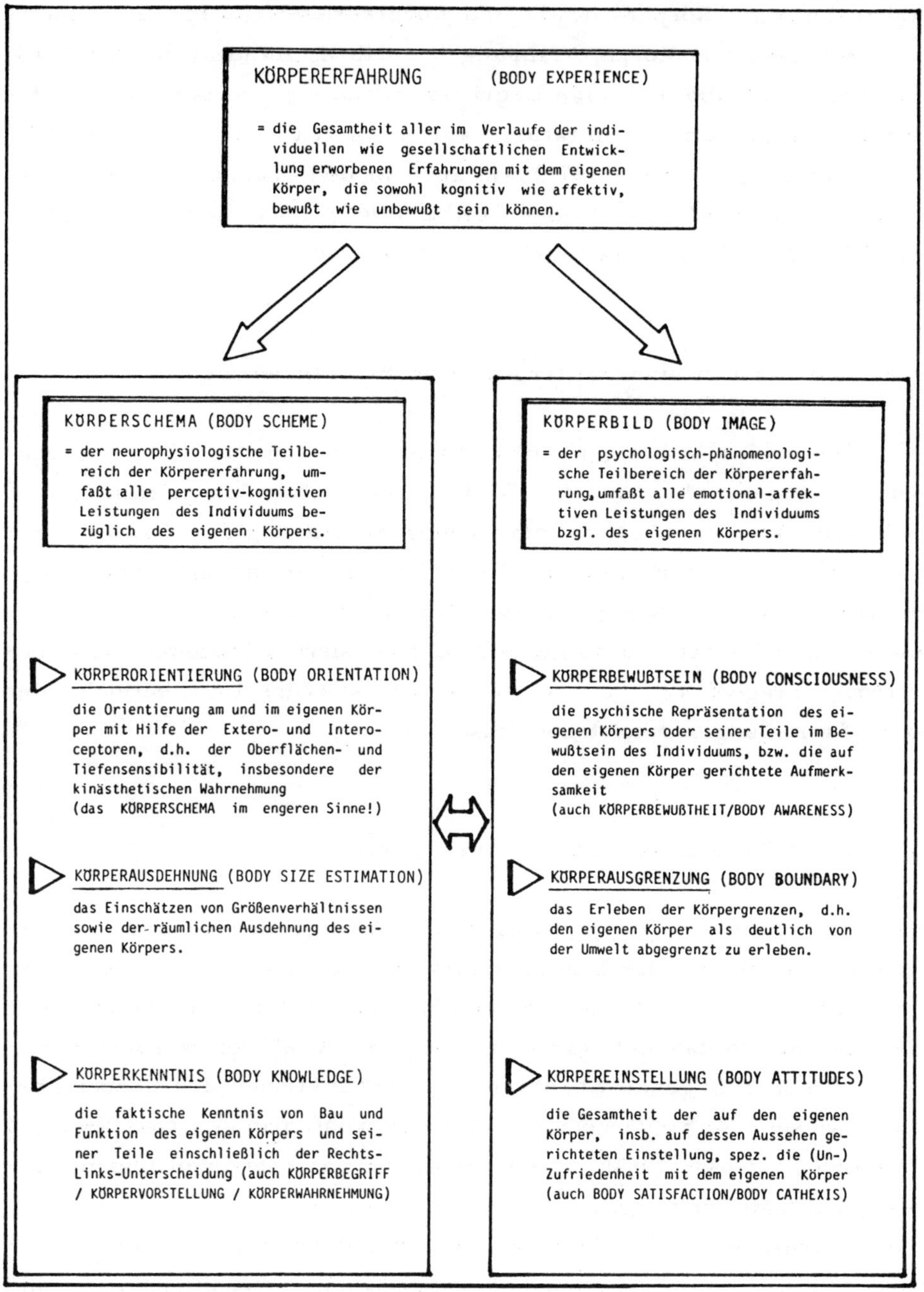

Abb. 1: Versuch einer Strukturierung des Gesamtkomplexes 'Körpererfahrung'

wahrnehmung (Körperschema) und Körpererleben (Körperbild) bietet sich der Terminus Körpererfahrung deshalb in geradezu idealer Weise an, was durch die bisherige Begriffsverwendung, vornehmlich in der anglo-amerikanischen Literatur (vgl. etwa JOURARD 1967; SHONTZ 1969; oder LIPOWSKI 1977) wie auch in den sportdidaktischen Ansätzen von LEIST (1976) oder FUNKE (1980; 1983) und insbesondere bei PAULUS (1982) nachdrücklich bestätigt wird.

3.4. Der Versuch einer weitergehenden Strukturierung

Nachdem in den bisherigen Ausführungen die Begriffe 'Körperschema' und 'Körperbild' für die beiden unterschiedlich akzentuierten Schwerpunkte der Auseinandersetzung mit dem eigenen Körper identifiziert und unter dem Oberbegriff 'Körpererfahrung' subsummiert wurden, soll im folgenden der Versuch unternommen werden, die vorliegende Literatur dahingehend zu analysieren, inwieweit sich bestimmte Fragenkomplexe als relativ eigenständige Unterbereiche der o.a. Zweiteilung herausstellen lassen.

3.4.1. Der Funktionsbereich 'Körperschema'

Explizite Hinweise zur systematischen Untergliederung des Körperschemas sind in der Literatur nicht nachzuweisen, allerdings sind Definitionen wie Untersuchungsansätze der Autoren unterschiedlich weit gefaßt, so daß sich von daher mögliche Teilbereiche ableiten lassen. Die nachfolgende Ableitung von Teilfunktionen des Körperschemas bezieht sich vornehmlich auf die Ausführungen von POECK & ORGASS (1964a; 1964b), die hierzu die umfassendsten und detailliertesten Untersuchungspläne erstellt haben.
Den Kernbereich des Körperschemas macht offensichtlich die durch Oberflächen- und Tiefensensibilität ermöglichte 'Orientierung am und im eigenen Körper' aus, wie sie letztlich von allen Autoren als zentral und wesentlich für alle Körperhaltungen und Körperbewegungen

bzw. für die Lokalisation von taktilen Reizen auf der Körperoberfläche Berücksichtigung findet. Da der hier als 'Körperorientierung' bezeichnete Komplex bei entsprechend eingeengtem Begriffsverständnis häufig auch als 'Körperschema' selbst identifiziert wird, könnte man ebenso vom 'Körperschema im engeren Sinne' sprechen.

Als ein weiterer bedeutender Teilbereich auf den Körper bezogener perceptiv-kognitiver Leistungen des Individuums muß die 'Einschätzung von Größenverhältnissen bzw. der Ausdehnung des eigenen Körpers' genannt werden, der schon allein aufgrund der Fülle spezifischer Diagnoseverfahren Eigenständigkeit beanspruchen kann. In Entsprechung zu dem phänomenalen Gegenpol der 'Körperausgrenzung' (vgl. Kap. 3.4.2.2.) soll anstelle einer Übersetzung des zumeist gebrauchten 'body size estimation' hier jedoch auf 'Körperausdehnung' zurückgegriffen werden.

Ebenfalls auf perceptiv-kognitiven Leistungen basiert auch die 'Kenntnis des Individuums über Bau und Funktion des Körpers und seiner Teile', welche sich andererseits aber auch wieder deutlich von Orientierungs- und Einschätzleistungen abhebt, da hier allgemein medizinisch-biologisches Faktenwissen lediglich auf den eigenen Körper bezogen wird. Entsprechend den Begriffen 'body concept' oder 'Körperbegriff' soll hierunter ebenfalls die 'Rechts-Links-Orientierung' sowie die 'Direktionalität' des Individuums einbezogen werden.

3.4.1.1. 'Körperorientierung'

Die Fähigkeit zur 'Orientierung im und am eigenen Körper' wurde schon von HEAD als eine grundlegende Leistung des Individuums beschrieben. Dabei handelt es sich offenbar um eine komplexe Funktion des ZNS, welche alle afferenten sensiblen und sensorischen Meldungen über Lage, Form und Ausdehnung des Körpers bzw. seiner Teile mit einem in der Hirnrinde festgelegten Standard, dem Haltungs- und Oberflächenschema, vergleicht.

Die Orientierung 'im' eigenen Körper wird durch die sog. 'Proprioceptoren' (die Muskel-, Sehnen- und Bänderreceptoren), d.h. über die Stellungs-, Spannungs- und Lagewahrnehmungen ermöglicht (vgl. BISCHOF 1966), was sich bspw. darin zeigt, daß das Individuum unter Ausschaltung der visuellen Kontrolle in der Lage ist, bei weit ausholender Armbewegung mit dem Zeigefinger die Nasenspitze, die Nasenwurzel, das Ohrläppchen oder andere körpereigene Punkte zu berühren (zahlreiche Versuchsanordnungen hierzu werden von POECK & ORGASS 1964 mitgeteilt).

Von einigen Autoren wird dieser Wahrnehmungsbereich als 'kinaesthetische Empfindung' bezeichnet (vgl. DREVER & FRÖHLICH 1975) während andere Autoren auch den sog. 'Körperlagesinn', d.h. die Wahrnehmungsleistungen des Vestibulärapparates mit den Drehsinnes- und Gleichgewichtsorganen in den Bereich kinästhetischer Wahrnehmung einbeziehen (zur diesbezüglichen Terminologie vgl. DICKINSON 1974). So etwa EGGERT (1975, 87), der darunter alle von den Innenreizempfängern gesteuerte, meist unbewußt ablaufende Information verstanden wissen will, welche

"das Zentralnervensystem (ZNS) ständig über Muskel- und Gelenkbewegungen informieren und so eine wichtige Voraussetzung für koordiniertes Bewegungsverhalten darstellen. Diese körpereigenen Empfindungen sind auch die Grundlage für (...) das sogenannte Körperschema, für eine ungestörte Lagewahrnehmung in bezug auf die Hauptrichtungen der Umgebung, vor allem zur Vertikalen, den Gleichgewichtssinn, und für die Orientierung des Organismus zu den räumlichen Beziehungen seiner Umwelt".

Vornehmlich dieser Aspekt der Körperlagewahrnehmung und der Orientierung im Raum sind empirisch-experimentell sehr aufwendig untersucht worden, Apparaturen wie 'rod and frame', 'tilting room-tilting chair', 'rotating room' und andere (vgl. WITKIN 1965; WAPNER & WERNER 1965) dokumentieren diesen Forschungsbereich, der inzwischen besser als Untersuchung der sog. 'Feldartikulation' bekannt ist (vgl. BAUMANN 1975). Feldabhängig sind danach solche Individuen, die die eigene Position im Raum im Hinblick auf die Vertikale nicht losgelöst vom umgebenden Feld, d.h. nicht ohne optische Orientierung bestimmen können, was WITKIN (1965) als Symptom eines unzureichend entwickelten 'body concepts' deutet.

Im Gegensatz zu den bereits dargelegten Orientierungsleistungen im Sinne der sog. 'Tiefensensibilität' wird die Orientierung 'am' eigenen Körper auf die sog. 'Oberflächensensibilität' zurückgeführt, worunter die Fähigkeit verstanden wird, Berührungsreize auf der Haut (Köperoberfläche) ohne optische Kontrolle wahrzunehmen und zu lokalisieren.

Für einige Autoren ist dieser Komplex der Orientierung am und im eigenen Körper im Raum identisch mit dem Inhalt des Begriffs 'Körperschema', der sich nach FROSTIG (1975, 47) bezieht auf "... die automatische Anpassung von Teilen des Skelettsystems und auf die Spannung und Entspannung der Muskeln, die man benötigt, um eine Körperhaltung beizubehalten, sich ohne Hinfallen bewegen und Gegenstände in sinnvoller Weise manipulieren zu können", womit - wie auch schon von EGGERT (1975, 87) - die zentrale Bedeutung der 'Körperorientierung' bzw. des 'Körperschema im engeren Sinne' als Grundlage der Bewegungskoordination nachdrücklich unterstrichen wird.

3.4.1.2. 'Körperausdehnung'

In den meisten Definitionen des 'Körperschemas' wird neben der Fähigkeit zur Orientierung am und im eigenen Körper auch die Fähigkeit berücksichtigt, Größenverhältnisse bzw. die räumliche Ausdehnung des eigenen Körpers und seiner Teile angemessen einschätzen zu können (vgl. etwa POECK & ORGASS 1964).
In Alltagssituationen zeigt sich diese Leistung bspw. darin, daß Personen beim Durchschreiten eines niedrigen Tores (unbewußt!) den Kopf einziehen oder aber bei einem Tor ausreichender Höhe (ebenso unbewußt) ihre aufrechte Haltung beibehalten.
Wie die sensorisch-tonischen Versuche von WAPNER & WERNER (1965) gezeigt haben, können Einschätzungen der Länge und Breite des eigenen Körpers bzw. seiner Teile allerdings durch verschiedene Faktoren weitgehend beeinflußt werden. Versuchspersonen können bspw. die Breite ihres Kopfes realistischer einschätzen, wenn sie durch Berühren beider Schläfen auf die Leistung des 'superficial scheme', d.h. auf die 'Körperorientierung' zurückgreifen konnten. Ebenso kann Enge bzw. Offenheit des umgebenden Raumes zu Veränderungen in der Wahrnehmung von Größen-Dimensionen des eigenen Körpers führen. So werden bspw. die ausgestreckten Arme als länger empfunden, wenn sich die Vp in einem großen offenen Raum befindet, während eine kürzere Einschätzung resultiert, wenn die Vp mit den Fingerspitzen eine vor ihr befindliche Wand berühren kann.
Weiterhin konnten WAPNER & WERNER (1965) nachweisen, daß der

Einfluß von Drogen (hier LSD) zu Überschätzungen der Größe von Körperteilen führt, während zu den Größen körperfremder Objekte durchaus realistische Angaben gemacht werden können. Diese Befunde werden auch durch Alltagserfahrungen anschaulich bestätigt, etwa wenn jemand nach übermäßigem Alkoholgenuß oder auch bei Kopfschmerzen/Migräne schildert, einen 'Riesenkopf' zu haben.

Offensichtlich besteht hier ein enger Zusammenhang zwischen der Einschätzung von Körperausmaßen und den Körpergrenzen zum umgebenen Raum. Einschätzungen von Größendimensionen des eigenen Körpers sind somit nicht allein als isolierte perceptiv-kognitive Leistung des 'Körperschemas' anzusehen, sondern können durch bestimmte körperliche Empfindungen, durch Stimmungen und Emotionen weitgehend beeinflußt werden. So offenbaren sich bspw. Angst oder Minderwertigkeitsgefühle in Unterschätzungen der eigenen Größe, während Freude, Glück und Selbstvertrauen zu angemessenen, euphorische Stimmungen sogar zu Überschätzungen tendieren lassen. Wegen der dargelegten Beziehungsstruktur soll dieser Teilbereich des Körperschemas im folgenden auch nicht mit einer Übersetzung des amerikanischen Terminus 'body size estimation', sondern vielmehr in Abhebung vom subjektiv-phänomenalen Gegenpol - 'Körperausgrenzung' ('body boundary') - als 'Körperausdehnung' gekennzeichnet werden.

3.4.1.3. 'Körperkenntnis'

Auch das faktische Wissen über Bau und Funktion des eigenen bzw. generell des menschlichen Körpers muß als perceptiv-kognitive Leistung des Individuums dem Körperschema zugerechnet werden. So thematisieren bspw. POECK & ORGASS (1964) sehr ausführlich die

"Fähigkeit, Teile des eigenen Körpers richtig zu identifizieren, zweckmäßig mit ihnen umzugehen und Körperteile auch an einem menschlichen Gegenüber oder an einem Modell korrekt zu bezeichnen" (1964, 109),

in ihren umfangreichen Versuchsanordnungen zur 'Entwicklung des Körperschemas' bezieht sich dann lediglich ein Teilbereich ('Zielversuche') auf die Orientierungsfähigkeit am und im eigenen Körper, während die restlichen drei Untersuchungsaspekte

(Identifizierung von Körperteilen an sich selbst und einem gegenübergehaltenen Modell, Rechts-Links-Unterscheidung in unterschiedlichen Versuchsbedingungen und Fingerwahl)

sämtlichst auf die Lokalisierung bzw. Identifizierung und Benennung von Körperteilen sowie die Rechts-Links-Unterscheidung abzielen.

Von anderen Autoren wird die Körperkenntnis allerdings in Untersuchungen zum Körperbild (KIENER 1973) oder zu Einstellungen gegenüber Gesundheit und Hygiene (REUTER & HÖCHER 1977) einbezogen. Für FROSTIG (1975) stellt die Körperkenntnis (von ihr als 'Körperbegriff' bezeichnet) gar einen eigenständigen Förderbereich dar, der neben 'Körperschema' und 'Körperimago' zum 'Körperbewußtsein' beitrage!

Tatsächlich muß dem Teilbereich 'Körperkenntnis' ein spezifischer Charakter zuerkannt werden, da es sich hierbei doch in erster Linie um allgemein medizinisch-biologisches Faktenwissen handelt, welches dann auf den eigenen Körper bezogen ist, der Bezug zur eigenen Körperlichkeit insofern allein dadurch hergestellt wird, daß er als permanentes Anschauungsobjekt hinsichtlich Stabilität und Veränderbarkeit äußerer Organe und Aussehens, bzw. als durch Schmerzempfindungen oder Funktionsbeeinträchtigungen innerer Organe wirksam werdender Lernfaktor die Körperkenntnis konkretisiert und intensiviert.

Etwas anders sieht es demgegenüber mit der 'Rechts-Links-Unterscheidung' und der 'Direktionalität', d.h. der Lokalisation von oben/unten, vorn/hinten usw. in Bezug auf den eigenen Körper aus, da diese Orientierungsleistungen am eigenen Körper offenbar schwerer zu erwerben sind als an körperfremden Objekten.

3.4.2. Der Funktionsbereich 'Körperbild'

Ähnlich dem neurophysiologisch akzentuierten Teilbereich 'Körperschema' weist auch der subjektiv-phänomenale Funktionsbereich des 'Körperbildes' unterschiedliche thematische Schwerpunktsetzungen auf, welche im Sinne einer weitergehenden Strukturierung Berücksichtigung finden müssen. Während solche unterschiedlichen Schwerpunktsetzungen aus den meisten Publikationen jedoch lediglich implicit erschlossen werden können, schlägt LIPOWSKI (1977) vor, das komplexe Feld des 'body image' in 'body boundary', 'body awareness' und 'body attitudes' zu untergliedern (vgl. hierzu auch die Ausführungen von PAULUS 1982).

Das 'Bewußtsein des eigenen Körpers bzw. der eigenen Körperlichkeit' umfaßt alle körperbezogenen Empfindungen, Gefühle und Vorstellungen, über welche das Individuum 'etwas aussagen' kann. In diesem allgemeinen Sinne beschreibt Bewußtsein lediglich den Erlebenszustand im Gegensatz zu unbewußt. Schärfer trennt demgegenüber der angloamerikanische Sprachraum, der zwischen 'body awareness' und 'body consciousness' unterscheidet, zwei Begriffe, die insbesondere von FELDENKRAIS (1978) aufgegriffen und thematisiert wurden.

Einen spezifischen Aspekt des Körperbewußtseins stellt das 'Erleben der Körpergrenzen' dar, welches im folgenden in Analogie zur 'Körperausdehnung' (siehe Kap. 3.4.1.2) als 'Körperausgrenzung' bezeichnet werden wird. Die Besonderheit der 'Körpergrenzen' ('body boundaries') liegt vor allem darin, daß sie dem gesunden Menschen in aller Regel gar nicht bewußt werden, ihre Thematisierung insofern also fast ausschließlich im klinisch-psychiatrischen Interesse liegt.

Während die Frage des Bewußtseins bzw. der Bewußtheit des eigenen Körpers allein auf die Aufmerksamkeit abzielt, die das Individuum seinem Körper generell oder aber bestimmten Regionen oder Funktionen des Körpers schenkt, zielen Untersuchungen der 'Einstellung zum eigenen Körper' auf die Beziehung des Individuums zu seinem Körper ab! Anschaulich wird diese Funktion durch die Attribute und Eigenschaften, die Personen ihrem Körper zuschreiben. Ob sie also ihren Körper als positiv, angenehm, attraktiv, sportlich usw., oder aber als negativ, belastend, kränklich, schwach o.ä. empfinden, ist offenbar mit weitreichenden Konsequenzen für die Selbstakzeptanz wie auch für das konkrete Verhalten verbunden.

3.4.2.1 'Körperbewußtsein'

Im Gesamt der Auseinandersetzung mit dem eigenen Körper findet der Terminus 'Körperbewußtsein' quantitativ wie qualitativ besondere Berücksichtigung.

In aller Regel steht der Begriff für das Ausmaß an Aufmerksamkeit, das eine Person ihrem Körper im Vergleich zu körperfremden Objekten beimißt. Menschen mit einem stark ausgeprägten Körperbewußtsein messen demzufolge körperlichen Empfindungen, ihrem Aussehen und anderen körperlichen Attributen höchste Bedeutung zu:

"This stance might be exemplified momentarily in the preoccupation of one looking at himself in a mirror or concerned about an unusual body sensation or symptom" (FISHER 1970, 497).

Personen mit einem wenig ausgeprägten Körperbewußtsein hingegen schenken ihren körpereigenen Empfindungen nur geringe Beachtung, widmen ihre Aufmerksamkeit vielmehr verstärkt ihrer Umgebung.
Das Körperbewußtsein eines Individuums äußert sich jedoch nicht allein in der Art der generellen Beachtung des eigenen Körpers im Vergleich zu körperfremden Objekten, sondern auch in der unterschiedlich starken Konzentration auf einzelne Körperteile. So geht FISHER (1968; 1970) davon aus, daß einzelne Körperbereiche unbewußt mit bestimmten sinnbildlichen Bedeutungen versehen werden, die in tiefenpsychologischer Sicht auf psychische Konflikte zurückgeführt werden können.

Während verschiedene Autoren 'Körperbewußtsein' ('body consciousness') weitgehend synonym mit 'Körperbewußtheit' ('body awareness') verwenden (vgl. etwa JOURARD 1967), grenzen andere Autoren diese beiden Begriffe gezielt voneinander ab.
Nach MAIER (1980, 15) bezeichnet 'Körperbewußtheit' die Fähigkeit,

"innerkörperliche Prozesse, Empfindungen usw. im Vollzug einer motorischen Aktion wahrzunehmen, d.h. zu spüren, daß, und in welcher Weise etwa eine Bewegung mit mir als ganzer Person zu tun hat, nach außen und nach innen wirkt, meine Empfindungen, Gefühle und Gedanken wiedergibt und beeinflußt, usw.".

Deutlicher wird die Unterscheidung allerdings bei FELDENKRAIS (1978, 78), der 'Bewußtsein' und 'Bewußtheit' folgendermaßen zueinander in Beziehung setzt:

"Bewußtheit ist Bewußtsein und das Erkennen dessen, was im Bewußtsein vor sich geht, oder dessen, was in uns vor sich geht, während wir bei Bewußtsein sind."

In ähnlicher Weise beschreiben auch JOURARD (1967), BROOKS (1979) und MORISON (1969) Körperbewußtheit als einen Bewußtseinszustand, in dem die Aufmerksamkeit auf das Wahrnehmen und Erleben des Körpers und des Selbst durch den Körper gerichtet ist!

3.4.2.2 'Körperausgrenzung'

Mit dem Begriff der 'Körperausgrenzung', zumeist auch einfach als 'Körpergrenzen' (vgl. etwa JORASCHKY 1983) bezeichnet, wird beschrieben, inwieweit das Individuum sich, d.h. seinen Körper als deutlich von der Umwelt abgegrenzt erlebt.

Der 'gesunde', 'normale' Mensch wird sich seiner Körpergrenzen in aller Regel nicht bewußt, "they seem to know well enough where they end and the other world begins" (FISHER & CLEVELAND 1965, 51). Dennoch sind auch im Normalbereich individuelle Unterschiede im Erleben der Körpergrenzen nachzuweisen.

"Thus, some individuals possess body boundaries which are definite and well articulated and clearly indicative of their body limits; whereas others seem to have only a hazy sense of differentiation between their bodies and nonbody objects" (FISHER 1971, 290).

Bei Kleinkindern bspw. sind die Körpergrenzen offenbar noch kein gesicherter Bestand, was man etwa aus der Beobachtung ableiten kann, daß sie beim noch wenig koordinierten Hantieren mit Gegenständen wahllos auf Grenzbereiche des eigenen Körpers wie auf körperfremde Objekte einschlagen.

Auch bei Hochleistungssportlern können Verzerrungen der Körpergrenzen festgestellt werden, wenn bspw. Tennis-Spieler mit ihren

Rackets oder Boxer mit ihren Handschuhen 'verwachsen' und ihre Körpergrenzen unbewußt auf das Sportgerät ausdehnen.

Ansonsten aber wird die Körperausgrenzung fast ausschließlich im klinisch-pathologischen Bereich untersucht, etwa beim bekannten Phantomglied-Phänomen oder aber bei schizophrenen, drogenabhängigen, arthritischen u.ä. Patienten. Für die Erforschung dieses Phänomens haben FISHER & CLEVELAND (1968) ein spezifisches Auswertungsverfahren entwickelt, wozu sie zunächst auf die ROHRSCHACH-Tafeln, später dann auf die HOLTZMAN-Inkblot-Technique zurückgriffen, deren Antwortdeutungen zwei Werte ermitteln lassen: den 'Barrier'- und den 'Penetrations-Index'. Während der Barrier-Score ein Maß für die Begrenztheit der Körperperipherie darstellt, ("in each barrier response the surface is characterized by a protective, enclosing, decorative, concealing, or substantive connotation", FISHER 1970, 157), gibt der Penetration-Score das Ausmaß der Zerbrechlichkeit und Durchlässigkeit von Peripherien an ("a second boundary index was also formulated which concerns percepts that emphasize the weakness, lack of substance, and penetrability of persons and objects", FISHER 1970, 157).

FISHER & CLEVELAND (1968) sind der Überzeugung, signifikante Beziehungen zwischen dem Grad der Körperausgrenzung und verschiedenen Persönlichkeitsvariablen nachweisen zu können. So sollen sich Personen mit artikulierten Körpergrenzen von solchen mit einer diffusen, indefiniten 'body boundary' durch eine größere Autonomie im Verhalten und höhere Leistungsmotivations-Werte unterscheiden. Weiterhin seien diese Personen auch weniger beeinflußbar, resistenter gegen Streß und im höherem Maße zur Interaktion und Anpassung an Gruppen fähig.

Von zahlreichen anderen Autoren werden die Ergebnisse wie auch das Auswertungsverfahren von FISHER & CLEVELAND (1968) scharf kritisiert, da ihm wie allen Formdeuteverfahren das 'Odium methodologischer Fragwürdigkeit' anhafte. In einer integrativen Literaturanalyse hat sich zuletzt JORASCHKY (1983) sehr eingehend mit Aufbau, Funktion und Störungen der 'Körpergrenzen' im Gesamt des 'Körper-Selbst' auseinandergesetzt.

3.4.3. 'Körpereinstellungen'

Einstellungen zum eigenen Körper bzw. zur eigenen Körperlichkeit werden vor allem im nicht-klinischen Bereich, sowohl in sozial- wie in persönlichkeitspsychologischer Sicht untersucht. Grundsätzlich läßt sich dieser Untersuchungsansatz mit der Frage nach den körperbezogenen Merkmals- oder Eigenschaftszuschreibungen des Individuums verdeutlichen. Als Orientierungsgrößen des Menschen seiner materialen und sozialen Umwelt (einschließlich sich selbst!) gegenüber, nehmen Einstellungen wichtige Funktionen wahr, so etwa eine Orientierungs-, eine Strukturierungs-, eine Erklärungs- und eine Selbstverteidigungs-Funktion. 'Body attitudes' konstituieren und repräsentieren in diesem Sinne die vielfältigen subjektiven Beziehungen des Individuums zu seinem Körper und leisten damit einen zentralen Beitrag zum 'Selbst-Konzept' (vgl. etwa FILIPP 1979).

In diesbezüglichen Untersuchungen werden mit Hilfe von Selbstbeschreibungsverfahren, Fragebogen oder verschiedenen Skalierungstechniken, wie etwa der Eindrucks-Differential-Technik nach OSGOOD, zumeist das Realbild und Idealbild des eigenen Körpers oder auch das Körperbild und das Selbstbild vergleichend erfaßt.

Eines der bekanntesten Verfahren sind die DOUDLAH-Body-Image-Statements, welche die Diskrepanz zwischen dem realen Körperbild ("body image as perceived by the student") und dem idealen Körperaussehen ("the body image they would like to have", DOUDLAH 1971, 469) mit Hilfe des Q-Sort-Verfahrens bei 'college women' ermittelt. Varianten dieses Verfahrens wurden auch für 'secondary school girls' und für männliche Vpn entwickelt.

Eine verkürzt-modifizierte Form des OSGOODschen 'semantic diffential' stellt die 'Body Attitude Scale' von COLLINGWOOD (1972) dar, welche der Autor zur gezielten Untersuchung möglicher Veränderungen der Körpereinstellungen durch Fitness-Trainingsprogramme einsetzt.

Ein spezifischer Aspekt der Einstellung zum eigenen Körper wird mit dem Begriff der 'Körperzufriedenheit' umschrieben, worunter der Grad der Zufriedenheit oder Unzufriedenheit mit Aussehen und Funktion des eigenen Körpers bzw. seiner Teile erfaßt wird (vgl. JOURARD & SECORD 1955), der vornehmlich in der anglo-amerikanischen Literatur, dort als 'body-satisfaction' bzw. 'body cathexis' bezeichnet, eine große Publikationsfülle hervorgebracht hat. Empirisch hinreichend belegt erscheint vor allem der Zusammenhang zwischen Wertschätzung und Akzeptanz des eigenen Körpers und positiver Selbsteinschätzung, was nachdrücklich auf die besondere Bedeutung der Körpererfahrung für die Ausbildung des Selbstkonzepts verweist, und damit zugleich Möglichkeiten pädagogisch-therapeutischer Interventionen andeutet!

4. Zusammenfassung und Ausblick

Mit dem vorgestellten Strukturmodell wurde versucht, den Gesamtkomplex der 'Körpererfahrung' zu ordnen und damit einer gezielten Themenbearbeitung zugänglich zu machen.
Aufgrund der Fülle theoretischer Positionen wie empirischer Befunde sowie der daraus resultierenden terminologischen Uneinheitlichkeit war eine wissenschaftlich eindeutig abzuleitende Strukturierung realistischerweise nicht zu erwarten. Es konnte vielmehr allein darum gehen, ein 'plausibles' Modell der Identifikation und An- bzw. Zuordnung abgrenzbarer Teilkomplexe zu erstellen, welches die Auseinandersetzung mit dem eigenen Körper (aus bewegungswissenschaftlicher Sicht) sowohl theoretisch-wissenschaftlich, wie auch praktisch-anwendungsorientiert voranzutreiben hilft.

Theorieorientiert ist das Modell insofern, als es hilft, die Fülle theoretischer Ansätze wie empirischer Befunde zu strukturieren und zu systematisieren, wobei die Anordnung der verschiedenen Teilbereiche (im Sinne relativ eigenständiger, abgrenzbarer Untersuchungskomplexe) als Ordnungsraster für die Literatursichtung Orientierungshilfe bietet.
In gleicher Weise ist die vorgeschlagene Struktur auch Grundlage der folgenden Ausführungen dieses Readers, insbesondere des Kap. III, in welchem diese Teilkomplexe jeweils einzeln und detailliert behandelt werden. Abzielend auf eine integrative, vorwiegend nichtklinische Aufarbeitung der umfangreichen Publikationslage fanden jedoch nicht alle sechs Unterbereiche eigenständige Berücksichtigung. So sind die Untersuchungskomplexe 'Körperausdehnung' (body size

estimation) und 'Körperausgrenzung' (body boundary) nicht gezielt aufgearbeitet worden.
Hinsichtlich der Körperausgrenzung erfolgte dies nicht, da die Themenbearbeitung fast ausschließlich in pathologisch-psychiatrischem Bereich gelegen hätte, was aber nicht in der Intention dieses Readers lag; bezüglich der 'Körperausdehnung' sprachen allein pragmatische Gründe dafür, da BAUMANN aufgrund vielfältiger Überschneidungen in seinem Beitrag zur 'Körperorientierung' Fragen der angemessenen Einschätzung der Ausmaße des eigenen Körpers (vor allem in diagnostischer Hinsicht) mit einbezieht.

Anwendungsorientiert ist das Modell insofern, als es hilft, im Hinblick auf Konzipierung und Realisierung gezielter Förder- bzw. Therapieprogramme die breite Palette diesbezüglicher Bewegungsübungen zu systematisieren, d.h., den verschiedenen Symptomkomplexen zuzuordnen, um dann nach je gefordertem Übungsschwerpunkt entsprechende Teilbereiche auszuwählen und anzuwenden. Konkret in diesem Sinne basiert das motopädagogische Förderprogramm von BIELEFELD & BIELEFELD (1980) auf diesem Modellansatz, dessen Anwendungsmöglichkeiten inzwischen sowohl bei Sonderschülern wie auch bei Grundschülern verschiedentlich demonstriert und überprüft wurden. Unter dem Groblernziel

"Körpererfahrung, d.h., sich und seinen Körper zunehmend besser wahrzunehmen, diese Informationen verstandes- und erlebensmäßig verarbeiten und situationsangemessen handelnd einsetzen können" (1980, 136),

formulieren die Autoren dann folgende Teillernziele (TLZ):

1. Bau und Funktion des eigenen Körpers und seiner Teile erkennen und erfahren,
2. rechts und links sowie Berührungsreize am eigenen Körper lokalisieren und erfahren,
3. Ausmaße des eigenen Körpers und seiner Teile angemessen einschätzen und erfahren,
4. den eigenen Körper in verschiedenen Ruhelagen wahrnehmen und erfahren,
5. den eigenen Körper in unterschiedlichen Bewegungen wahrnehmen und erfahren,
6. den eigenen Körper als Ganzes und in seinen Teilen durch aktives An- und Entspannen wahrnehmen und erfahren.

Es ist offensichtlich, daß die genannten Teillernziele sehr konkret

auf den Bereich 'Körperschema' d.h. vorrangig auf perceptiv-kognitive Leistungen des Individuums bezüglich seines eigenen Körpers abzielen.
So lassen die TLZe 1 und 2, teilweise auch 6, den Bezug zur 'Körperkenntnis' herstellen, während sich die TLZe 4 und 5, sowie teilweise auch 2, auf die 'Körperorientierung' beziehen. Das TLZ 3 schließlich weist eindeutig auf die 'Körperausdehnung' hin.

Der Komplex 'Körperbild' hingegen, d.h. die subjektiv-emotionale Aneignung des eigenen Körpers ist weniger eine Frage gezielter Übungsauswahl bzw. der Programminhalte, sondern vielmehr eine Frage der Vermittlung, d.h. des methodischen Vorgehens, des Lehrer-/ Erzieher-/ Therapeuten-Verhaltens, der sozialen Atmosphäre in der Übungsgruppe, usw. Doch können dabei durch "auf den Übenden selbst gerichtete Beobachtungsaufträge, durch Aufmunterung und ggfs. Aufforderung zur Verbalisierung der 'in' und 'durch' Bewegung gewonnenen Empfindungen im Sinne einer 'Kommunikation mit dem eigenen Körper' (BIELEFELD & BIELEFELD 1980, 138) die emotional-affektiven Prozesse initiiert und/oder intensiviert werden. Insofern könnten bspw. (jeweils schwerpunktmäßig) das TLZ 3 zur Bewußtwerdung der 'Körperausgrenzung', die TLZe 2, 4 und 5 zum 'Körperbewußtsein' und die TLZe 1 und 6 schließlich zur Entwicklung positiver 'Körpereinstellungen' beitragen.

Sowohl diese Hinweise aus anwendungspraktischer Sicht wie auch inhaltsanalytisch-theoretische Überlegungen machen deutlich, daß zwischen den beiden Komplexen des Körperschemas und des Körperbildes vielfältige Beziehungen bestehen, die in horizontaler Richtung jedoch nicht eindeutig festzumachen sind. Dennoch kann darauf hingewiesen werden, daß insbesondere zwischen 'Körperausdehnung' und 'Körperausgrenzung' relativ starke Bezüge hergestellt werden können. Gewisse Verbindungen lassen sich auf der Basis der Einstellungstheorie, auch zwischen 'Körperkenntnis' und 'Körpereinstellung' konstruieren, indem man etwa die rein kognitiv verankerte Kenntnis über Körperbau und -funktion als Basis subjektiv wertender Stellungnahmen seinem Körper bzw. seinen Teilen, so etwa seinem Aussehen, seiner Funktionalität usw. gegenüber, akzeptiert. Demgegenüber müßte das Inbeziehungsetzen von 'Körperorientierung' und 'Körperbewußtsein' eher spekulativ ausfallen, doch lassen sich auch auf dieser Ebene gewisse Verbindungen konstatieren.

Eine vertiefte Auseinandersetzung mit der hiermit aufgeworfenen Frage nach den binnenstrukturellen Beziehungen des Gesamtkomplexes

'Körpererfahrung' könnte möglicherweise zu weiteren wertvollen inhaltlichen und terminologischen Abklärungen führen.

Abschließend sollte noch darauf hingewiesen werden, daß das vorgestellte Strukturmodell mit seinen horizontalen und vertikalen Untergliederungen, welche zudem mit vielen Überschneidungen und fließenden Grenzziehungen verbunden sind, eine lediglich analytische Differenzierung darstellt, welche allerdings in theoretischer, diagnostischer und pädagogisch-therapeutischer Hinsicht zu einer vertieften Einsicht in den Gesamtkomplex 'Körpererfahrung' beitragen kann. Im konkreten Handeln jedoch, das immer ganzheitlich verläuft, sind Wahrnehmungen und Empfindungen, sind neuro-physiologische und phänomenal-erlebnishafte Prozesse nicht voneinander zu trennen.
Ein wirkliches Verständnis der je individuellen 'Körpererfahrung' setzt zudem eine gleichzeitige Auseinandersetzung mit den Erfahrungsbereichen 'Selbst' und 'Umwelt' voraus, mit welchen die Erfahrung der eigenen Körperlichkeit in vielfältig-interdependenter Weise verflochten ist.

Anmerkungen

(1) Frau Susanne EHLERS (Kiel) danke ich für ihre engagierte Mitarbeit beim Quellenstudium sowie bei der ersten Phase der Entwicklung der hier dargelegten Modellvorstellungen.

(2) Um die nachfolgende Literaturliste nicht zu verlängern, sind im folgenden nur die Quellen angegeben, die nicht bereits in der "Bibliographie zur Körpererfahrung" (siehe Kap. IV) erfaßt sind.

Literatur

ALEXANDER, G.: Eutonie. Haltung und Bewegung in psychosomatischer Sicht. Ulm: 1964

BIELEFELD, C.: Ein motopädagogisches Förderungsprogramm zur 'Körpererfahrung' bei lernbehinderten Sonderschülern einer 1. und 2. Klasse. Kiel: unveröff. Examensarbeit, 1979

COLLINGWOOD, T.R.: The effects of physical training upon behavior and self-attitudes. In: Journal of clinical Psychology, 28 (1972), 583 - 585

DORSCH, F. (Hrsg.): Psychologisches Wortbuch. 9. Aufl. Bern: Huber, 1976

DREVER, J./FRÖHLICH, W.D.: Wörterbuch zur Psychologie. 9. Aufl. München: dtv, 1975
EHLERS, S.: Ansätze zur Diagnose der Körpererfahrung. Kiel: unveröff. Examensarbeit, 1980
FISHER, S.: Body boundary effects of persistent imputs and Messages. in: Journal of Abnormal Psychology, 77 (1971), 280-295
FROSTIG, M.: Bewegungserziehung. Neue Wege der Heilpädagogik. München: Reinhard, 1975
FROSTIG, M./HORNE, D.: The Frostig-Program for the Development of Visual Perception. Chicago: Follet, 1964
FILIPP, S.-H.(Hrsg.): Selbstkonzept-Forschung. Stuttgart: Klett-Cotta, 1979
MORISON, R.: A movement approach to educational gymnastics. London: Dent, 1969
MORRIS, P.R./WHITING, H.T.A.: Motor impairment and compensatory education. Philadelphia: Lea & Febiger, 1971
PETZOLD, H.: Integrative Bewegungstherapie. in: PETZOLD; H. (Hrsg.): Psychotherapie und Körperdynamik. Paderborn: Junfermann, 1974, 287 - 404
REUTER, U. /HÖCHER, G.: Schüler und Gesundheit. Verhalten, Einstellungen, Wissen. Stuttgart: Klett, 1977
SHONTZ, F.C.: The psychological Aspects of physical illness and Disability. New York: MacMillan Publ., 1975
STOLZE, H.: Psychotherapeutische Aspekte einer konzentrativen Bewegungstherapie. in: SPEER, E. (Hrsg.): Kritische Psychotherapie. München: 1959, 67-76
WIGMAN, M.: Die Sprache des Tanzes. Stuttgart: 1963
WILMAR, F.: Heileurythmie. in: PETZOLD, H. (Hrsg.): Psychotherapie und Körperdynamik. Paderborn: Junfermann, 1974, 243-264
WITKIN, H.A./DYK, R. B./FATERSON, D.R./KORPS, S.A.: Psychological Differentiation. New York: Wiley, 1982

Fragen

1. Was ist unter 'Extero-' und 'Interoceptoren' zu verstehen?

2. Wie können 'Intero-' und 'Proprioceptoren' unterschieden werden?

3. Welchen Bedeutungsgehalt assoziieren Sie mit dem Begriff Körper-'Erfahrung'?

4. Welche Erklärungen lassen sich für die im Gesamtkomplex der Auseinandersetzung mit dem eigenen Körper offenkundige Begriffsvielfalt und -uneinheitlichkeit anführen?

5. Wie lassen sich die Begriffe 'Körperbewußtsein' und 'Körperbewußtheit' voneinander abgrenzen?

6. Wie lassen sich die Begriffe 'Körpereinstellungen' und 'Körperzufriedenheit' voneinander abgrenzen?

7. Welche Beziehungen lassen sich zwischen 'Körperausdehnung' und 'Körperausgrenzung' aufzeigen?

Aufgaben

1. Diskutieren Sie mögliche gesellschaftliche Entwicklungen, die die 'Wiederentdeckung' des Körpers begünstigt haben!

2. Verschaffen Sie sich mit Hilfe von Lexika, Handbüchern etc. eine vertiefte Einsicht in Struktur und Funktion der Körperwahrnehmungsorgane!

3. Diskutieren Sie verschiedene Strukturierungsansätze zum Gesamt der Auseinandersetzung mit dem eigenen Körper (etwa die von FROSTIG; SHONTZ; WHITING)!

4. Skizzieren Sie den in Kap. 3 entwickelten Systematisierungs- und Strukturierungsvorschlag und nehmen Sie kritisch dazu Stellung!

5. Stellen Sie die thematische Klammer von 'Körperorientierung', 'Körperausdehnung' und 'Körperkenntnis' heraus!

6. Stellen Sie die thematische Klammer von 'Körperbewußtsein', 'Körperausgrenzung' und 'Körpereinstellungen' heraus!

7. Diskutieren Sie Funktion und Stellenwert sowohl des Körperschemas als auch des Körperbildes für das menschliche Bewegungsverhalten!

Zur bewegungspädagogischen Bedeutung der Körpererfahrung

Karl-Heinz Leist & Jürgen Loibl

1. Einleitung

"Die Erziehung des Leibes in zeitgemäßer Form, das muß ja heißen, daß hier der ganze Mensch tätig ist - in seiner ursprünglichen Welt des unmittelbaren Erlebens von Raum und Zeit, von Bewegung und Rhythmus, ..., im Duft des Grases und der Erde, im Griff mit Fels und Stein", so hat einmal PORTMANN (1958, 327) die zentrale Aufgabe für diejenigen formuliert, die heute Sport unterrichten.

In der Folgezeit wurde jedoch der Leib aus den Curricula herausoperationalisiert und aus den "modernen zeitgemäßen methodischen Vorgehen" ausgeblendet. Diese sind auf Bewegungsabläufe, auf die "im Raum und in der Zeit beobachtbaren Veränderungen... als Lösungsmöglichkeiten von Aufgabenstellungen" (GÖHNER 1979, 13) zurechtgeschnitten - wobei die Aufgabenstellungen durch situationsspezifische Bewegungsziele und Regelbedingungen einerseits sowie Umgebungsbedingungen, Movendum- und Bewegerattribute andererseits gekennzeichnet werden (vgl. GÖHNER 1979). Hinter den Stand solcher Vermittlungskonzepte gibt es, so sagt man, ganz unbenommen von Meinungsverschiedenheiten hinsichtlich didaktischer Positionen, kein Zurück (vgl. GÖHNER 1981, 382).

Der Leib, der erfahrene Körper, kam im Rahmen solcher Vermittlungskonzepte als pädagogische Aufgabe aus dem Blick!

Das Thema 'Körpererfahrung' fand sich so abgeschoben in Vorhöfe von Sportunterricht (Vorschule, vorbereitende Übungen), in psycho-

therapeutische Zentren, wo Körpertherapien immer mehr Zuspruch und Verbreitung fanden, in Selbsterfahrungsgruppen, wo versucht wird, 'verlorene Körpersensibilität gegen die Rüstungen und Panzerungen eines abstrakten Ich wiederzugewinnen' (KAMPER & WULF 1982,10), in Bereiche der Sondererziehung (Psychomotorik). Das Thema tauchte auf in den exotischen Zirkeln einer Gegenkultur.
So konnte man sich - sicher nicht ganz zu Unrecht - vor einer näheren Beschäftigung mit Duschen, Yoga, Zen und Streicheleinheiten im Sportunterricht scheuen.
Nun aber kündet der aus einem systemrational aufgebauten Sportunterricht so systematisch vertriebene Leib bzw. Körper in schon dürrenmattisch zu nennender Konsequenz (vgl. 'Die Physiker') auf breiter Front seine Wiederkehr an.
In der Gestalt von 'Trimm-Dich', 'Jogging', Squash', 'Aerobic' usw. macht er auch vor den Schultüren nicht mehr Halt. Unübersehbar zeigen sich hier Symptome eines Mangels; was sich hier Bahn bricht, ist der Protest gegenüber der alltäglichen Beanspruchung des Körpers - auch im Sportunterricht (vgl. RUMPF 1980; 1983).
Aber dem Symptom haftet ebenso unübersehbar der Mangel an, von dem es kündet: Der Mensch wird getrimmt, gejoggt, in Aerobic gebadet, er wird mit Körpererfahrung versorgt, der Körper wird auffrisiert, aber der Mensch ist verplant.

> Um so eindringlicher stellt sich Körpererfahrung als pädagogische Aufgabe und unüberhörbar wird hier auch von außen, von Anthropologen, Pädagogen ... darauf verwiesen (vgl. z.B. RUMPF 1983; zur LIPPE 1982). Aber, als was und wie ist dieses Thema zu stellen und zu behandeln? Müssen wir neue Betätigungsfelder suchen oder lassen sich nicht auch die alten Felder des Turnens, des Spiels auf Körpererfahrung hinwenden? Und kennen wir nicht auch aus dem alltäglichen, systemrational aufgebauten Sportunterricht Erfahrungen, die den Rahmen dieses Modells sprengen, und sind nicht sie es, die solchen Unterricht über die Runden bringen?

2. Körpererfahrung als heimliches Thema fertigkeitsorientierten Sportunterrichts

Worum geht es dem Schüler, dem wir an den 'Pendel-Gegebenheiten' einer Schaukel Operationen und Verlaufsformen einer Bewegung beibringen wollen, mit denen ein situationsspezifisches Bewegungsziel wie die Vergrößerung des Pendelausschlages zu erreichen ist? Wenn nicht alle Erfahrung trügt, geht es ihm um das Schwungvergnügen, und entsprechend sind seine Aktionen von der Intention bestimmt, in Schwung zu kommen oder zu bleiben, den Schwung zu verstärken. Und dazu läßt er sich (aus seiner Sicht formuliert) bspw. nach unten in einen Schwung hineinfallen.

Welche Bewegerattribute sind es, die viele Mädchen beim Erlernen des Schmetterschlags im Volleyball den Ball nur antippen lassen - auch wenn die notwendigen motorischen Eigenschaften für eine andere Verlaufsform der Bewegung gegeben wären? Ihre Körpererfahrung läßt viele Mädchen das Schmettern scheuen, die Wucht, mit der der Körper beim Schmettern einzusetzen ist, wird als männlich bzw. als unweiblich empfunden. Und ist es nicht andererseits diese Erfahrung, seinen Körper mit voller Wucht in den Schmetterschlag zu legen, um die es in vielen Fällen beim Volleyballspielen geht - wobei Wucht nicht nur als Symbol der Männlichkeit präsentiert, sondern auch als sinnliches Vergnügen gesucht wird? Und sind es nicht Erfahrungen, die uns beim Lauftraining bewegen, die Erfahrung 'nach vorne zu preschen', 'dahinzufliegen', 'in den freien Raum zu stoßen', ist es beim Skifahren nicht das Angebot eines Hangs, sich in ihn hineintragen zu lassen, der einen zu einer bestimmten Fahrweise veranlaßt?

Um solche Erfahrungen machen zu können, muß man, so unsere These, jedoch oft den Rahmen durchbrechen, in den man durch fertigkeitsorientierte Lehrgänge gesetzt wird. Dem könnte entgegengehalten werden, Erfahrungen wie die genannten, würden sich als Begleiterscheinungen einer Fertigkeitsvermittlung einstellen,

die primär an dem physikalisch definierten Wirkungsgefüge ausgerichtet ist, nach dem eine Bewegungsausführung abläuft. Die so erworbene Fertigkeit ermögliche sozusagen erst, daß man Erfahrungen wie die genannten machen könne.
Genau das Umgekehrte ist jedoch der Fall, primär fertigkeitsorientierte Lehrgänge grenzen Erfahrungen wie die genannten oft geradezu aus und stellen die in ihrem Rahmen möglichen als einzig 'wahre', mögliche hin. Und da man eine Sinnorientierung nicht nachträglich einer anderen vorgegebenen aufsetzen kann, muß man eben aus der vorgegebenen ausbrechen, um zur neuen zu gelangen, und dabei ist man sich eben dann selbst überlassen (vgl. auch LAGING 1981).

Darüber hinaus erlauben nur ganz bestimmte Erfahrungen es dem Lernenden, im Verlauf eines Vermittlungsprozesses in Richtung der Erweiterung von Erfahrung wie von Können voranzuschreiten.

Das Gesagte ist an folgendem, auf TIWALD (1983) zurückgehendes Beispiel zu belegen: Wird ein Skischwung durch das situationsspezifische Bewegungsziel 'Umkehr der Bewegungsrichtung' gekennzeichnet sowie als Einheit eingegrenzt, die mit einer hangquerenden Bewegung beginnt und endet, und wird sie nach entsprechenden Funktionsphasen gelehrt, dann ist sie darauf angelegt, unter der Sinnperspektive 'von einer sicheren Situation in die andere' bzw. 'um die Fallinie herumkommen' wahrgenommen bzw. erfahren zu werden. Eine solche Fahrweise läuft der Möglichkeit entgegen zu erfahren, daß man sich der Fallinie überlassen, den Hang hinuntertragen lassen kann oder daß man der Fallinie entlang talwärts streben kann. Sie befördert statt dessen die Erfahrung der Fallinie als eine 'Zone der Angst'.
Realisiert man demgegenüber einen Schwung als Element einer talstrebenden Handlung, die nicht durch Umkehr, sondern Fortschritt in der Handlungsrichtung mit rhythmischer Wiederkehr der ursprünglichen Situation gekennzeichnet ist, als Element, das einen S-förmigen Doppelbogen umfaßt, dessen Längsachse die talstrebende Handlungsrichtung markiert, dann erfährt man die Fallinie als 'tragenden Pfeiler' der Handlung. Statt 'Zone der Angst' ist sie 'Leitlinie der Handlung'.
Will man nun einen Skischwung als Element talstrebender oder einen zu Tal tragender Handlungen vermitteln, so muß man die Vermittlung primär auf die Erfahrung der Fallinie als tragenden Pfeiler der Handlung, auf die Erfahrung, daß man sich dem Hang überlassen kann, ausrichten. Dieses Erfahrungskriterium hat Auswahl und Ordnung von Übungen zu bestimmen. Und erst wenn es erreicht ist,

kann man in der Vermittlung weiter fortschreiten. Und die auf diese Erfahrung aufbauenden weiterführenden Aktionen sind von der Bedeutung dieser Erfahrung imprägniert.
Unter der Sinnperspektive gesehen sind die beiden diskutierten Schwungvarianten offenbar grundsätzlich verschieden, funktionsanalytisch oder biomechanisch gesehen bestehen keine wesentlichen Unterschiede. Nur das Verständnis von Bewegungshandlungen als Bedeutungsgebilde macht es möglich, unzulässige Erfahrungsrestriktionen zu vermeiden und Lehr-Lernwege zu konzipieren, welche dem Tatbestand ausdrücklich Rechnung tragen, daß Lernen 'erfahrungsgeleitet' ist. Besonders deutlich ist so auch das Ungenügen jenes Vermittlungsmodells, das die Erfahrungsdimension von Lernen ausdrücklich ausblendet, erkennbar: 'Programmierte Instruktion', die bloß auf Positionsänderungen des Masse-Gelenk-Systems Bezug nimmt, führt den Skianfänger fast zwanghaft dazu, sich in die neue Bewegungsrichtung herumzureißen: Rücklage, Hochreißen des Innenskis sind die Merkmale, die hier gelernt werden.

Wenn Bewegung in der natürlichen Erfahrung nicht als neutrale Sache erscheint, 'sondern als Tätigkeit, die etwas soll, etwas zeigt und zu etwas führt' (CHRISTIAN 1963, 21), wenn grundlegend ist, 'als was' etwas gemacht wird und nicht was dabei wie geschieht, dann sind Bewegungsdeutungen (GRUPE 1982, 77), motorische Bedeutungen (TAMBOER 1980) grundlegend und nicht das Stoffarsenal etablierter Disziplinen. Als was ein Schwung, eine Kippe gemacht wird ist dann grundlegend und nicht daß gekippt wird und dabei der Bauch näher an die Reckstange kommt. Wenn Sinn wichtiger ist als Struktur (SOBOTKA 1973, 15), dann werden Sinn und Sinnkonstitution zu den entscheidensten Bezugspunkten für die 'Konstruktion von Lehr-Lernmodellen'. Diese Bezugspunkte sind noch nicht erreicht mit Klassifikationen von Bewegungsaufgaben, die neben Hoch- und Weitsprung auch Hoch-Weit-Sprung als 'gleichberechtigte' Sprungform zulassen (vgl. GÖHNER 1979). Solange die Sinnfrage außen vor bleibt, ist mit dieser rein formalen Vergrößerung der Bewegungspalette noch keine 'neue' didaktische Perspektive gesetzt. Klassifikationen von Bewegungsaufgaben müssen stattdessen von der Sinnfrage ausgehen!

Aber welches sind nun Sinndimensionen von Körpererfahrung, auf die hin Unterricht auszulegen ist. Angeregt durch folgende grundlegende Überlegung zu LIPPE (1982, 25), soll diese Frage anhand eines Sinnbildes beantwortet werden:

"Seit René Spitz wissen wir, daß der Körper abstirbt, wenn ihm belebende Beziehungen zu anderen Menschen fehlen. 'Hospitalismus', das haben wir inzwischen auch hinzugelernt, ist nicht nur eine individuelle Krankheit, sondern auch eine krankhafte Tendenz unserer gesamten gesellschaftlichen Organisation des Lebens: das Prinzip der dichotomischen Trennungen. In der Industriearbeit wie in Hochhauskomplexen, den Transport- und Einkaufssystemen fehlen Begegnungen, Beziehungen, Bewegungen als Wechselspiel zwischen Menschen und Vorgängen. Wir beginnen darin einen 'Lebensentzug' zu sehen und ihn körperlich konkret vermittelt zu begreifen: Psychische, physische und soziale Erkrankungen weisen uns nachdrücklich darauf hin."

3. Sinngehalte von Körpererfahrung

3.1. Ein Exempel

Nachmittags fünf Uhr. Ich schließe die Gartenpforte hinter mir, da hat mich auch schon meine jüngste Tochter erblickt und stürmt mir - den Pfad entlang, der zum Haus führt - entgegen.
Sie wirft sich in meine ausgebreiteten Arme und wir vergewissern uns eindringlich unserer Gegenwart. Sie sucht immer wieder den Halt der Umarmung, bis ich beginne, sie beim Zurückbiegen etwas herunterpendeln zu lassen, um sie sogleich wieder zurückzuwiegen. Sie nimmt das Spiel an, läßt sich aktiv in meine zurückweichenden Arme hineinfallen und wirft sich in mein Zurückwiegen hinein, meldet alsbald den Wunsch an, in die Luft geworfen zu werden, mich als Klettergerüst benutzen zu können. Und dann drängt sich auch die zweite Tochter dazu...

Dieser 'Dialog' ist möglich, weil unsere Körper kundtun können, wie wir uns aufeinander freuen, und weil wir ebendies 'unmittelbar' wahrnehmen können (vgl. NEISSER 1979, 86ff), weil unsere Körper uns versichern können, daß wir Gemeinsames im Sinn haben, uns aufeinander einlassen, die Zeit miteinander verbringen wollen. Und mit der 'Metamorphose' des Halts, der Geborgenheit, wurde er nachher als Spiel- und Turngelegenheit angeboten, wahrgenommen und eingesetzt. Entsprechend konnte auch das Kind seine wechselnden Möglichkeiten, sich körperlich in Situationen einzubringen, erfahren: Sich der Begrüßung hingeben, sich in Spiele einlassen können, sich mit dem Vater als Sicherheitsgurt den Raum zwischen Erde und Himmel turnerisch erobern können.

> In diesem Dialog erfahren wir unsere Körper nicht als Dinge mit fest bestimmten Eigenschaften, wir erfahren sie als 'bedeutungshaltige Gebilde'. Sie bilden und verwandeln sich in und mit den Handlungen des Begrüßens, Spielens, Turnens. Und dies gilt grundsätzlich und von Grund an (vgl. PIAGET 1949). Ohne Turnen kein Turn-Körper, keine Gelegenheiten mit gelegenheitsspezifischen Eigenschaften und keine Fähigkeiten, die ausgelebt und ausgelotet werden können. Körper, so gesehen, sind mögliche Handlungsgelegenheiten. Was sie an Möglichkeiten hergeben bzw. entfalten können, bildet sich erst im Handeln heraus und ist immer wieder neu zu suchen und zu bestimmen. Und in der Tat können wir mit unserem Körper immer wieder erstaunlich neue Erfahrungen machen, die Erfahrung, welche Elastizität er beim Surfen, welche Härte er beim Bergsteigen entwickeln kann... .

Der Dialog dreht sich um Bedeutungen, und diese sagen nichts bloß über mich (mein Körper-Ich), nichts bloß über mein Gegenüber, sondern etwas über unsere Beziehung. Und daher spiegelt sich in der Erfahrung unseres Körpers die des Gegenüber: Ich biete mich (mein 'Körper-Ich') als Turngelegenheit an, erfahre, daß ich so wahrgenommen werde, indem das Kind an mir herumturnt, sich an mich hängt ... . Und bei der Zentrierung auf die Aktivität des Gegenübers tritt mein 'Körper'-Ich (die Turngelegenheit) zurück, nun wird meine Wahrnehmung von den Turnfiguren die das Kind macht, beherrscht. Sie ist ihrerseits jedoch imprägniert von dem Halt, dem Widerstand, der Unterstützung, der Sicherheit, der Elastizität ..., von alledem, was ich körperlich in diese Situation einbringe. Und dieser Eigenschaften werde ich dann ausdrücklich gewahr, wenn sie überstrapaziert werden, und ich merke und spüre, daß ich den Füßen, die an mir hochlaufen, nicht mehr genug Widerstand bieten kann, daß mein Halt unsicher wird, daß meine Muskeln zittern... .

So 'vergegenständlicht' sich mein Körper im Rahmen von Handlungen, und in analoger Weise lernt auch das Kind seinen Körper erfahren, wenn seine Füße nicht den erwarteten Halt finden, wenn es nachgreifen muß, wenn es sich mit den Armen nicht mehr halten kann und mit den Beinen nachklammern muß. Der Einschnitt in die ursprünglich gegebenen Sinnbezüge bringt Eigenschaften wie die der Haltekraft der Arme oder die Elastizität der Turngelegenheit 'Vater' zur Wahrnehmung. Aber auch sie sind nicht neutral, keine Eigenschaften als solche, die Elastizität der Turngelegenheit besagt nichts bloß über die Turngelegenheit, sondern auch über ihre Verwendbarkeit, Beanspruchbarkeit.

> Gegenläufig, aber - aufgrund der primären Einbindung von Körpererfahrung in Handlungszusammenhänge - zu Prozessen solcher Vergegenständlichung vollzieht sich eine 'Subjektivierung' des Körpers: Das Kind erfährt seine körperlichen Möglichkeiten, Fähigkeiten, seine Handlungspotenzen. Und diese verkörpern sich in Handlungen, deren Sinn 'nur' darin besteht, eben diese Potenzen zu aktivieren. Dies genießt das Kind, wenn es z.B. unaufhörlich dabei ist, vorne an mir hochzulaufen, auf meinen Schultern die freie Balance zu halten, den Rücken hinunterzugleiten... .
>
> Auch wir jagen ja nichts anderem als unseren Handlungsmöglichkeiten nach, wenn wir auf Jahrmärkten Stände umlagern und bedrängen, an denen es darum geht, möglichst gut zu hämmern. Der Nagel hat dort nichts zu verbinden oder zu halten, wichtig ist hier allein, daß man die Gelegenheit zum Nageln, also zum Handeln hat, wichtig ist allein das Nageln-Können bzw. das Hämmern (vgl. BÖSCH 1980).

Nicht zuletzt ist festzuhalten: Über seine Bedeutung als Handlungspotenz kann der Körper auch übergreifenden 'Symbolcharakter' erhalten und entsprechend erfahren werden: Die Wucht, mit der der Körper beim Schmettern im Volleyball einzusetzen ist, präsentiert nicht nur seine funktionale Potentialität, sondern symbolisiert auch die Männlichkeit des Körpers, weswegen - wie gesagt - viele Mädchen das Schmettern scheuen. Der Körper des Vaters kann für das Kind über die skizzierte Situation hinaus zum allgemeinen Symbol für Geborgenheit werden. Fühlt es sich bedroht - z.B. beim Streit mit dem größeren Nachbarkind -, kann es in dem Außenhaus: 'Vater' Schutz suchen. Insbesondere EICHBERG (1981) und NITSCHKE (1981) haben darauf aufmerksam gemacht, daß solche Erfahrungsgehalte eng mit bestimmten Formen gesellschaftlichen Verhaltens und mit einer bestimmten Kultur, einer bestimmten Gesellschaftsstruktur verbunden sind. Sie haben weiterhin klargelegt, daß die Vermittlung außereuropäischer Körpererfahrungen wie sie im Yoga, im Aikido usw. angeboten werden, bezüglich unserer Lebenssituationen unangemessen sein könnten.

3.2. Zentrale Sinngehalte von Körpererfahrung

Das skizzierte Exempel implizierte eine Reihe zentraler Sinngehalte von Körpererfahrung, die, wie die Beispiele der Frankfurter Arbeitsgruppe (1983), der Braunschweiger Bewegungsbaustelle (1983), der Turnprojekte von TREBELS (1983) und FUNKE (1983) zeigen, auch ausdrücklich zum Thema von Turnen, Sport und Spiel gemacht werden können.

a) Körpererfahrung als dialogische Erfahrung

Sie reflektiert die Bedeutungsbeziehungen zwischen Bewegungsangeboten bzw. -gelegenheiten, darauf bezogener Aktivität und daraus resultierender Zustandsänderung.

Diese Bedeutungserfahrung ist imprägniert von gegenständlichen und sinnlichen Momenten. Den 'Halt' z.B., den das Kind in meinen Armen gesucht und gefunden hat, kann es auch gegenständlich merken und sinnlich spüren. Und diese Spürerfahrung ist zu einem guten Stück auch synästhetisch: "Alle Leute finden auf dem Klavier den Ton, der so hell klingt wie Flieder duftet" (HORNBORSTEL 1926, 291), "Ein Ton ist scharf, eine Farbe weich" (MARAUN 1983, 27).

Auch die Beziehung des Menschen zu seiner Umwelt ist sozusagen als dialogisch zu verstehen: Der Skiläufer geht mit der Fallinie als Bedeutsamer um, er nimmt sie als Etwas wahr - und dies relativ zu seinen Handlungsmöglichkeiten bzw. Intentionen; entsprechend geht er sozusagen auf die Angebote seiner Umwelt ein. Dies kann er unmittelbar tun, weil das 'Ich' und die 'Welt' wahrnehmungsgemäß untrennbar sind.

"Jede Wahrnehmungsaktivität vermittelt Informationen über den Wahrnehmenden wie die Welt" (NEISSER 1975, 95 bzw. 31). Objektiv aufweisen lassen sich solche Beziehungsinformationen z.B. in den sog. - stationären oder bewegten - 'optischen Anordnungen', die eine von einem Beobachter eingenommene Beobachtungsposition umgeben (vgl. GIBSON 1982, 74ff). Vom Autofahren im Schneegestöber kennen wir Bewegungsbeziehungen zwischen Organismus und Umwelt kennzeichnende bewegte Anordnungen in Form zentrifugaler oder zentripetaler Strömungsmuster je nach dem, ob wir vor- oder rückwärts fahren (vgl. LEIST 1983; LEIST & LOIBL 1983). Bestimmte Muster - sog. Ganzfeldbewegungen - kennzeichnen Gleichgewichtsverlust und führen so zu Gleichgewichtsreaktionen (vgl. BISCHOF 1981; GIBSON 1973; LEE & LISHMANN 1975; LOIBL & LEIST 1983).

b) Körpererfahrung als Erschließung einer Umwelt

Wir nehmen unsere Umwelt als Handlungsgelegenheit wahr, der Fußballspieler nimmt das Feld nicht als Objekt in der Schachtel eines dreidimensionalen Raumes und in den geometrischen Abmessungen wahr, denen der Platzwart nachgeht, wenn er die Spielfeldlinien zieht. Was ihn reizt, ist z.B. ein Loch in der Deckung und nicht der geometrische Abstand zwischen zwei Spielern (vgl. BOESCH 1976, 37).
Welche Gelegenheiten die Umwelt hergeben kann, welche Möglichkeiten bzw. Reize sie birgt, das müssen wir körperlich in Erfahrung bringen. "Durch das Turnen bilde ich meine Umwelt nach Maßgabe meines Körpers", kann so FUNKE (1983, 101) feststellen.

Aber nur phantasievolle Experimente können erschließen, was Umwelt alles hergeben kann. Phantasie kann sich ihrerseits nur entfalten, wenn man sich in Situationen einläßt, und dies wiederum setzt Sinnes- und Selbstsicherheit voraus.
Der Vorgang der Umwelterschließung kann weiter nur voranschreiten, wenn jedes Ergebnis, jede Erfahrung als Anlaß genommen wird, weitere Erfahrungen zu machen. In diesem Sinne setzt Körpererfahrung als Umwelterfahrung die prinzipielle Unabgeschlossenheit von Erfahrungsspielräumen, erfahrungsoffenes Lernen voraus (vgl. BAUER 1983; MARAUN 1981; 1983).

c) Körpererfahrung als Selbsterfahrung

Komplementär zur Erfahrung der Umwelt als Handlungsgelegenheit wird der Körper als Möglichkeit erfahren. Und wie wir nach den Gelegenheiten suchen, so müssen wir auch die Möglichkeiten in Erfahrung bringen. So kann das Turnen verstanden werden als ein weit ausgreifendes Suchen nach dem Körper und seinen Möglichkeiten.

Es soll nicht auf engen Pfaden geführt werden. Auch soll es in der Kontrolle der tastenden Neugier des Turners bleiben. Die Selbständigkeit der Erfahrung ist zu betonen, und es ist zu vermeiden, daß wir den Turner antreiben und forthetzen auf einem Weg zu einem Kunststück, das wir für ihn ausgesucht haben" (FUNKE 1983, 101).

Was wir dabei in Erfahrung bringen, ist das eigene 'Selbst', und seine Entwicklung ist wiederum abhängig von den Gelegenheiten wie von der Art und Weise, in der man Erfahrungen macht. Meine Möglichkeiten, über meinen Körper sensomotorisch zu verfügen, zeichnen ihn vor anderen aus. "Ich handle, also bin ich", so kann man daher 'den Inhalt des aus Erfahrung stammenden Selbstbewußtseins kennzeichnen' (FUCHS 1980, 10).

d) Körpererfahrung als Kulturerfahrung

Nun ist aber die Verfügbarkeit über den eigenen Körper wie die Nutzung von Handlungsgelegenheiten sozial geregelt. Schwimmbäder als Badelandschaften, das war noch vor einiger Zeit etwas für Verrückte. Mittlerweile haben sich die sozialen Regelungen verrückt!

Solche Regelungen ergeben sich als Niederschläge der Sinnprinzipien, unter denen das Handeln steht. So künden die normierten Einrichtungen von Sportstätten, die Normierung der Verwendungsmöglichkeit von Sportgeräten von den Sinnprinzipien der Überbietung, des Vergleiches.

Ungeschrieben aber gleichwohl manifest zeigt sich die soziale Regelung der Verfügbarkeit des Körpers in der Symbolik von Bewegungshandlungen und Geräten.

So grenzen die materialen und soziokulturellen Einfassungen von Bewegungstätigkeit Körpererfahrungen ein bzw. aus (vgl. BÖSCH 1980; NITSCHKE 1981).

Gerade diese Begrenzung von Körpererfahrung als Kulturerfahrung muß ausdrücklich zum Unterrichtsthema gemacht werden, wenn man den Auftrag von allgemeinbildender Schule auch als der kritischen Instanz versteht, "die gerade mit den Heranwachsenden in der Gesellschaft instutionalisierte Geltungsansprüche auf deren normativen Vorgaben hin problematisieren will", um sie "in ihrer Bedeutung für das Bewegungsleben aller einsichtig und damit neu diskutierbar zu machen" (FRANKFURTER ARBEITSGRUPPE 1982, 63).

e) Körpererfahrung als Bildnis

Bei der Suche nach seinen Möglichkeiten ist man gemeinhin nicht ohne Vorbilder, welche die Erfahrung steuern. Der vorhin geschilderte stürmische Umgang der Tochter mit dem Vater hat ihr Vorbild in der älteren Schwester. So versucht man, sich den Körper nach einem Bild zu machen, und wer kennt sie nicht, die Bilder vom federnden Gang, vom lässigen Stehen usw. (vgl. RIGAUER 1980, 128).

Die Wirkung dieser Bilder wird dadurch verstärkt, daß man sie bei anderen als die Bilder unterstellt, die sie von einem erwarten. Solche Bilder, zumal wenn sie uns von unserer Umgebung ausdrücklich gegenübergestellt werden, können (Körper-) Erfahrung verfestigen:

Wir sind "verurteilt zu bleiben, wie unsere Gefährten uns sehen und spiegeln, sie, die vorgeben mich zu kennen, sie, die sich als meine Freunde bezeichnen und immer gestatten, daß ich mich wandle, und jedes Wunder ... zuschanden machen - nur um sagen zu können: ich kenne Dich!" (Max FRISCH: Stiller, 1973, 83).

Die Frankfurter Arbeitsgruppe (1982, 127ff) hat dieses Problem bspw. über die Inszenierung von Bewegungstheater thematisiert.

4. Körpererfahrung im Sportspiel

4.1. Körpererfahrung als implizites Thema von Sportspielen

Als implizites Thema steht Körpererfahrung als (quasi-) dialogische Erfahrung, als Umwelt-, Selbst- und Kulturerfahrung auch in den Sportspielen schon immer auf dem Stundenplan. Dies sei zunächst am Beispiel des Basketballspiels gezeigt, um dann auf notwendige Grenzüberschreitungen aufmerksam zu machen.

Das Basketballspiel unterscheidet sich von anderen großen Sportspielen wie z.B. Fußball oder Handball, die auch den direkten Kampf Mann gegen Mann beinhalten, ganz wesentlich durch das Prinzip der 'Körperlosigkeit'. Dieses Prinzip wird durch vielfältige Bestimmungen im Rahmen der Foul-Regel repräsentiert. Diese Regel steckt den Rahmen für erlaubte Aktionen ab, mit denen bestimmte Körpererfahrungen verbunden sind.

Betrachten wir zunächst die Situation des Angreifers im Basketballspiel. Er wird in diesem Zusammenhang im Laufe des Erlernens des Spiels drei wesentliche Erfahrungen machen.

(1.) Mein Körper ist tabu!
(2.) Der Ball ist keineswegs tabu, auch wenn ich ihn 'besitze'!
(3.) Auch der Körper des Gegenspielers ist tabu!

Diese Körpererfahrungen haben nun bestimmte Funktionen im Spiel:

Die Erfahrung, daß der eigene Körper tabu ist, nicht aber der Ball, führt dazu, daß der Angreifer seinen Körper einsetzt, um den Ball abzuschirmen gegen die Verteidiger. Damit hat er ein Mittel gefunden, mit dem Ball durch Lücken in der Verteidigung zu schlüpfen, um in eine korbnahe und sichere Wurfposition zu gelangen. Dabei liegt die Betonung auf dem Begriff 'schlüpfen', denn die Erfahrung, daß auch der Körper des Gegners tabu ist, hält die Möglichkeiten durchzubrechen in Grenzen.
Bei der gegebenen Möglichkeit, den Ball mit der Hand zu spielen, ist damit klar, daß im Basketballspiel der Angreifer praktisch nicht zu stoppen ist. Dies gilt, obwohl eine komplizierte Schrittregel die Möglichkeiten der Bewegung mit dem Ball einschränkt, wenn der Angreifer die daraus resultierenden Techniken (Dribbling, Zweierrhythmus) nur gut genug beherrscht.
Diese Tatsache, die auch in den Spielergebnissen zum Ausdruck kommt, prägt nun ihrerseits wieder die Philosophie der Verteidigung im Basketballspiel: Basketball ist ein Spiel der Prozentzahlen. Man kann einen Korbwurf eben nicht verhindern, sondern dem Werfer nur den Weg in eine erfolgversprechende Position so schwer wie möglich machen und dann den Wurf möglichst stören, um seine Wurfausbeute zu verschlechtern.

Damit sind nun auch für den Verteidiger bestimmte (Körper-) Erfahrungen verknüpft:

(1.) Der Körper des Gegners ist tabu!
(2.) Der Ball ist keineswegs tabu!
(3.) Mein eigener Körper ist tabu!

Dabei steht nach unserer Erfahrung tatsächlich auch für den Verteidiger der Körper des Angreifers im Vordergrund, der nicht berührt werden darf, und nicht der eigene Körper. Dieser wird zum Instrument, um die einzig mögliche Verteidigungsmaßnahme durchzuführen: dem Gegner den Weg zum Korb möglichst zu erschweren und seinen Wurf zu stören. Dies erfordert in hohem Maße Bewegungsbereitschaft, Antizipation und Kraft, um dem Gegner zuvorzukommen oder den Weg abzuschneiden; denn wenn beider Körper tabu ist, dann hat derjenige Anrecht auf einen bestimmten Platz auf dem Spielfeld, der zuerst da ist.

Diese Verhaltensweise des Verteidigers, basierend auf der Tatsache, daß auch dessen Körper tabu ist, führt nun wiederum den Angreifer zu einer bestimmten Erfahrung: Der Verteidiger reagiert auf meine Bewegung mit einer entsprechenden Bewegung. Dies kann ausgenützt werden, um den Verteidiger z.B. aus dem geplanten Weg zum Korb hinaus zu manövrieren: zu Täuschungen. Die Körpererfahrung ist diejenige, daß nach einer Reihe von Täuschungsbewegungen der Verteidiger nicht mehr mitkommt und der Angreifer dann an der Stelle, wo der Verteidiger gerade nicht ist, durchschlüpfen kann. Der Wahrnehmungscharakter dieser Erfahrung wird im amerikanischen Sprachgebrauch offensichtlich, wenn dort gesagt wird, daß der Angreifer da durchschlüpft, wo 'daylight' zwischen ihm und dem Korb ist. Dies spiegelt auch die wahrnehmungsgemäße Lernaufgabe des Anfängers wider, der lernen muß, die Lücken wahrzunehmen und nicht die Körper der Verteidiger.
Körpererfahrungen, wie die beschriebenen, spielen nun auch in der Situation des Anfängers, beim Erlernen von Sportspielen bspw. eine Rolle und können auch Probleme hervorrufen. So zeigt sich am Beispiel des Basketballspiels, daß vor allem Mädchen (wir beziehen unsere Erfahrungen hier aus der Ausbildung von Sportlehrern für das Lehramt an Gymnasien und Realschulen) sich offensichtlich davor scheuen, mit dem Ball am Gegner vorbei zum Korb 'durchzubrechen'.

Dies ist zunächst sicher durch mangelnde Spielerfahrung, mangelnde

Spielübersicht zu erklären: die Mädchen nehmen die Lücke gar nicht als Gelegenheit zum Durchbrechen wahr, sie sind heilfroh, wenn sie den Ball so schnell wie möglich wieder loswerden. Es zeigt sich aber, daß diese Mädchen auch in einer isolierten Übungssituation, im Spiel 1:1 Schwierigkeiten haben. Dies äußert sich darin, daß sie weniger zum Korb, als vielmehr weg vom Gegenspieler laufen. Daraus resultiert ein Laufweg zum Korb in respektvollem Abstand zum Gegenspieler, ein Laufweg, auf dem man natürlich niemals am Gegenspieler vorbei kommt.

In der Spielsituation 5:5 ist ein großer Bogen um den Verteidiger nicht möglich, da die vorhandenen Lücken nicht groß genug sind - also wird der 'Durchbruch' oft gar nicht erst versucht.

Diese Beobachtung läßt auf eine gewisse Angst vor Körperkontakt schließen, der auf der symbolischen Ebene (in diesem Sinnzusammenhang) möglicherweise mit Zuschreibungen wie 'männlich' oder 'grob' verbunden wird.

Daneben ist auch denkbar, daß das Interesse der Mädchen mehr dahin geht, 'mit' jemanden zu spielen und die Idee, 'gegen' jemanden zu spielen, einfach abgelehnt wird.

Bezüglich beider Probleme, der Angst vor 'männlich hartem' Körpereinsatz oder dem Prinzip des Gegeneinander im Spiel, sind Körpererfahrungen bedeutsam. Gerade über die Körpererfahrung ist nach unserer Erfahrung auch der pädagogische Zugang zu diesem Problem möglich.

So ist, wie gezeigt, im Basketballspiel - und vielleicht bietet es sich deshalb als Spiel für Mädchen oder koedukatives Spiel in besonderem Maße an - Körpereinsatz ja gerade nicht mit hartem Körperkontakt gleichzusetzen (etwa im Sinne von Rempeln oder gar Zusammenprall).

Tatsächlich führt ein Weg zur Lösung des Problems auch über die Thematisierung der Foulregel und eine Verteidigerschulung in ihrem Rahmen. Dabei wird neben den Verteidigern auch den Angreifern Gelegenheit gegeben, die basketballspezifischen Körpererfahrungen 'mein Körper ist tabu' - 'der des Gegners aber auch' - 'der Ball aber nicht - 'Täuschen und Vorbeigehen' in überschaubaren Situationen mit reduzierter Spielerzahl wie 1:1, 2:2 oder auch Überzahlsituationen 2:1 und 3:2 zu machen. Damit einher geht dann auch ein Abbau der Angst vor Körperkontakten, weil diese in dem befürchteten Ausmaß gar nicht auftreten und weil man gelernt hat, sie zu antizipieren und weitgehend zu vermeiden. Diese Vorgehensweise hilft auch, das zweite Problem zu lösen, das Prinzip des Gegeneinander, der Überbietung. Vielfach wird dies nur deshalb abgelehnt, weil die Spielerinnen gar keine Erfahrungen mit solchen Spielsituationen haben. Sie brauchen Möglichkeiten, in einer solchen Situation einmal Erfahrungen sammeln zu können, welche Aktionen den gewünschten Erfolg bringen, also das Vorbeikommen am Gegner und den unbehinderten Korbwurf. Die dabei gemachte Körpererfahrung, wie der Gegner auf die Aktionen des Angreifers reagiert, führt dann dazu, daß dieses Vorbeikommen als etwas Positives bewertet wird; man schafft es, man ist erfolgreich, man hat eine gewisse Fertigkeit, eine Geschicklichkeit entwickelt. Die Tatsache, daß beim nächsten Angriff der Verteidiger zum Angreifer wird und dann seinerseits den Gegenspieler auszumanövrieren vermag, stellt die Chancengleichheit für beide Parteien in der Übungssituation wie auch im Spiel mit voller Spielerzahl her.

4.2. Zur pädagogischen Bedeutung von Körpererfahrung im Sportspiel

Die pädagogische Bedeutung von Körpererfahrungen kann unter zwei Gesichtspunkten zusammengefaßt werden, die wir an dem gewählten Basketballspiel aufzeigen wollen.

Zunächst sei hier die Bedeutung für das Spiel selbst genannt. Nach unserer Meinung sind es gerade die Körpererfahrungen, die ein Spiel in sich birgt, die seinen Reiz ausmachen und damit die Motivationsgrundlage für das Weiterleben des Spiels darstellen. Nur ein Spiel, das in ausreichendem Maße den Spielenden Möglichkeiten gibt, für sie wertvolle Körpererfahrungen zu machen, wird langfristig gespielt werden. Ist dies nicht mehr der Fall, oder treten vermehrt auch negative Körpererfahrungen im Spiel auf, so können die positiven Körpererfahrungen doch immer noch Motor sein, das Spiel nicht ganz fallen zu lassen, sondern möglicherweise per Regeländerungen noch zu retten - und damit auch die positiven Körpererfahrungen. Umso deutlicher wird damit aber, daß diese Körpererfahrungen zentrales Thema eines Sportunterrichts sein müssen.

Die beschriebenen Körpererfahrungen sind offensichtlich mit dem Prinzip der Überbietung und des Vergleichs verbunden, die ja auch aus einem Sportspiel niemals völlig zu eliminieren sind, ohne es entscheidend zu verändern. Diese Prinzipien dürfen aber nicht im Sinne von Sieger-Verlierer als oberstes Prinzip des Spieles auftreten. Es geht nicht in erster Linie darum, wer am häufigsten am Gegenspieler vorbeikommt oder die meisten Körbe wirft, sondern darum, daß jeder die Möglichkeit bekommt, die mit solchen Aktionen verbundenen Körpererfahrungen überhaupt zu machen.

Damit ist auch der zweite Gesichtspunkt angeschnitten, unter dem Körpererfahrungen pädagogische Relevanz haben: die von ihrer Bedeutung für das Spiel losgelöste eigenständige sinnliche Qualität! So wie die Sinneseindrücke 'warmer Sand unter den Füßen', 'wärmende Sonne auf dem Rücken' oder 'Schneeflocken im Gesicht' als Körpererfahrungen mit bestimmten Qualitäten verbunden sind, so gilt dies gleichermaßen für Körpererfahrungen im Sport, etwa wie ein Hang sich mir auftut beim Skifahren, der gefühlvolle Paß über große Distanz im Fußball, der rasante Durchbruch mit weichem Korbleger im Basketball.

4.3. Lehrpraktische Konsequenzen

Diese pädagogische Wertung von Körpererfahrungen hat natürlich Konsequenzen didaktisch-methodischer Art für die Vermittlung. So ist offensichtlich, daß in einem auf solche Körpererfahrungen ausgerichteten Unterricht nicht mehr Techniken im Vordergrund stehen.

In unserem Beispiel, dem Basketballspiel, führten diese Überlegungen zu einer methodischen Spielreihe, die über Veränderungen des Regelwerkes vor allem die schwierigen Techniken der Ballmanipulation umgeht (Schrittregel). Damit wird den Spielern die Möglichkeit gegeben, von Beginn an basketballspezifische Verhaltensweisen auszuführen, wie etwa den beschriebenen Durchbruch zum Korb, und die damit verbundenen Körpererfahrungen zu machen. Durch den Wegfall der komplizierten Techniken wird das geforderte Können so weit reduziert, daß dies im Prinzip auch für alle Spieler gilt.
Der Weg zum regelrechten Basketballspiel geht dann auf der Basis dieses vereinfachten Basketballspiels über paralleles Üben der speziellen Techniken und ihre Einführung ins Spiel zu gegebener Zeit.

Wir meinen, daß der aufgezeigte Weg die Möglichkeit bietet, jedem Anfänger eine Chance zu geben, das Basketballspiel über seine spezifische Körpererfahrungen kennenzulernen und nicht im wesentlichen über das Erlernen schwieriger Bewegungsabläufe, deren Begründung und Zweck im Spiel zunächst unklar ist. Es versteht sich, daß diese Körpererfahrungen nicht unbedingt von jedem mit positiven Qualitäten belegt werden müssen. So wird ja auch vielleicht die 'Schneeflocke im Gesicht' nicht von jedem als angenehm bewertet. Es scheint uns aber wichtig, jedem die Chance zu geben, sich ein eigenes Bild zu machen.

4.4. Die Begrenzung von Körpererfahrung im klassischen Sportspiel

Die Begrenzung von Körpererfahrung im skizzierten Rahmen ist natürlich durch die übergeordneten Sinnprinzipien der Überbietung und des Vergleichs und die darauf bezogenen Regelungen der Spiele gegeben. Wo sie vorrangig bleiben, wird der Spielpartner letztlich als nichts anderes erfahren als der Ball, eben als Objekt, das man in bestimmter Qualitätsausgabe braucht, wenn man ein Sportspiel betreiben will. Hier wird die Beziehungsebene menschlicher Interaktion verfehlt. Im Rahmen festgefrorener Interaktionsstrukturen werden Beziehungsprobleme als rein technische Angelegenheiten behandelt. Es bleibt ausgeblendet, was doch eigentlich auf dem Spiel steht: Freundschaft halten, Freude teilen oder auf den Kummer des Gegenüber eingehen (vgl. WERTHEIMER 1964, 151-159). Wenn darin primäre Sinngehalte von Spiel gesehen werden, wenn es um 'belebende Beziehungen zu anderen Menschen' (zur LIPPE) gehen soll, dann muß Spiel daraufhin angelegt werden. Herstellung von Spiel im offenen Unterricht, Entwicklung eigener Erfahrungs-Kriterien für die Spielgestaltung muß dann die Aufgabe von Spielerziehung sein.

5. Ausblick: Vom Gängelband zur Welt- und Selbsterfahrung

So etwa ließe sich die Änderung überschreiben, die angestrebt wird, wenn Körpererfahrung zum zentrierenden Thema von Sportunterricht gemacht wird (vgl. PORTMANN 1958).

Wie überall, so sind aber auch im Sport Kinder und Jugendliche mehr und mehr Objekt der Entwicklung geworden.
"Dabei sind Kinder bereits mit Beginn ihres Lebens in der Lage, ihre eigene Entwicklung als Subjekt zu betreiben, sich aktiv selbst auf die Umwelt einzustellen, zu lernen, zu experimentieren. Dazu muß das Kind tätig sein können, wirken können, Kausalitäten und Zusammenhänge erleben können. Es muß auch Mißerfolge haben können, ohne nachhaltigen Schaden zu erleiden" (ERKE 1980, 5).

Als Rahmen für eine solche Entwicklung ist nach einer Studie des britischen Sozialministeriums (KELLMER-PRINGLE 1979) von vier kritischen Bedürfnissen der Kinder auszugehen, den Bedürfnissen nach Liebe und Geborgenheit, nach neuen Erfahrungen, nach Lob und Anerkennung, nach Verantwortung.
Das Kind, das mit Sport und Sportumwelt nur versorgt wird, kann keine Verantwortlichkeit entwickeln, nicht einmal für die ihm zudiktierten Ausschnitte der Umwelt.
Die Thematisierung von Körpererfahrung im Unterricht zielt im Gegensatz darauf, daß Kinder sich aktiv mit allen Aspekten ihrer Bewegungsumwelt auseinandersetzen können, daß sie Subjekt ihrer eigenen Entwicklung sein können. Wie dies didaktisch-methodisch

gesehen zu leisten ist, haben Projekte wie das der Frankfurter Arbeitsgruppe (1982) exemplarisch gezeigt.

Literatur

BAUER, D.: Wie Wissenschaft Bewegungserfahrung herstellen kann. in: DIETRICH, K./LANDAU, G. (Red.): Sonderheft der Zeitschrift Sportpädagogik. Velber: Seelze, 1983, 32-37

BISCHOF, N.: Aristoteles, Galilei, Kurt Lewin und die Folgen. in: BISCHOF, N. (Red.): Bericht vom Kongreß der DGfP. Göttingen: Hogrefe, 1981, 321-343

BOESCH, E.E.: Zwischen zwei Wirklichkeiten. Bern: Huber, 1976

BOESCH, E.E.: Kultur und Handlung. Bern: Huber, 1980

CHRISTIAN, P.: Vom Wertbewußtsein im Tun. in: BUYTENDIJK, F.J.J./ CHRISTIAN, P./ PLÜGGE, H.: Über die menschliche Bewegung als Einheit von Natur und Geist. Schorndorf: Hofmann, 1963, 19-44

EICHBERG, H.: Zweikampf - Zum interkulturellen Vergleich europäischer und indonesischer Verhaltensmuster. in: NITSCHKE, A./ WIELAND, H. (Hrsg.): Die Faszination und Wirkung außereuropäischer Tanz- und Sportformen. Ahrensburg: Czwalina, 1981, 43-54

ERKE, H.: Anforderungen von Kindern an die städtische Umwelt - Entwicklungspsychologische Aspekte. (Veröffentlichungen des Seminars für Planungswesen der TU Braunschweig, 1980), Braunschweig: Uni-Druck, 1980, 15-24

FRANKFURTER ARBEITSGRUPPE: Offener Sportunterricht - analysieren und planen. Hamburg: Rowohlt, 1982

FRISCH, M.: Stiller. Frankfurt: Suhrkamp, 1963

FUNKE, J.: Körpererfahrung im Geräteturnen - zum Beispiel: die Kippe. In: FUNKE, J. (Hrsg.) Sportunterricht als Körpererfahrung. Hamburg: Rohwohlt, 1983

FUCHS, R.: Einführung in die Lernpsychologie. Darmstadt: Steinkopff, 1980

GIBSON, J.J.: Die Sinne und der Prozeß der Wahrnehmung. Bern: Huber, 1973

GIBSON, J.J.: Wahrnehmung und Umwelt. München: 1982

GÖHNER, U.: Bewegungsanalyse im Sport. Schorndorf: Hofmann, 1979

GÖHNER, U.: Geräteturnen. in: Sportunterricht, 30 (1981), 377-386

GRUPE, O.: Grundlagen der Sportpädagogik. Schorndorf: Hofmann, 1982

KAMPER, D. / WULF, C. (Hrsg.): Die Wiederkehr des Körpers. Frankfurt: Suhrkamp, 1982

KELLMER-PRINGLE, M.: Was Kinder brauchen. Stuttgart: Klett, 1979

LAGING, R.: Ein didaktisches Modell zum sozialen Lernen. in: Sportunterricht, 12 (1981), 464-472

LEE, D.N./ LISHMAN, R.: Visual control of locomotion. in: Scandinavian Journal of Psychology, 1 (1975), 23-36

LEIST, K.-H.: Transfer im Sport. Schorndorf: Hofmann, 1978

LEIST, K.-H.: Körpererfahrung. in: DIETRICH, K. / LANDAU, G. (Hrsg.) Sonderheft der Zeitschrift Sportpädagogik, Seelze: Velber, 1983, 38-44.
LEIST, K.-H./ LOIBL, J.: Wahrnehmung als Grundlage von Bewegung und Bewegungslernen. in: RIEDER, H. u.a. (Red.): Motorik- und Bewegungsforschung. Schorndorf: Hofmann, 1983, 210-216
LIPPE, R. zur: Naturbeherrschung am Menschen. Frankfurt: Suhrkamp, 1974
LIPPE, R. zur: Am eigenen Leibe. in: KAMPER, D. / WULF, C. (Hrsg.): Die Wiederkehr des Körpers. Frankfurt: Suhrkamp, 1982, 12-31
MARAUN, H.-K.: Analysieren und Planen als Handlungsproblem des Sportlehrers. Schorndorf: Hofmann, 1981
MARAUN, H.-K.: Erfahrung als didaktische Kategorie. in: DIETRICH, K. /LANDAU, G. (Hrsg.): Sonderheft der Zeitschrift Sportpädagogik, Seelze: Velber, 1983, 26-31
NEISSER, U.: Kognition und Wirklichkeit. Stuttgart: Klett 1979
NITSCHKE, A.: Die Auswirkungen außereuropäischen Bewegungsverhaltens auf die europäischen Gesellschaftsformen. in: NITSCHKE, A./ WIELAND, H. (Hrsg.): Die Faszination und Wirkung außereuropäischer Tanz- und Sportformen. Ahrensburg: Czwalina, 1981, 4-21
PIAGET, J.: Der Aufbau der Wirklichkeit beim Kinde. Stuttgart: Klett, 1974
PORTMANN, A.: Die Bedeutung der Erziehung in der heutigen Zeit. in: Die Leibeserziehung, 11 (1958), 324-332
RIGAUER, B.: Bewegen - Erinnern - Entfalten. in: FUNKE, J. (Hrsg.): Sportunterricht als Körpererfahrung. Reinbek: Rowohlt, 1983, 84-95
RUMPF, H.: Sportstättenbesichtigung. in: Sportpädagogik, 1 (1980),
RUMPF, H.: Der Menschenkörper - ein Bewegungsapparat? in: DIETRICH, K. /LANDAU, G. (Hrsg.): Sonderheft der Zeitschrift Sportpädagogik, Seelze: Velber, 1983
SOBOTKA, R.: Formgesetze der Bewegung im Sport. Schorndorf: Hofmann, 1974
TAMBOER, J.: Sich-Bewegen - ein Dialog zwischen Mensch und Welt. in: Sportpädagogik, 2 (1979), 14-19
TIWALD, H.: Geschichte des alpinen Skilaufs aus psychologischer Sicht. in: Leibesübungen - Leibeserziehung, 3 (1983), 64-68
TREBELS, A. (Hrsg.): Spielen und Bewegen an Geräten. Hamburg: Rowohlt, 1983
WERTHEIMER, M.: Produktives Denken. 2. Aufl. Frankfurt: Sommer, 1964

Fragen

1. Worin besteht die Erfahrungscharakteristik des in Kap. 2 skizzierten Skischwunges?

2. Inwiefern grenzt fertigkeitsorientierte Instruktion lernrelevante Körpererfahrung aus?

3. Welche Rolle kann Körpererfahrung beim Erlernen des Kopfsprunges vom 3-m-Sprungbrett spielen?

4. Inwiefern kann man 'Körper' als Handlungsgebilde bezeichnen? (vgl. Kap. 3.1)

5. Was ist unter 'Objektivierung' bzw. 'Vergegenständlichung', was unter 'Subjektivierung' des Körpers zu verstehen? (vgl. Kap. 3.1)

Aufgaben

1. Versuchen Sie ein beliebiges Beispiel programmierter Instruktion (mindestens zwei bis drei Lernende). Fragen Sie dann die Lernenden nach Ihren Erfahrungen, nach Zielen, die sie sich gesetzt hatten, nach ihrem körperlichen Befinden.

2. Handlungen können unterschiedliche Sinngehalte haben. Erläutern Sie beispielhaft, wie dies körperlich manifest wird!

3. Versuchen Sie begründete Annahmen darüber zu machen, welche Verwirklichungsmöglichkeiten menschlichen Körpers im fertigkeitsorientierten Unterricht systematisch gefördert und vernachlässigt werden.

4. Suchen Sie für die in Kap. 3.2. angeführten Sinngehalte von Körpererfahrung jeweils weitere Beispiele!

5. Versuchen Sie Thematisierungen von Körpererfahrung in anderen Sportspielen als Basketball in Analogie zu den in Kap. 4 dargestellten darzustellen und auszuwerten!

Zur Bedeutung der Körpererfahrung für das motorische Lernen

Helgard Lange, Karl-Heinz Leist, Jürgen Loibl

1. Motorisches Lernen heißt 'Erfahrungen machen'

Skifahren, was heißt das? Parallelschwingend, umsteigend der Fallinie entlang talwärts streben und dies gleitend, drehend, kantend, abstoßend, sich tragen lassend ... bewerkstelligen und gleichzeitig genießen, einer Schwungmelodie nachfahren ... .

Turnen, was heißt das? Sich in der Luft drehen, in hohem Bogen aus einem Unterschwung herausfliegen, schweben, balancieren, schwingen, schaukeln und daraus eine Komposition machen ... .

Schaukeln, was heißt das? Mit der Schaukel in Schwung kommen, den Schwung verstärken, sich in den Schwung hineinlegen, mit ihm hochtragen lassen, den toten Punkt erfühlen, sich an diesem Umkehrpunkt lustvoll aus dem Vor-hoch-gehen nach hinten fallen lassen, wahrnehmen, wie man auf die Schaukel gedrückt wird und mit ihr verwächst und sich sicher fühlt und so sein Schaukeln kontrollieren kann ... .

> Was man mit seinem wahrgenommenen Körper in der wahrgenommenen Welt tut (vgl. KOHL 1956; THOLEY 1980), macht demnach motorisches Handeln (vgl. LEIST 1982) aus und entsprechend ist es wie skizziert in Wahrnehmungs- bzw. Erfahrungskategorien zu beschreiben (vgl. FUNKE 1983; TREBELS 1983; 1984; TREBELS & CRUM 1980; SCHERER 1984).

Abstrahiert man von dem phänomenalen Charakter von Aktionsdingen, -situationen und Aktionen, so bleiben als 'Abziehbilder' des realen Sich-Bewegens Weg-Zeit-Schemata eines physikalisch definierten Bewegungsvorgangs auf der Folie der physikalischen Umgebung - gereinigt von Sinn, Sinnlichkeit, unmittelbarem Umweltbezug (zum Begriffspaar Umgebung/Umwelt vgl. UEXKÜLL & KRISZTAT 1956).

Von der phänographischen oder auch funktionalen Analyse solcher Abziehbilder her werden nun oft Lehr- und Lernkonzepte entworfen, Lehrziele bestimmt, Lehr-Lernwege entworfen, Aufgaben gestellt, Instruktionen gegeben.
Wenn nun aber in diesem so abgesteckten Rahmen gelernt wird, so deswegen weil die Lernenden - gleichwohl - Erfahrungen machen:
Das Kind, das Schaukeln lernt, merkt, wenn es (mit der Schaukel) in Schwung kommt, die Schwungerfahrung ist sein eigenes Lernkriterium, es bemerkt, daß mit regellosem Ziehen an den Aufhängseilen (aus dem ruhigen Sitz) nicht in Schwung zu kommen ist. Es bemerkt, daß es regelhaft ziehen muß, um in Schwung zu kommen, daß es 'ziehen und kommen lassen' muß; geht es mit dem Schwung der Schaukel mit, dann macht es die Erfahrung, daß der Schwung sich verstärkt, und wenn es auch hier wieder regelhaft mitgeht, kommt es in Fahrt, erfährt die Schwerelosigkeit im toten Punkt .... .
Auch bei einer reinen Außensteuerung bleibt es immer noch dem Lernenden vorbehalten, zu wirken und zu erfahren und über sein Wertbewußtsein im Tun zuallererst selber einen Lerneffekt zu stiften (vgl. CHRISTIAN 1963). Dabei bleibt natürlich der Nutzen unbestritten, den Hilfen von außen - in Form geeigneter Aufgabenstellungen und Instruktionen (vgl. SCHERER 1984) - haben können, wenn es darum geht, neue Erfahrungen zu machen. Diese Hilfen sollten aber auf die 'Erfahrungsstruktur des Handelns' und nicht bloß auf seine physikalisch gewonnenen Abziehbilder gemünzt sein, weil diese die Erfahrungsoffenheit eines Lernfeldes nur allzu leicht verstellen können. Dazu einige kursorische Beispiele:

(a) Will man einen Skischwung als Element talstrebender Handlung vermitteln, so muß man die Vermittlung auf die Erfahrung der Fallinie als 'tragenden Pfeiler' der Handlung zentrieren. 'Freude am Gleiten in der Fallinie' heißt daher das erste Lehrziel für Skianfänger. Es ist über lehrpraktische Maßnahmen wie die folgende zu erreichen (vgl. LEIST u.a. 1984):

Der Skilehrer fährt rückwärts (Gleitflug), hat eine Stange in den Händen, auf die der Anfänger seine Hände auflegen kann. So kann er - leicht gestützt - locker auf den Skiern stehen und aus diesem Sicherheitszustand heraus freudvolle Bekanntschaft mit dem Gleiten und der Fallinie machen. Aufgrund der angstfreien, entspannten Situation kann er sich auf die neue Erfahrung konzentrieren und auf diese Weise sehr schnell das Gleitgefühl (Wahrnehmungslernen!) entwickeln. Ein solcher Einstieg regt wiederum dazu an, Aktionsspielräume zu explorieren, 'Zweierspiele' zu erfinden: Man kann den Skilehrer stoßen, ein wenig auf und ab hüpfen, sich etwas vom Lehrer abstoßen, mit ihm eine 'Schaukel' bilden (zurückfallen lassen/den anderen zu sich ziehen - sich vorziehen lassen...) und so merken, daß man Skier, die unter einem nach vorne gehen, wieder einholen kann... . In solchem Rahmen kann dann leicht ein dynamisches Auspflügen als Handlung zur Kontrolle der Fahrt in der Fallinie erlernt werden. Bei der oft selbstgestellten Aufgabe, den Lehrer aus dem gemeinsamen Gleiten heraus wegzustoßen, finden die Lernenden meist unmittelbar heraus, daß ein (leichtes) Auspflügen zum dazu nötigen Rückhalt führt. Sie bemerken aber auch seine Bremswirkung, die sie dann zur dynamischen Kontrolle der Fahrt einsetzen. So wird von vornherein der statische Bremspflug (mit einschlägig bekannter Körperhaltung) als Abwehrhaltung mit all seinen negativen Konsequenzen (z.B. für das Wahrnehmungslernen, vgl. LEIST 1978, 146-217) vermieden.

Dies tritt demgegenüber auf, wenn einem Lernenden, erstmals auf sich selbst gestellt, die Skier 'wegzugehen' beginnen. Setzt er sich nun die naheliegende Aufgabe, dieses Weggehen zu vermeiden, so ist es ebenso naheliegend, die bekannte 'Po-Stellung' einzunehmen oder sich gar auf denselben zu setzen. Unter solcher Perspektive ist ihm die Möglichkeit verstellt, das Gleiten der Skier wahrzunehmen und die Erfahrung verbaut, daß man sich ihnen und der Fallinie (dem Hang) gelassen überlassen kann. Auch Instruktionen über richtige Positionen auf den Skiern vermögen da nur wenig zu helfen. Allzuoft kommt bei solchem Einstieg der Lernende erst nach leidvollen Umwegen, auf denen er die Hänge in Bremspflug und Pflugbogen um-

kurvt, zu ersten Versuchen, sich von seiner Abwehrhaltung freizumachen, sich aufzurichten und von den Skiern den Hang hinuntertragen zu lassen. (Ganz analoge Problemlagen wie die hier skizzierte sind aus dem Anfängerschwimmen bekannt.)
Diese innere Sperre ist körperlich spürbar, ihre Überwindung die Erschließung einer neuen Körpererfahrung: des Sich-Hineintragen-Lassens in einen Schwung, der Anfang des Beherrschens von Ski und Gelände, statt von den Skiern beherrscht zu werden.

(b) Beim Basketballkorbwurf sind nicht die Positionsveränderungen im Schulter-, Ellenbogen- und Handgelenk, wie sie mit biomechanischen Meßmethoden ermittelt werden können, die lernrelevanten Parameter. Ganz entgegen solchen physikalischen und auch physiologischen Sachverhalten greift hier der auf das Erleben zielende Hinweis, daß die Hand den Ball werfen muß, wobei durch diese Bewegung Unter- und Oberarm nur nachgezogen werden.

(c) Der geometrisch beherrschte Körper des klassischen Tänzers, der u.a. über die Betrachtung im Spiegel korrigiert wird, läßt vielleicht vermuten, daß er in einer Lernwelt von 'Abziehbildern' geformt wurde. Was wird z.B. beim Erheben aus dem Stand auf ganzem Fuß in den Ballenstand gelernt? Die Veränderung der Fußgelenkswinkel? Vielleicht verwundert es, daß in der publizierten Ballett-Methodik Autoren zu finden sind, die eine andere Sicht von Bewegungsproduktion haben (vgl. etwa GLASSTONE 1977). Sie geben als Lernhilfen Hinweise, was man von seinem Körper und seinen Aktionen wahrnehmen muß, damit eine Bewegung gelingen wird:
Während es im Exercise möglich ist, eine Bewegung in ihrem Technikaspekt zu üben, sind doch mit ihr potentielle Aussagequalitäten präsent. Bei einem relevé z.B. soll der Körper einen Eindruck von Leichtigkeit und Emporstreben hervorrufen. Der Anfänger, dem es beim relevé schwerfällt, sein Gleichgewicht zu halten, wird es mit der Vorstellung von Leichtigkeit jedoch eher schwerer haben, Standfestigkeit zu gewinnen. Denn neben der Zentrierung des Körpergewichts über der Unterstützungsfläche ist der Kontakt mit dem Boden

wichtig. Ihn zu fühlen gelingt mit der Wahrnehmung der Schwere des eigenen Körpers, die auf den Boden drückt. Bleibt beim relevé das Gefühl für den Druck auf den Boden erhalten, der nun über Körperspannung verstärkt werden kann, kann man sich seiner Standfestigkeit vergewissern.

2. Körpererfahrung im Rahmen von Bewegungserfahrung

2.1. Zur Struktur von Bewegungserfahrung

Gehen dem Skianfänger bei seinem ersten Fahrversuch die Skier weg, dann kann dies für ihn nur allzuleicht bedeuten, daß er Skifahren 'als etwas' erfährt, bei dem einem die Ski weggehen, so daß es darum gehen muß, dies zu vermeiden.

> Die begriffliche Struktur von etwas als etwas ist eine Beziehungsstruktur: Sie ist bezogen auf das Etwas, einen Erfahrungsgegenstand, wie auf ein Subjekt, das etwas als etwas erfährt. Die Beziehungsstruktur als primäre Gegebenheit manifestiert sich in der Einheitlichkeit der unmittelbaren Wahrnehmungs- bzw. Erfahrungswelt. Dies meint die Gestaltpsychologie, die von einem anschaulichen Gesamtfeld und der Ich-Umweltverflechtung als Grundstruktur spricht, und davon geht auch die Handlungspsychologie aus, wenn sie jeweilige Handlungsräume von primären Person-Umwelt-Bezügen aufgespannt sieht.

Demnach erscheint uns die Erfahrungswelt als Gefüge, dessen Einheiten vom gegebenen 'Handlungszusammenhang' abhängen, davon also, wie ein Handelnder im Rahmen einer bestimmten Zielperspektive eine Umweltsituation und sein Handeln sieht. Je nach Zentrierung der Aufmerksamkeit im Zusammenhang des Handelns tritt (1.) die Umwelt, (2.) die Aktion des Handelnden oder (3.) das Gesamtfeld als Anschauungseinheit in den Vordergrund. Dabei gilt für den ersten

Fall, daß die Umwelt als behandelbare, bemerk- und bewirkbare erfahren wird.

2.1.1. In Umwelterfahrung eingebundene Körpererfahrung

Dies kommt z.B. darin zum Ausdruck, daß Bewegungsräume nach Maßen körperlicher Aktion strukturiert werden, so daß man sich, wie KOHL (1956, 103) es ausdrückt, "vermittels des Sehens und des Körpergefühls in einem bekannten, umfassenden Gesamtraum vorfindet, in welchem die Gegenstände im Hinblick auf den direkten tätigen Umgang mit ihnen wahrgenommen und erlebt werden."

Ein Glas wird nicht als 0,71 m entfernt wahrgenommen, sondern als 'gerade in Reichweite'. Dabei ist aber nicht die Armlänge das körperbezogene Entfernungsmaß, sondern die zur Ausführung der Bewegung nötigen Krafteinsätze:

"Die Kontrolle für einen Sprung über eine Barriere, das Umgehen eines Hindernisses, das Überqueren eines Baches oder der Griff nach einem Gegenstand können im Prinzip verstanden werden in Einheiten der Krafteinsätze, die für die erfolgreiche Bewegungsausführung notwendig sind. Wenn wir die bisher vorgetragenen Überlegungen ernst nehmen, dann müssen wir nach einer Beschreibung des optischen Umfeldes in Maßeinheiten von Krafteinsätzen suchen: Schätzungen, z.B. ob zum Überqueren der Hecke vor mir ein Sprung nötig ist - und wenn ja, wieviel Kraft in meine beiden noch verbleibenden Schritte zu legen ist, bei meinen gegebenen Körperdimensionen und denen der Hecke" (FITCH & TURVEY 1977).

Entsprechend 'mißt' der Basketballer die Entfernung zum Korb in Krafteinsätzen, die den Ball ans Ziel bringen, ebenso der Mittelfeldspieler im Fußball die Entfernung für den Paß zum startenden Flügelstürmer. Auch der physikalische Abstand von 150 cm zwischen zwei Gegenspielern stellt je nach der Entfernung von diesen beiden Gegnern einmal eine Lücke zum Durchbruch dar (wenn ich nämlich, entsprechend meiner Möglichkeiten, nahe genug an den beiden bin) oder aber eine undurchdringliche Wand (wenn ich nämlich weiter weg bin).

Erfahrung der Bewegungswelt ist demnach insofern Körpererfahrung, als sie im skizzierten Sinne 'körperlich verfaßt' ist. Sie ist darüber hinaus 'sinnlich-körperlich durchwirkt' insofern, als sie inhaltlich in der Weise erschlossen wird, in der man ihr begegnet.

Der Umgang mit Materialien spiegelt ihre Beschaffenheit wider. So spiegelt die behutsame, nachgiebige Weise des Umgangs die Zartheit einer Porzellanschale wider. Ebenso fordern z.B. Rückschlagspielmaterialien, wie mit einer Luftballonhaut überzogene Plastikbecher und ein damit hin- und herzuschlagender Tischtennisball, die Spieler zu einer Behutsamkeit heraus, die der Umgang mit einem Tennisschläger nie hervorbringen könnte.
Der Skifahrer, der die Fallinie angstvoll als Bedrohung erfährt, 'blockiert' vor ihr, steht stocksteif verspannt auf den Skiern, während sich der Könner gelöst, entspannt der Fallinie überläßt (um sich dann in der Aussteuerphase anzuspannen, in der sich demgegenüber der 'Fallinien-Blockierer' nach überstandener Gefahr entspannt - wodurch er dann oft zu sehr ins Rutschen kommt). Auf diese Weise werden Umwelten dann als 'einem widerstrebend' erfahren, ein abschüssiges Gelände als etwas, das man 'durchstehen' muß, ein Buckelgelände als etwas, das 'einen durchschleudert' (wohingegen es dem Könner als 'Schaukel' erscheinen kann).

Unsere Bewegungsumwelten sind nun von Grund auf soziokulturell geformt und mitmenschlich ausgetauschte Sinnzuschreibungen und Wertsetzungen stecken den Rahmen ab, in dem Bewegungserfahrungen überhaupt gesucht werden.

Trotz eines sich anzeigenden Wandels ist so die Bodybuilding-Welt für Mädchen genauso wenig selbstverständlich offen, wie die des Tanzes für Jungen.

Sinnlich-körperliche Erfahrung wird soziokulturell verfaßt einmal über formale und materiale Festlegungen: So verkörpern die Reglementierungen von Bewegungsaufgaben und -techniken, die Normierung von Bewegungsorten, -räumen und gerätschaften soziokulturell bestimmte Sinnvorgaben, die man sich einverleiben muß, um ihnen entsprechend agieren zu können. Die bekannten Schwierigkeiten des eingefleischten Wettkampffußballers beim Freizeitkicken à la WERTHEIMER aus seiner alten Haut zu kommen, zeigt, wie tief solch soziokulturelle Verfassung von Erfahrung verwurzelt ist.

An dem Beispiel 'Zwei Jungen spielen Federball' hat WERTHEIMER (1963, 151-159) eindringlich deutlich gemacht, wie die mitmenschlichen Bezüge ihren Erfahrungsniederschlag in unserer auch sinnlich-körperlich manifesten Gesamtverfassung finden: Der Prozeß produktiver zwischenmenschlicher Konfliktlösung ist nicht einfach nach rationalistischem Muster zu charakterisieren, sondern auf ganz persönliche, sinnlichkörperlich manifeste Beziehungsmuster zurückzuführen.
Die Interaktion der zwei Jungen, deren Federball-Wettspiel zusammengebrochen war, weil der jüngere nicht mithalten konnte und aus dem Felde gegangen war, verläuft in Formen wie 'Er (der Ältere) sah den traurigen Blick (des Jüngeren)', 'Ein flüchtiger Seitenblick (des Jüngeren) streifte ihn (den Älteren)', 'Auf seinem Gesicht spiegelte sich ab, wie er mit sich rang' ... .
Nachdem sie sich bei Ausbrechen des Konfiikts voneinander abgewandt hatten, sich abschlossen, 'wandten sie sich' im Zuge einer partnerschaftlichen Lösung 'aufeinander zu', 'öffneten sich einander' ... .

> Aufgebrochen war der Konflikt, gefunden wurde eine Lösungsperspektive, geschaffen eine Lösung über die ganzheitliche sinnlich-körperlich manifeste Weise des Mit-Einander-Umgehens und nicht über ein rationalistisches Schreibtischkalkül der Regelpermutation.

2.1.2. In Aktionserfahrung eingebundene Körpererfahrung

> Auch die raumzeitliche Struktur von Aktionserfahrungen ist geprägt vom unmittelbaren Zusammenhang von Umgebungsmerkmalen, motivationsgetragener Aktivität und Zustandsänderung, der sich auch in ihrer sprachlichen Benennung widerspiegelt: Wenn es

bzgl. des Abschwungs bei der Riesenfelge heißt, 'die Fußriste nach vorn-unten zu drücken', bzgl. der Kippe am Reck, die 'Beine an der Reckstange entlang nach oben stoßen', bzgl. der Schwungstemme am Reck, die 'Reckstange an den Körper heranziehen', bzgl. der Haltung auf Skiern, 'sein Gewicht auf den Talski zu legen', so verweisen diese Kennzeichnungen darauf, daß die wahrgenommenen Aktionen nicht im anschaulichen Koordinatenraum anzusiedeln sind, sondern im anschaulichen Gesamtfeld als plastischem, nach Ich-Umfeld-Verflechtungen strukturiertem Aktionsraum.
In entsprechende Aktionserfahrungen sind umweltbezogene Schemata des Körpers integriert, wobei die Einheit der (funktionellen) Aktion die Einheit körperlicher Erfahrung ausmacht. Dies zeigt sich insbesondere auch daran, daß die Abgrenzungen von wahrgenommenen Körperaktionen fließend sind, daß wahrgenommene Aktionen weiterreichen können als anatomisch-physiologisch definierte Gliederbewegungen gehen (können):

Man kann mit Schlittschuhen oder Skiern so verwachsen, daß man die Beschaffenheit des Eises oder des Schnees unmittelbar unter den Schlittschuhen oder Skiern wahrnimmt, an ihrer Angriffsstelle zur Umwelt; polar dazu setzt dann eben die körperliche Aktion an dieser Angriffsstelle an. Die Dehnbarkeit körperlicher Aktionen zeigt sich auch in zeitlicher Hinsicht: Macht man über einen quergestellten Kasten hinweg eine Hechtrolle durch einen dahinter gehaltenen Reifen, so wird sie als länger dauernd erfahren, ist der Reifen mit einem Tuch verhängt, das sich beim Durchspringen um den Kopf verfängt, hat man den Eindruck, man stürze unmittelbar zu Boden, die Zeit der Aktion bis zum Auftreffen auf der Matte schrumpft zu Null.

2.2. Bedeutungserfahrung und Körpererfahrung

Bewegungserfahrung hat zunächst einmal elementaren Bedeutungscharakter, man erfährt etwas primär als etwas, die Bewegungsaufgabe,

eine Hechtrolle über einen Kasten durch einen Reifen zu machen z.B. als Bedrohung oder aber als Herausforderung, als Gelegenheit zu explorieren oder sich darzustellen ...
Auch analogische Erfahrung ist sinnlich-körperlich verfaßt und wird gegebenenfalls in dieser Weise wieder manifest:
Wenn viele Mädchen z.B. das Schmettern scheuen, weil es in seiner Wucht auch die Männlichkeit des Angreifers symbolisiert, dann manifestiert sich diese 'symbolische Bedeutung' sinnlich-körperlich in der Art und Weise des Schlagens und ist so der Fremd- wie Selbstwahrnehmung bzw. -erfahrung zugänglich.
Daß dies auch für die 'soziale Bedeutung' von Bewegungserfahrung gilt, wurde am WERTHEIMER-Beispiel angesprochen, ein weiteres Beispiel ist das als 'Wir-Gefühl' bekannte Phänomen, daß man sich körperlich als Gruppe, als 'Gruppen-Körper' wahrnehmen kann.

2.3. Das 'Körper-Ich' als explizite Körpererfahrung

Wird Aufmerksamkeit reflexiv auf den subjektiven Pol des Ich-Umfeldbezugs im Handeln zentriert, dann wird man sich polar zur Erfahrung von Umwelten und Aktionen seiner selbst als einheitliches 'anschauliches Ich' bzw. 'Körper-Ich' bewußt. Dieses 'Körper-Ich' ist einerseits erfahrbar als (Umwelt- und Aktions-) Erfahrung Konstituierendes und Bergendes, als 'Erfahrungsgebilde', das immer wieder von den Umwelteinwirkungen bzw. Aktionsrückwirkungen betroffen wird - wenn ich mit den Fingern über die Tischkante gleite, kann ich spüren, wie scharf sie ist, ich kann aber auch den Einschnitt, den 'Strich' spüren, den sie auf dem Finger hinterläßt (und dem Volleyballer geht Faustballgeplänkel gegen den 'Strich').
Das 'Körper-Ich' tritt andererseits als Erfahrung Machendes, Wirkendes und Merkendes in Erscheinung - auf Basketballprellen antwortet ein Handball anders als ein Basketball, und diese Erfahrung macht man indem man als 'Körper-Ich' wirkt und merkt.
Das Körper-Ich, darauf verweisen diese Beispiele, kann mehrere

Rollen spielen: Es kann Ausführungs- wie Wahrnehmungsorgan sein und diese Rollen sind ineinander verschränkt: Die Hand ist Greifer und Fühler zugleich, vermittelt Informationen nicht nur über das betastete Objekt, sondern auch über sich als Organ. Laufen sich solche Prozesse auf immer denselben sportiven Bahnen tot, so kommt es zu dem, was man Verdinglichung des Körpers nennt (vgl. RUMPF 1983). Soll der Prozeß lebendig erhalten bleiben, so bedarf es prinzipiell offener Erfahrungssituationen, in denen jede Grenze ein neuer Anfang ist.

3. Didaktisch-methodische Konsequenzen

Wenn ganz allgemein materiale, personale und soziale Erfahrungen im Rahmen sportlicher Handlungs- und Interaktionsprozesse sinnlich-körperlich verfaßt sind, (weil sie uns Umwelt als Merk- und Wirkwelt durch sinnlichkörperliches Wirken und Merken erschließen), dann steht dieses als Thema unablässig auf dem Stundenplan von Sportunterricht - wenn auch implizit.
Wenn es eine Lust ist, sich beim Faustballspiel auf den (erdigen) Rasen zu schmeißen, sich beim Skifahren in die Fallinie hineinzuwerfen, mit seiner ganzen Wucht einen schön gestellten (Volley-) Ball hinunterzudonnern, dann muß dies auch explizit - in methodisch geeigneter Weise - zum Thema gemacht werden und zwar so, daß auch jene daran Geschmack finden, die ihn noch nicht haben.

Eine Möglichkeit, Mädchen, die dies noch scheuen, einen ersten Vorgeschmack am wuchtigen Schlagen eines Volleyballs - wenn auch nur ein wenig - nahezubringen, bietet z.B. die folgende Aufgabenkette: Hinauflaufen einer dreistufigen Kastentreppe, Abspringen und mit beiden Armen einen von unten zugeworfenen Ball hinunterziehen, das gleiche einarmig, dann schlagen statt ziehen und schließlich mit voller Wucht 'donnern'. Auf diese Weise können sie ein wenig freier werden, das Schmettern zu lernen. Die Metamorphose zu einem 'Volley-Ball-Körper' fordert, so gewollt, dann noch lange Zeit.
In folgender Volleyballspielvariante kann man sinnlich-körperlich die Gesamtgruppe als eine (Kooperations-) Einheit in dynamischer Situation erfahren:

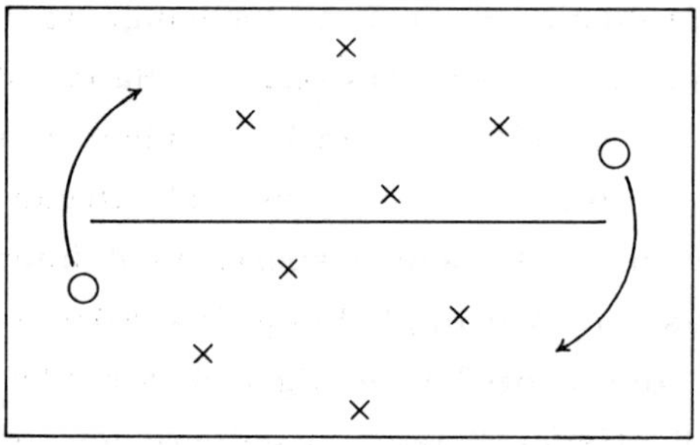

Auf Zuruf eines der Spieler X wird Spieler O in das gegenüberliegende Feld 'auf die Reise geschickt', um dort ein mit dem Zuruf erfolgtes Abspiel des Balles zu erreichen und im neuen Feld weiterzuspielen. Dort wird sich der Ball gegenseitig zugespielt, um dann ebenfalls einen Spieler O auf die Reise zu schicken.

Hier wird gleichzeitig die Begrenzung sozialer Erfahrung durch die übergeordneten Sinnprinzipien der Überbietung und des Vergleichs und die darauf bezogenen Regelungen normalen Sportspiels aufgehoben und ein Schritt getan zu einer - eben auch sinnlich-körperlich manifesten - partnerschaftlichen Spielhaltung i.S. WERTHEIMERS (1964).

Konstitutiv für Handlungen bzw. Interaktionen ist ja hier ihr Sinn und der jeweilige Sinn bestimmt auch die Erfahrung. Und da sie sinnlich-körperlich verfaßt ist, erfordert eine Sinnänderung unseres Tuns auch eine Metamorphose unserer gegebenen sinnlich-körperlichen Verfassung, die den neuen Wegen zunächst entgegensteht.

Die volleyballspezifische Abwehrhaltung der verteidigenden Mannschaft wird durch diesen Spielablauf z.B. absurd, und entsprechend komisch kommt man sich in dieser Pose vor, wenn man sich dieser Tatsache bewußt wird. Solche Brüche und notwendige, über eine lange Zeit laufende Metamorphosen kennen wir auch von anderen 'Sinnsprüngen' her, etwa dem 'Sprung' vom Spiel mit der eigenen Handlungsfähigkeit zu ihrer freien Präsentation und davon wieder zur Darstellung und schließlich zum 'Bewegungstheater' (etwa à la DIMITRI).

4. Die Thematisierung von Körpererfahrung bzgl. motorischen Lernens (Kursorische Beispiele)

4.1. Zur Körpererfahrung als impliziter Erfahrung

a) Strukturierung des Raumes, Umweltbezug von Aktionen

Im Spielverhalten der Anfänger besteht ein großes Problem darin, daß diese sich nur schwer in ein Spiel eingliedern können. Anfänger nehmen ihre Position offensichtlich anders wahr, als erfahrene Spieler. Bei letzteren ist zu beobachten, daß sie ihre eigene Position immer in bestimmten Relationen zu anderen Spielern zu halten versuchen: Überspitzt gesagt führt jede Positionsverschiebung eines Spielers zu Positionsverschiebungen der anderen Spieler. Um bei Anfängern dieses 'Raumgefühl' herzustellen, bieten sich Übungen an, die in der Praxis zur Schulung von Technik und Spielübersicht in allen Sportspielen bereits bewährt sind: Spiele in Überzahlsituationen wie bspw. 'Tigerball'.

Allerdings zeigt sich, daß der gewünschte Erfolg recht lange auf sich warten läßt, die Anzahl der Lernenden, die in diesen Situationen überfordert sind, ist recht groß, wobei die Überforderung bedingt ist durch die Anforderungen der Technik (z.B. Fußball: Ball stoppen oder direkt spielen) und der Schnelligkeit des Spielablaufes.

Zieht man das Spiel hingegen bei gleicher Spielerzahl räumlich auseinander, so wird damit der zeitliche Ablauf entsprechend gedehnt; ein weiterer Zeitgewinn für die Spieler wird erreicht durch Vereinfachung der Techniken (z.B. Stoppen mit der Hand im Fußball). Damit ist auch Anfängern die Möglichkeit gegeben, in Spielsituationen wie etwa 3:1 die jeweilige Situation überhaupt wahrzunehmen. Erst so wird die Grundlage geschaffen, diese Situationen in Spielpausen zu analysieren, vor allem aber schon im Spielablauf den Bezug zwischen eigener Position und Positionen von Mitspielern und Gegenspielern zu erkennen.

b) Körpererfahrung als instrumentelle Bedeutungserfahrung

Als weiteres Beispiel kann die Entwicklung der Erfahrung des Körpers als etwas, das andere Körper bremsen und unter Kontrolle bringen kann, genannt werden. In der Technikschule der Sportspiele als Fangen und Stoppen spezifiziert, führt sie unter Verwendung von unterschiedlichen 'Bällen' nach Gewicht, Form und Härte, vom Medizinball oder der Hallenkugel bis hin zum Schaumstoffwürfel oder Luftballon in einer allgemeinen Ballschule zur Erfahrung des Körpers als elastischem Widerstand, die beim geschickten Auffangen eines zugeworfenen Ziegelsteins, eines Schlüsselbundes oder gar des eigenen Körpers bei einer Landung wieder zum Vorschein kommt.

c) Körperschema

Darüber hinaus haben sich Übungen zum Fangen eines Balles o.ä. ohne direkten, zentralen Blickkontakt bewährt, die sozusagen das Körperschema des Lernenden verändern, indem sie es in die Bereiche ausdehnen, die außerhalb des momentanen Blickfeldes liegen. So kann etwa ein Ball neben dem Kopf oder hinter dem Rücken gefangen werden.
Im Zusammenspiel mit anderen ist ein Mitspieler (sozusagen ein Glied im Körperschema des Mannschaftskörpers) unsichtbar vorhanden und in die Planung von Spielhandlungen einzubeziehen. Dies ist unabdingbare Voraussetzung für den Ablauf von komplexen Spielzügen in allen Ballspielen. Sicherlich ist diese Fähigkeit in gezielten Spielformen zu schulen, unseres Wissens gibt es jedoch keine publizierten Überlegungen oder Versuche in dieser Richtung.

4.2. Erfahrung des 'Körper-Ich'

Tritt in technikzentrierten, instrumentell ausgerichteten Lehr-Lernprozessen das 'Körper-Ich' auf den Plan, so oft unerwartet als Stör-Faktor wie bspw.: im Fall der dem wuchtigen Schmettern widerstrebenden Mädchen, die damit ihr 'Körper-Ich' angegriffen sehen. Didaktisch-methodische Maßnahmen setzen u.U. dann an der Störung an, um sie zu beheben. Demgegenüber sollte versucht werden - wie im Beispiel des Skifahrens skizziert -, von vornherein das Körper-Ich der Lernenden als eigenständige Größe in Rechnung zu stellen und dem Recht der Lernenden auf ihr Körper-Ich gerecht zu werden. Dazu einige Beispiele:

a) Zum Körper-Ich im Tanz

Der Wunsch, eine Tanzform zu lernen, kann mit ganz unterschiedlichen Zielvorstellungen verbunden sein. Ein in seinem Bewegungsleben über kampfbetonte Sportarten sozialisierter Junge wird sicher ganz andere Erfahrungen beim Tanzen machen wollen als ein über Ballettästhetik sozialisiertes Mädchen.
Diese Erwartungshaltungen blendet jedoch ein in den kommerziellen Tanzangeboten verbreiteter Unterricht aus. Das 'gelingt' durch ein Tanzverständnis, das Tanzbewegungen zunächst einmal als zu beherrschende Formen begreift, die später die Möglichkeit bieten, mit subjektiven Bedeutungen belegt zu werden. Lehrwege in dieser Art von Tanzvermittlung haben folglich das Ziel, das Nachmachen der visuell dargebotenen Form zu ermöglichen. Für die Lernenden entsteht so ein Handlungszusammenhang, in dem sie sich auf ihre Aktionen als Beherrschungsaktionen zentriert erfahren können.
In einem solchen Lernprozeß wird z.B. die Musikvorlage auf Zählschläge der Takte reduziert, Bewegungen werden zerlegt und über Koordinationsaufgaben wieder zusammengefügt, Raumwege erhalten die Qualität von geometrischen Mustern auf dem Boden. In diesem Lernstadium muß sich die Aktionserfahrung von derjenigen, die in den Sportarten üblicherweise zu machen ist, nicht unterscheiden. Lernen läßt sich so als Versuch begreifen, in dem interessiert, ob es mir gelingt, meinen Körper oder Teile von ihm nach vorgegebenen Zeiten auf vorgebenen Raumwegen in jeweils bestimmte Positionen zu bringen. Dieses Gelingen kann bereits mit stark positiv gefärbten Emotionen als Handlungsfähigkeit des Körper-Ich wahrgenommen werden.

Im weiteren Lernverlauf kann dann die Chance zur subjektiven Interpretation der Tanzbewegungen liegen, die wie eine Belohnung für die geglückte Arbeit an der Form hinzukommt.
Problematisch wird ein solcher Lehrweg immer dann werden, wenn er Lernende die Erfahrung machen läßt, daß sich ihr Körper als 'sperrig' erweist und nicht in die gewünschten Formen bringen läßt. Dann geschieht eine Umzentrierung der Aufmerksamkeit von den Aktionen auf das Körper-Ich der Lernenden, das sich als ungeeignetes Medium erwiesen hat, das gesteckte Lernziel zu erreichen.
Über die Umzentrierung von der Wahrnehmung funktionaler Potentialität auf umfassendere Persönlichkeitsmerkmale kann nun das Nicht-Gelingen der Tanzbewegungen zu einer negativen Selbstbewertung führen. In Tanzkursen ist der Abbruch der Lernbemühungen und das Aus-dem-Felde-gehen zum Schutz der eigenen Identität gar nicht so selten zu beobachten.
Auf die generelle Möglichkeit, positiv bewertbare Erfahrungen mit dem eigenen Körper zu machen, zielen pädagogisch-orientierte Tanzkonzepte (z.B. die durch R.v. LABANs Modern Educational Dance beeinflußten). Tänzerische Bewegungen werden nicht für Lehrzwecke als abstrakte Formen angeboten, sondern immer im Hinblick auf ihre Erlebnisdimensionen, die natürlich auch im 'Erschaffen' abstrakter Formen liegen können:
Aus der Folge, z.B. sechs Schritte vorwärts auf einer Geraden usw. kann dann die über Vorstellungen erzeugte Form werden: ich lege zunächst zielstrebig, dann mit verhalten werdender Kraft einen Weg zurück und stoppe ab ... In dieser Art von Aktionsweise ist die Erfahrung des Körper-Ich als integratives Moment des Handelns nahegelegt.

Wie der Wechsel von der Wahrnehmung des eigenen Körper-Ich als Ausführungsorgan zum Wahrnehmungsgegenstand beim motorischen Lernen eine Rolle spielen kann, läßt sich ebenfalls an einem Beispiel aus dem Tanz verdeutlichen:

Soll eine nicht ganz leicht nachvollziehbare Tanzform gelernt werden, so läßt sich beobachten, daß die Lernenden häufig den Blick gesenkt halten. Der auf den Boden und gleichzeitig ins Leere gerichtete Blick entspricht nicht einem Bild von Tanz als auf Darstellung angelegter Ausdrucksform, in der die Tanzenden eine Ausstrahlung auf ein Publikum haben sollten. Der übliche Korrekturversuch der Unterrichtenden geschieht über die Aufforderung: "Kopf hoch!" Dieser einfache Hinweis sorgt schnell für die Veränderung der Kopfhaltung, die jedoch meist - je nach Lernsituation - nicht lange beibehalten werden kann.
Ist die Lernsituation so angelegt, daß bei dem Versuch, die vorgegebenen Schritte und Drehungen nachzumachen, die Koordination immer wieder zusammenzubrechen droht, dann entspricht der gesenkte Kopf der Konzentration auf die instrumentelle Verwendung des Körpers.

Erst wenn das Körper-Ich befreit ist von der Anstrengung, die Aufmerksamkeit auf die instrumentelle Qualität des Bewegungshandelns zu richten, kann die Kopfhaltung mit neuer Bedeutung als Teil der Darstellungsqualität wahrgenommen werden. Der Hinweis: "Kopf hoch!" ist sinnvoll, wenn mit der Veränderung des Blickverhaltens einer Veränderung der Bedeutung zum Ausdruck verholfen werden kann, die die Lernenden ihrem Tanz beimessen. Der erhobene Kopf kann dann ein Zeichen sein für Offenheit in der Interaktionssituation und einer Freiheit des Körper-Ich für die Interpretation des Tanzes.

b) Zum Körper-Ich im Basketball

Der im Beitrag von LEIST & LOIBL angeführte Weg der Vermittlung basketballspezifischer Körpererfahrung durch Vereinfachung der Technik der Ballmanipulation (Weglassen der Technik Dribbling) führt die Lernenden auf die dort beschriebene Erfahrung, daß der Ball leicht am Körper gesichert werden kann.
Dies gilt prinzipiell natürlich auch bei gültiger Dribbelregel, der entscheidende Unterschied besteht jedoch darin, daß mit dem Ball in der Hand auch Ungeübte sich dem Zugriff eines Gegenspielers durch

Weglaufen ganz einfach entziehen können und sehr schnell erkennen, daß dieses Weglaufen häufig auch in Richtung Korb erfolgen kann, wenn nämlich der Gegenspieler diese Laufrichtung in seinem Bemühen, den Ball abzujagen, nicht mehr versperrt.
Damit ist zunächst eine Voraussetzung geschaffen, die Aufmerksamkeit des Ballbesitzers vom Ball weg auf das Spielgeschehen zu lenken, auf Lücken in der Verteidigung für den eigenen Durchbruch oder aber auf freie Mitspieler für das Anspiel.
Voraussetzung hierfür ist allerdings, daß eine gewisse Bereitschaft besteht, den eigenen Körper auch als 'Schutzschild' für den Ball einzusetzen. Denn selbst im 'körperlosen' Basketballspiel geht es nicht ohne Körperkontakte zu anderen Spielern ab.
Diese Bereitschaft, den Körper einzusetzen, ist also notwendige Voraussetzung, um überhaupt mitspielen zu können. Spieler, die diese Voraussetzung nicht haben, stehen zunächst sehr hilflos dem Spielgeschehen gegenüber, und es besteht die Gefahr, daß sie im Basketballspiel nicht häufig genug in Situationen kommen, wo sie diese Körpererfahrung machen können.

Als Möglichkeit, diese Körpererfahrung massiert anzubieten, haben sich nach unseren Erfahrungen folgende bekannte Spiele bewährt:

(1.) Hindernisparcours
In regelmäßigen Abständen stehen Spieler als 'Fänger' in festen Positionen in einem Spielfeld. Sie dürfen sich in den Positionen bewegen, diese aber nicht verlassen.
Alle anderen Spieler haben als Spielgerät einen Schaumstoffwürfel o.ä.. Sie versuchen, dieses Spielgerät durch die Lücken zwischen den 'Fängern' hindurchzutransportieren, während diese wiederum versuchen, ihnen die Spielgeräte zu entreißen.
Neben dem Abschirmen des Spielgerätes gegen den Zugriff der 'Fänger' mit dem Körper tritt hier sehr bald ein Benutzen des Spielgerätes als 'Köder' für den 'Fänger', in dem der 'Köder' dem 'Fänger' zunächst angeboten, bei Zugriff im letzten Moment aber weggezogen wird. Durch den Zugriff des 'Fängerns' wurde dieser aber in eine Position manövriert, in der er den Weg nicht mehr versperrte.

(2.) Chinesische Mauer

Quer durch ein begrenztes Spielfeld liegt eine Linie. Auf dieser Linie bilden einige Spieler die 'Chinesische Mauer', die jedoch nicht genug Spieler hat, die Linie lückenlos zu besetzen. Auf einer Seite der Mauer stehen mehrere Spieler mit je einem Ball, Schaumstoffwürfel o.a.. Ihre Aufgabe ist es, ihre Spielgeräte durch die Mauer auf die andere Seite zu bringen, wobei die Spielgeräte z.B. nur mit dem Fuß gespielt werden dürfen.

Die entwickelten Taktiken beinhalten neben Ablenkungsmanövern u.ä. fast immer auch den Einsatz des Körpers als Sperre, um z.B. eine Lücke in der Mauer frei abzusperren, durch die dann die Spielgegenstände gefahrlos hindurchtransportiert werden können.

Beide Spiele beinhalten neben Körpereinsatz noch weitere wichtige Fähigkeiten, wie z.B. Lücken erkennen, Lücken gezielt 'herstellen', meist auch in Zusammenarbeit mit Mitspielern.

5. Körpererfahrung als Bezugsgrundlage für das Lehren und Lernen

Die Schwierigkeit, über (Körper-) Wahrnehmungen bzw. Erfahrungen zu kommunizieren, ist bekannt. Dies liegt zunächst einmal daran, daß Wahrnehmungen bzw. Erfahrungen bezugssystemabhängig sind: Bewegen sich die Skier unter einem talwärts, so kann man dies als 'Weggehen der Skier' wahrnehmen, vor dem man sich schützen muß, oder aber als 'Gleiten', mit dem man mitgehen, dem man sich überlassen kann (vgl. dazu auch SCHERER 1984; THOLEY 1984). Von daher verlangt, wie SCHERER (1984), FRIEDRICH u.a. (1984) am Beispiel des Skiunterrichts mit blinden Schülern besonders deutlich gemacht haben, die auf Wahrnehmungen bezogene Zusammenarbeit zwischen Schüler und Lehrer ständige gemeinsame Interpretationsprozesse. Diese gestalten sich nun besonders schwierig, weil die Besprechbarkeit von Wahrnehmungen an sprachliche Grenzen stößt (vgl. HILDENBRANDT 1983). So bleibt als Ausweg oft 'nur' die Suche nach Aufgabenstellungen, über die man sich hinsichtlich der in ihrem Rahmen auftretenden Wahrnehmungen - mit einigem Hin und

Her - verständigen kann, wobei auch dies oft nur in metaphorischer Rede möglich ist.
Diese 'schmuddelige Praxis' spiegelt sich in den hier vorgelegten fragmentarischen Überlegungen zur Bedeutung von Körpererfahrung beim motorischen Lernen wider. Betrachtet man demgegenüber Lehr-Lernkonzepte und -technologien, die von einer physikalischen Modellierung menschlicher Bewegung und von einer Modellierung des Menschen als informationsverarbeitendes System ausgehen, das mit eben den aus der physikalischen Modellierung genommenen Daten 'gefüttert' und 'rückgefüttert' wird, dann könnte der hier eingeschlagene Weg als Rückfall angesehen werden: Als Rückfall auf dem Fortschrittswege zur Bereinigung der immer noch schmuddeligen Lehr-Lern-Praxis durch nach dem Muster klassischer Physik bzw. Signalübermittlungstheorie und -technik geschnittene Modelle und universell vorzunehmende Sprachregelungen.

Mit den Modellen der physikalischen Bewegung und der informationsverarbeitenden Maschine geht man aber erstens daran vorbei, daß unsere Bewegungsaktivitäten von praktischen Intentionen geprägt sind und somit keinen mechanischen Zugriff zur physikalischen Umgebung darstellen; zweitens ist eine i.S. der Signalübermittlungstheorie konzipierte 'Mensch-Maschine' in einer physikalischen Umgebung angesiedelt und nicht in einer Umwelt als der von uns behandelbaren, bemerk- und bewirkbaren Wirklichkeit (vgl. UEXKÜLL & KRISZAT 1956), in der wir uns phänomenal vorfinden. Wenn nun die physikalische Reduktion von Wirklichkeit unter dem analytischen Gesichtspunkt einer physikalischen Naturerkenntnis und dem instrumentell-technischen der Naturbeherrschung auch am Menschen selbst, seiner wirklichen Bewegung und Bewegungsumwelt durchexerziert wird, dann hat man den Menschen durch den homo faber ersetzt, also durch das, was die physikalische Erfasssungsmethode von ihm greifen kann, und Lehr-Lernprozesse als bloße Datentransformation von homines faber maximi zu homines faber minimi in Gang bzw. Hatz gesetzt (vgl. HATZE 1978; 1983). Nimmt man dabei sein Wissenschaftsmodell ernst, so wird man allerdings die dabei immer noch auftauchenden Berichte oder Hinweise von Lernenden über (Körper-) Wahrnehmungen bzw. Erfahrungen i.o.g.S. jedenfalls als 'intervenierende Variable' mitbehandeln müssen. Dazu muß man dann aber seine eigene Modellwelt verlassen, um den Lernenden im Rahmen seiner Wahrnehmungswelt ansprechen zu können - und sei es nur, um ihn die von Subjektivismen bereinigte Sprache und Verständigungsart zu lehren. Damit aber steht man schlußendlich vor genau den o.g. Kommunikationsschwierigkeiten. In dem hier vorgelegten Ansatz wird nun versucht, Lernangebote von vornherein von der grundlegenden Gegebenheit wahrgenommener Person-Umweltbezüge her zu entwickeln.[1] Dies impliziert, daß sie von vorneherein im Prinzip erfahrungsoffen[2] (vgl. MARAUN 1983) anzulegen sind, und die Schwierigkeit in Kauf genommen wird, in einer Sprache von gewisser Vagheit (vgl. ZADEH 1976) über Wahrnehmungen zu kommunizieren. Da dies aber, wie Kommunikationsforschung und Sprachwissenschaft gezeigt haben, für eine fruchtbare Entwicklung menschlicher Kommunikation gerade die gebotenen Bedingungen sind (vgl. HÖRMANN 1982; ZIMMER 1983; WATZLAWIK 1982), dürfte sich die Mühe, die man damit auf sich nimmt, nicht nur in didaktisch-methodischer, sondern auch in pädagogischer Hinsicht lohnen (vgl. dazu etwa MARAUN 1983; BAUER 1983). Daß mit einem solchen Weg allerdings nicht der Weg sensualistischer und gefühlsduseliger Selbstbespiegelung gemeint sein kann, der Körpererfahrung auf bloße - über (gegenseitiges) Betasten oder Anfassen zu vermittelnde - Empfindungen reduziert, ist nach dem hier grundgelegten Erfahrungskonzept klar.

Anmerkungen:

1 Natürlich bleibt gleichwohl die Nützlichkeit physikalischer Analyse unbestritten: Aufgrund der Einbindung von Teilgestalten in Gesamt-Handlungsgestalten bemerken Lernende so z.B. oft einen unfunktionellen Armeinsatz beim Salto vw nicht. Hat man ihn in physikalischen Sinn funktionsanalytisch ermittelt, bleibt aber als Lehr-Lernaufgabe die Umstrukturierung der wahrnehmungs- bzw. erfahrungsgegründeten Handlungsgestalt. Gezielt kann diese aber nur im Rahmen der Wahrnehmungswelt des Handelnden angegangen werden (vgl. LEIST 1978; THOLEY 1984).

2 Wobei es dann letztlich auch dem Lernenden überlassen sein muß,

nach seinen übergeordneten Wertsystemen zu gehen und sich so z.B. als Skianfänger für eine 'Schutztechnik' zu entscheiden.

Literatur

BAUER, D.: Wie Wissenschaft Bewegungserfahrung herstellen kann. in: DIETRICH, K./ LANDAU, G. (Red.): Sonderheft der Zeitschrift Sportpädagogik. Velber: Seelze, 1983, 32-37

CHRISTIAN, P.: Vom Wertbewußtsein im Tun. in: BUYTENDIJK, F.J.J./ CHRISTIAN, P./ PLÜGGE, H.: Über die menschliche Bewegung als Einheit von Natur und Geist. Schorndorf: HOFMANN, 1963, 19-44

FITCH, H.L./ TURVEY, M.T.: On the control of acting. in: Psychology of Motor Behavior and Sport (1), 1977, 3-35

FRIEDRICH, G. u.a. : Das Marburger Projekt Skilauf mit blinden Schülern. in: Sportunterricht, 33 (1984), 425-432

FUNKE, J.: Turnen auf dem Schwebebalken - ein Lehrbeispiel zur Körpererfahrung im Turnen für die Sportlehrerausbildung. in: NIEDERMANN, E. (Hrsg.): Salzburger Beiträge zum Sport unserer Zeit. Salzburg: UniDruck, 1984, 84-94

FUNKE, J.: Körpererfahrung im Geräteturnen - zum Beispiel: die Kippe. in: FUNKE, J. (Hrsg.): Sportunterricht als Körpererfahrung. Hamburg: Rowohlt, 1983, 44-59

GLASSTONE, R.: Better Ballet, London: Bell, 1977

HATZE, H.: Sportbiomechanische Modelle und myokybernetische Bewegungsoptimierung. in: Sportwissenschaft, 8 (1978), 393-406

HILDENBRANDT, E.: Zum Forschungsprojekt 'Skifahren mit blinden Schülern'. in: Motorik, 5 (1983), 41-43

HÖRMANN, H.: Meinen und Verstehen. Frankfurt: Suhrkamp, 1978

KOHL, K.: Zum Problem der Sensumotorik. Frankfurt: Werner, 1956

LEIST, K.H.: Transfer im Sport. Schorndorf: Hofmann, 1978

LEIST, K.H. Motorisches Lernen im Sport. in: THOMAS, A. (Hrsg.): Schlüsselbegriffe der Sportpsychologie. München: Kösel, 1982, 72-93

LEIST, K.H./ KÖRNDLE, H.: Motorisches Handeln - Strukturen des manifesten Handelns und ihre Beziehung zu internen Repräsensationen. Unveröff. Forschungsbericht, Köln, Bundesinstitut für Sportwissenschaft, 1983

MARAUN, H.K.: Erfahrung als didaktische Kategorie. in: DIETRICH, K./ LANDAU, G. (Hrsg.): Sonderheft der Zeitschrift Sportpädagogik, Seelze: Velber, 1983, 26-31

RUMPF, H.: Der Menschenkörper - ein Bewegungsapparat? Zeitschrift Sportpädagogik, Seelze: Velber, 1983, 5

SCHERER, H.G.: Das offene Wahrnehmungsproblem in der Diskussion um Lehr-Lernmodelle. in: RIEDER, H. u.a. (Hrsg.): Motorik- und Bewegungsforschung. Schorndorf: Hofmann, 1984, 217-223

THOLEY, P.: Erkenntnistheoretische und systemtheoretische Grundlagen der Sensumotorik aus gestaltpsychologischer Sicht. in: Sportwissenschaft, 10 (1980) 1, 7-35

TREBELS, A./ CRUM, B.: Turnen. in: Sportpädagogik, 5 (1980), 12-19
TREBELS, A. (Hrsg.): Spielen und Bewegen an Geräten. Hamburg: Rowohlt, 1983
TREBELS, A.: Bewegungserfahrungen im Turnen. in: NIEDERMANN, E. (Hrsg.): Salzburger Beiträge zum Sport unserer Zeit. Salzburg: Uni-Druck, 1984, 95-120
UEXKÜLL, J.v./ KRISZAT, G.: Streifzüge durch die Umwelten von Tieren und Menschen. Hamburg: Rowohlt, 1956
WATZLAWICK, P./ u.a.: Menschliche Kommunikation. Formen, Störungen, Paradoxien... 4. Aufl. Bern: Huber, 1974
WERTHEIMER, M.: Produktives Denken. 2. Aufl. Frankfurt: Sommer, 1964
ZIMMER, A.: Schemageleitete Kontrolle motorischer Handlungen. in: RIEDER, H. u.a. (Hrsg.): Motorik und Bewegungsforschung. Schorndorf: Hofmann. 1983, 168-170

Fragen

1. Betrachten Sie eine der verbreiteten Darstellungen des Ablaufs einer Ihnen bereits bekannten Bewegung in Form von Reihenbildern (z.B. Kugelstoß, Rad, Kraul). Welche Informationen, die Ihnen aus Erfahrung bekannt sind, enthält ein solches 'Abziehbild' nicht?

2. Knieaufschwung und Mühlaufschwung am Barren oder Reck sehen in Abziehbildform ähnlich aus.
Wahrnehmungs- bzw. erfahrungsgemäß sind beide aber grundsätzlich zu unterscheiden. Charakterisieren Sie diese Unterschiede in Wahrnehmungs- bzw. Erfahrungskategorien (vgl. Kap. 1).

3. Übungsreihen werden oft nach dem Prinzip der Formähnlichkeit aufgebaut. Geben Sie dazu Beispiele aus drei verschiedenen Bereichen, über die Sie selbst Erfahrungen haben.
Kennzeichnen Sie aus Ihrer Erfahrungssicht, was dabei zu Schwierigkeiten führen kann.

4. Erläutern Sie, inwiefern in Schaukelaktionen (vgl. Arbeitsauftrag 1) Schemata des Körpers enthalten sind!

5. Schildern Sie, wie sich im Zusammenhang mit der Aktion 'Hechtrolle durch ein hochkant stehendes Kastenteil' (Arbeitsauftrag 2) das Körperschema ändert.
Inwiefern belegt dies, daß Aktionserfahrung Körpererfahrung impliziert?

6. Die Aktion beim Skifahren, bei einer Schrägfahrt in einem Steilhang hinein den Talski zu belasten, bedeutet für manche Skifahrer eine 'Bedrohung', vor der sie sich körperlich 'sperren'.
Nennen Sie weitere Beispiele, wo nicht Ausführungsschwierigkeiten Lernende behindern, sondern die Bedeutung der auszuführenden Aktion!

7. Welche Situationsbedingungen im Sinne des Kap. 2.3 sind dazu geeignet, die Wahrnehmung des 'Körper-Ich' zu provozieren?

Aufgaben

1. Führen Sie folgendes kleine Experiment durch: Bringen Sie sich auf einer Schaukel stehend in Schwung, vergrößern Sie den Schwung, indem Sie auf dem Weg der Schaukel nach unten in die Knie fallen lassen und auf dem Weg nach oben wieder hochstellen. Machen Sie dies dreimal. Versuchen Sie danach mehrmals den Schwung durch genau entgegengesetzte Körperbewegungen solange abzubremsen, bis Sie mit der Schaukel zum Stillstand kommen.
   Charakterisieren Sie die Schwierigkeiten, die Sie dabei erfahren und bringen Sie dies in Zusammenhang mit der Aussage "Motorisches Lernen heißt 'Erfahrungen machen'"!

2. Stellen Sie einen Mittelteil eines Turnkastens hochkant auf. Vermessen Sie ihn mit einem Zollstock nach Höhe und Breite und vergleichen Sie diese Abmessungen mit Ihren entsprechenden Körpermaßen. Machen Sie dann aus 7-8 Schritten Anlauf eine Hechtrolle durch den hochkant stehenden Kastenteil auf eine dicke Matte. Wiederholen Sie den Versuch zweimal (machen Sie evtl. vorher eine Rolle ohne Anlauf durch den Kastenteil.)
   Interpretieren Sie Ihre Erfahrungen im Sinne der Ausführungen unter 2.1.1.!

3. Hüpfen Sie in einem bestimmten Rhythmus mehrmals jeweils etwa 10 m vorwärts. Versuchen Sie danach im gleichen Rhythmus rückwärts zu hüpfen. Wie verändert sich in Ihrer Vorstellung dabei das Körperschema?

4. Versuchen Sie eine gekonnte Extremitätenaktion - etwa Schmettern im Volleyball - mit der 'falschen' Extremität (z.B. linker statt rechter Arm) zu realisieren.
   Vergleichen Sie beide Schlag-Erfahrungen unter dem Gesichtspunkt, wie Ihr Körperschema in die Aktion integriert ist!

5. Versuchen Sie, etwa mit einem Bleistift, die Struktur unterschiedlicher Oberflächen (Tischplatte, Stein) zu erkunden. Wo lokalisieren Sie die Wahrnehmung der Struktur, an der Kontaktstelle zwischen Bleistiftspitze und Oberfläche oder an der zwischen Bleistift und Finger? Was besagt das Ergebnis für Ihr Körperschema?

6. Versuchen Sie mit einem Partner des anderen Geschlechts einen Boxkampf. Welche Empfindungen verspüren sie dabei 'körperlich'?

7. Heben Sie aus einem Vorschwung beim Schaukeln (im Sitz) von der Schaukel ab. Beschreiben Sie, wie Sie sich dabei als 'Körper-Ich' wahrnehmen!

Kapitel II

Körpererfahrung im individuellen und gesellschaftlichen Bezug

Körpererfahrung und Selbsterfahrung in persönlichkeitspsychologischer Sicht

Peter Paulus

1. Einführung

Der eigene Körper wird als zum Selbst gehörig erlebt (Prelinger 1959; DIXON & STREET 1975; FILIPP 1980). Das 'Selbst' wiederum wird innerhalb dieser erlebten Region lokalisiert. In unserem Kulturkreis gewöhnlich im Kopf- oder Brustkorbbereich (HOROWITZ 1935; HIMELSTEIN 1964).

1.1. Definitorische Aspekte

> Körpererfahrung bezeichnet einen Teil der Erfahrung, den das Individiuum als Selbsterfahrung (gegenüber der 'Nicht-Selbst'-Erfahrung) im Gedächtnis abgespeichert. Die Körpererfahrung bezieht sich dabei auf den Wissenbestand über den eigenen Körper. Selbsterfahrung bezieht sich auf den Bestand gespeicherter Information über die gesamte eigene Person, wobei zur eigenen Person nicht nur 'Selbst' und 'Körper' zu rechnen sind, da darüber hinaus auch Bestandteile der materiellen und sozialen Umwelt von Individuen als zum Selbst gehörig erlebt werden können (sog. 'Selbst-Extension', vgl. PRELINGER 1959; FISCHER 1979).

Für den Bereich der Körpererfahrung ist der unter der Bezeichnung 'Personaler Raum' (SOMMER 1967) und "body-buffer-zone" (HOROWITZ u. a. 1964) bekannte Sachverhalt bedeutsam: Individuen erleben den Raum, der ihren eigenen Körper unmittelbar umgibt, als einen persönlichen, zu ihnen gehörigen Raum, sozusagen als ein transportables Territorium. Dieser Raum kann als eine Extension des erlebten Körpers betrachtet werden.

In der Perspektive der 'Persönlichkeitsentwicklung' gesehen, kann

die Körpererfahrung als Kern der Selbsterfahrung betrachtet werden, aus der heraus und um die herum die letztere sich konstituiert. In den psychologischen Theorien über das Selbst wird dieser Sachverhalt dahingehend berücksichtigt, daß diese Komponente des Selbst als ontogenetisch früh entstanden betrachtet und diesem ontogenetisch Früheren auch eine besondere Bedeutung für das gesamte Selbst-Konzept zugestanden wird. Nach den von FILIPP (1980) zusammengetragenen und systematisierten Befunden sind die propriozeptiven und kinaesthetischen Informationen des erlebten Körpers maßgeblich für die Ausgestaltung eines rudimentären Körper-Konzeptes in den ersten vier Lebensmonaten der frühkindlichen Entwicklung. Erste kognitive Differenzierungen zwischen 'Ich' und 'Anderer/es' werden damit möglich, die dann gegen Ende des zweiten Lebensjahres einen ersten Abschluß erfahren und dem Kind ermöglichen, Erfahrungsdaten in 'selbst-' und 'außenweltbezogen' zu kategorisieren und zu verarbeiten.
Die bedeutsame Rolle des erfahrenen eigenen Körpers bei dieser fundamental wichtigen kognitiven Leistung des Kindes wird auch von anderen Autoren betont: ASH (1952, 284f) sieht in Schmerz, Hunger, Durst, als unverändert immer wieder auftretende Erfahrungen in der Welt des Kindes Grundlagen eines fundamentalen Körper-Konzeptes (vgl. auch NEUBAUER 1976, 72). Auch FREUD (1940) betont die Bedeutung der Körpererfahrung für die psychoanalytisch konzipierte 'Ich'-Entwicklung, indem er feststellt, daß das 'Ich' in seinen frühesten Entwicklungsstufen als ein 'Körper- Ich' zu verstehen ist. Die psychischen Repräsentanzen des eigenen Körpers, d.h. die mit ihm verknüpften Vorstellungen, Erinnerungen und ihre Besetzungen mit 'Triebenenergie', machen den wichtigsten Teil des sich entwickelnden 'Ich' in seinem frühesten Stadium aus.

> Aus der Entwicklungsperspektive betrachtet, stellen Erfahrungsdaten vom eigenen Körper also grundlegende Elemente der Selbsterfahrung dar. Diese Verwurzelung im eigenen Körper ist wesentlich für die personale Identität.

Hierzu schreibt LAING (1972, 80):
"Jeder, auch die am meisten verkörperte Person, erfährt sich als

unlösbar mit seinem Körper verbunden. Unter normalen Bedingungen empfindet man sich lebendig, real oder substantiell in dem Maße, in dem man den eigenen Körper als lebendig, real und substantiell empfindet. Die meisten Leute glauben, daß sie begannen, als ihre Körper begannen und daß sie enden, wenn ihre Körper sterben."

In diesem Zitat wird die 'psycho-physische Einheit' menschlichen Lebens angesprochen, wie sie dem Menschen im Alltag gegenwärtig ist: Das Kind, das einen schweren Stein aufhebt, sagt: "Ich bin so stark, daß ich den Stein aufheben kann", nicht etwa: "Mein Körper kann ihn hochheben". Im "Stark-Sein" 'verbindet' sich die Selbst- und die Körpererfahrung.

Auf dem Foto erkennt sich der Mensch: "Das bin ich". Im Aussehen wird der Körper zu einem 'Synonym' für das SelbstSein. Negative Bewertungen des Aussehens führen daher auch häufig zu Verallgemeinerungen auf die gesamte Selbstwertschätzung: "Ich bin häßlich". Körpererfahrung und Selbsterfahrung ergänzen sich, sind 'komplementär': Jemand läuft eine Runde im Stadion, am Ziel ist er erschöpft. Die Erfahrung, des eben abgeschlossenen Laufs ergänzt sich sinnvoll mit dem körperlichen Erschöpftsein, dem Schlagen des Herzens, dem Spüren des Pulses, dem 'aus der Puste sein' etc. Der Verlust der Komplementarität dagegen wirkt bedrohlich: Das Herz, das plötzlich anfängt zu schlagen, der 'grundlose' Schmerz in der Magengegend, der Schwindel der einen ohne Anlaß plötzlich überkommt. Der situationale Bezug geht hier verloren, die Selbsterfahrung korrespondiert nicht mehr mit der Körpererfahrung.

1.2. Forschungsschwerpunkte

In der Forschung zur Körpererfahrung dominiert eindeutig der persönlichkeitspsychologische Ansatz. SHONTZ (1969) und BERGLER (1974) heben zwar hervor, daß in nahezu allen Fällen der Vollzug menschlichen Erlebens und Verhaltens mitbestimmt ist von der Körpererfahrung und das sie daher in verschiedenster psychologischer Perspektive bei der Beschreibung, Erklärung und Vorhersage menschlichen Verhaltens bedeutsam wird, doch bis auf eine wahrnehmungspsychologische haben sich keine weiteren Forschungsrichtungen profiliert.

(1) Der wahrnehmungspsychologische Ansatz: Hier werden kognitiv-perzeptuelle Leistungen des Individuums bezüglich des eigenen Körpers untersucht. Einige Studien setzen an der Körpergestalt an, die objektiv vermessen werden kann. Überprüft wird, unter verschiedenen experimentell variierten Bedingungen, wie genau das Individuum definierte Distanzen auf und am eigenen Körper zu schätzen weiß. Ziel war es bei SHONTZ (1969), der einen seine Forschung zusammenfassenden Bericht vorlegte, eine allgemeinpsychologische Theorie des Urteilsprozesses zu entwickeln, der den Schätzungen zugrunde liegt. Seine Ergebnisse können plausibel so erklärt werden, daß Erwachsene über typische kognitive Körper-Schemata verfügen, die in den Urteilsprozeß eingehen. Dem Gesichtssinn kommt bei den Schätzungen eine korregierende Funktion zu, die Schemata werden primär aus kinaesthetischen und propriozeptiven Informationen aufgebaut (vergleichbare Befunde für Kinder bei KOFF & KIEKHOFER 1978).
Zur Messung der Genauigkeit der Wahrnehmung der Körpergestalt sind eine Vielzahl unterschiedlichster Verfahren zur Anwendung gekommen. Zur Information sei verwiesen auf SHONTZ (1969); MEERMANN & FICHTER (1982); PAULUS (1982).

(2) Der persönlichkeitspsychologische Ansatz: Er geht auf PAUL SCHILDER (1886-1940) zurück. SCHILDER (1923; 1935) psychoanalytisch orientiert, führte frühzeitig diese Betrachtungsweise in die Psychiatrie und Neurologie ein. Bedeutsam für die psychologische Analyse ist sein Beitrag zu den emotional-motivationalen Komponenten der Körpererfahrung: Durch die psychoanalytische Betrachtungsweise wird erstmals überhaupt der psychosoziale Bezug der Körpererfahrung deutlich. Wie die Menschen ihre eigenen Körper erleben, hängt demnach von den sie charakterisierenden Persönlichkeitsmerkmalen ab. Voraussetzung gelungener Ausgestaltung der Körpererfahrung ist nach SCHILDER und der psychoanalytischen Entwicklungstheorie, daß die psychosexuellen Entwicklungsstufen ohne gravierende Beein-

trächtigungen durchlaufen werden können. S. FISHER und S.E. CLEVELAND (1968) und S. FISHER (1970) greifen den persönlichkeitspsychologischen Ansatz wieder auf. Sie arbeiten empirisch-psychologisch. Bis dahin hatte es in der Literatur überwiegend klinisch-psychologische oder psychiatrisch-neurologische Falldarstellungen gegeben, d.h. letztlich auch nur Berichte über gestörte Körpererfahrung. Sie stellen neue Konstrukte der Körpererfahrung vor: 'Körperausgrenzung' ('body boundary'); 'Körperbewußtheit'/'Körpergewahrsein' ('body prominence'; 'body awareness'). Hierzu entwickeln sie Meßverfahren und überprüfen empirisch Bezüge zu Merkmalen des emotional-motivationalen wie des perzeptuell-kognitiven Persönlichkeitssektors.

Diese wenigen Bemerkungen zu den verschiedenen Forschungsschwerpunkten und deren inhaltlichen Bestimmung zeigen, daß die Körpererfahrung, wie andere psychologische Phänomene auch, in verschiedenen für die Psychologie typischen Perspektiven betrachtet werden kann.

Der Begriff Körpererfahrung muß aber präzisiert werden: Wird allgemein von ihm gesprochen, so ist damit also ein sehr allgemeines und abstraktes Konstrukt bezeichnet, ähnlich dem der 'Persönlichkeit'. In verschiedenen Zusammenhängen mag 'Körpererfahrung' eine Rolle spielen und sinnvoll zur Beschreibung, Erklärung oder Vorhersage psychologischer Sachverhalte beitragen. Wird allerdings nicht weiter differenziert, was unter 'Körpererfahrung' zu verstehen ist, bleibt diese Verwendung nichtssagend und inhaltsleer. Gleiches gilt im übrigen auch für die verwandten Termini wie z.B. 'Körper-Schema, -Bild, -Konzept, -Perzept' u.a.m., die oftmals auch nicht klar werden lassen, was mit ihnen bezeichnet sein soll (z.B. wenn jemand von einem 'gestörten Körper-Schema' spricht). In der Forschung zeichnet sich daher ab, Konstrukte zu verwenden, die auf eingeschränktere empirische Sachverhalte zugeschnitten sind, die sich aus spezifisch differenzierten Fragestellungen ergeben. Solche eingeschränkteren Konstrukte sind z.B. die bereits erwähnten der 'Körperausgrenzung' und der 'Körperbewußtheit'. Zusätzlich seien noch erwähnt die 'Zufriedenheit mit dem eigenen Körper' (SECORD & JOURARD 1953); 'Kummer und Besorgnis um den eigenen Körper' (SECORD 1953; PLUTCHIK u.a. 1971); 'Bedeutsamkeit einzelner Körperregionen' (WEINSTEIN u.a. 1964; GORMAN & ABT 1964; ROSEN & ROSS 1968; 'Beurteilung der Bewertung, Potenz, Aktivität des Körpers', bzw. Teilen oder Attributen des Körpers, z.B. Klang der Stimme, Körperausscheidungen' (KURTZ & HIRT 1970; ROSS u.a. 1968) um nur einige zu nennen.

Als ordnender Gesichtspunkt wird hier die Bestimmung von BIELEFELD (siehe Kapt. I dieses Bandes) herangezogen, der mit 'Körperschema' den Teilbereich der Körpererfahrung bezeichnet, der perzeptiv-Kognitive Leistungen des Individuums bezüglich des eigenen Körpers umfaßt, 'Körperbild' kennzeichnet demgegenüber den Teilbereich der emotional-affektiven Leistungen.

Insgesamt gesehen ist bisher auf diesem Forschungssektor wenig hypothesengeleitet und systematisch gearbeitet worden. Es liegt deshalb eine Vielzahl heterogenster, mit unterschiedlichsten Methoden gewonnener Befunde vor. Eine deutliche Ausnahme bildet hierzu der wahrnehmungs- und kognitionspsychologische Ansatz von SHONTZ (1969), sowie mit Vorbehalten, auch die Arbeiten von FISHER & CLEVELAND (1968) und FISHER (1970): in ihnen wird das Bemühen sichtbar, Körpererfahrung in einem theoretischen Bezugsrahmen aufzuarbeiten.

Aus differentiell-psychologischer Perspektive gesehen kann die Forschung in Zukunft dann grundlegend profitieren, wenn die Körpererfahrung nicht separat als eigenständige Kategorie betrachtet wird, von der aus die zentralen Aufgaben der Beschreibung, Erklärung und Vorhersage des Verhaltens zu leisten sind, sondern in Zusammenhang gesehen wird mit einem theoretisch zu bestimmenden Kontext der Persönlichkeit, z.B. dem des 'Selbst', oder wie bei SHONTZ (1969), der ein kognitionspsychologisch konzipiertes Modell den Vergleichsurteilen bei der Körpergestaltwahrnehmung unterlegte. Hierdurch kann eine Isolierung dieses Forschungssektors von übergreifenden theoretischen Zusammenhängen verhindert werden. FISHER (1970, 310f) hat selbstkritisch darauf hingewiesen, daß bei der separaten Betrachtung der Körpererfahrung der Blick auf den Gesamtzusammenhang verloren geht, in den die Körpererfahrung gestellt ist. Für ihn bilden Körpererfahrung, Selbstkonzept und soziale Rolle die wechselnden Perspektiven auf den grundlegenden Prozeß der Organisation des Selbst. Körpererfahrung bspw. in einem solchen Bezugsfeld zu sehen, wird fruchtbare hypothesengeleitete Forschung ermöglichen.

Allgemeiner formuliert ist es Aufgabe des persönlichkeitspsychologischen Ansatzes der Körper- und Selbsterfahrung, theoretische Systeme zu entwickeln, mit denen Körper- und Selbsterfahrung beschrieben werden können und solche, mit denen die interindividuell unterschiedlichen Ausprägungen auf diesen Beschreibungsdimensionen aufgeklärt werden können.

Je nach persönlichkeitspsychologischen 'Standort' werden die Antworten unterschiedlich ausfallen. Im nachfolgenden Text wird z.B. ein Modell vorgestellt, welches sich kognitionspsychologisch versteht und von einem 'epistemologischen Subjektmodell' (GROEBEN & SCHEELE 1977) ausgeht: Individuen werden darin betrachtet als zu Rationalität, Reflexivität, Kognivität und Konstruktivität befähigt. Das 'Selbst' wird verstanden als Theorie über sich selbst, d.h. ein Gefüge von Annahmen und Postulaten, welches das Individuum über sich selbst ausbildet: Körpererfahrung und Selbsterfahrung sind darin aufgehoben und aufeinander bezogen.

1.3. Körpererfahrung und Selbsterfahrung im Person-Umwelt-Bezug

Eine psychologische Analyse muß zwei Aspekte integrierend berücksichtigen: Die Person und die Situation in der sie sich befindet. Ausgangspunkt der Überlegungen bildet dann die Situiertheit der Person (GRAUMANN & METRAUX 1977):

> Der Mensch ist in seinem Erleben und Verhalten auf die Welt bezogen, er lebt in beständiger Auseinandersetzung mit der sozialen und materialen Umwelt, in der die Selbst- und Körpererfahrung erworben und verändert wird.

In dieser Person-Umwelt-Bezogenheit liegt begründet, daß aus der prinzipiell nahezu unendlichen Vielfalt der Entfaltungs- und Gestaltungsmöglichkeiten menschlichen Erlebens und Verhaltens bestimmte kultur-, schicht- und bereichsspezifische Aspekte berücksichtigt und herausgebildet, andere in dem entsprechenden kulturellen Kontext nicht 'benötigte', 'unwichtige' dagegen vernachlässigt werden. Ein Beispiel hierfür ist die geschlechtsspezifische Sozialisation, die auf die Körpererfahrung bezogen den Geschlechtern unterschiedliche Erfahrungsfelder vorgibt (siehe hierzu BILDEN 1982, 797 ff); ein anderes die Lebensbewältigung in unserer technologisch-wissenschaftlich organisierten Umwelt: Sie setzt andere Körper- und Selbsterfahrungen voraus, als dies noch für unsere nahen Vorfahren galt (z.B. hohes Ausmaß an körperlicher Arbeit; geringe Automatisation); zu denken ist bei der Betrachtung kulturspezifischer Ausprägungen der Körper- und Selbsterfahrung drittens auch an aktuell existierende andere Kulturkreise, an die Lebensräume und Lebensanforderungen, denen sich z.B. Mitglieder sog. 'primitiver Kulturen' gegenübergestellt sehen.

Das Gesamt der Erfahrungen, die im Person-Umwelt-Bezug gewonnen werden, werden vom Individuum inhaltlich in dreifacher Weise strukturiert: Einmal in den Bereich der Selbsterfahrung, zu dem auch die Körpererfahrung zählt. Dann in den Bereich der 'Umwelterfahrungen', also das 'Nicht-Selbst', und drittens in den der Erfahrungen, die die Beziehung 'Selbst-Umwelt' ausmachen. Diese Daten werden aber nicht nur erworben und gespeichert (bzw. wieder vergessen), sondern sind Grundlage für die Bewältigung aktueller Lebensanforderungen, denn um zu überleben muß der Mensch handeln, d.h. mit der Umwelt interagieren. Die Erfahrungen werden also nicht zum Selbstzweck erworben, sondern besitzen funktionalen Charakter.

Körpererfahrung, auf der hier der Schwerpunkt der Analyse liegt, ist damit letztendlich nur im Gefüge solcher Person-Umwelt-Bezüge zu sehen. Diese Perspektive darf deshalb auch bei einer persönlichkeitspsychologischen Betrachtungsweise nicht aus dem Auge verloren werden. Bis heute dominiert allerdings eine 'personologische' und 'asituative' Sichtweise. Aber schon SCHILDER (1935) schrieb in den letzten Sätzen seines Buches:

"Eine Diskussion des Körper-Bildes als einer herausgelösten Entität ist notwendigerweise unvollständig. Der Körper ist immer Ausdruck eines Ichs oder einer Persönlichkeit und befindet sich in der Welt. Selbst eine nur vorläufige Antwort auf das Problem des Körpers kann nicht gegeben werden, wenn wir nicht auch eine vorläufige Antwort versuchen über Persönlichkeit und Welt" (zit. n. der Ausgabe von 1950, 304).

2. Integration von Körpererfahrung und Selbsterfahrung in einer kognitiven Theorie des Selbst

Der hier vorzustellende Ansatz ist kognitionspsychologisch orientiert und schließt sich an moderne persönlichkeitspsychologische Auffassungen an, die als Bezugspunkt das erwähnte 'eptistemologische Subjektmodell' wählen, in Absetzung vom 'behavioralen', welches dem Behaviorismus zugrunde liegt und in dem Verhalten weitgehend bis ausschließlich als umweltdeterminiert angesehen wird (vgl. GROEBEN & SCHEELE 1977; TREIBER & GROBEN 1981).

2.1. Aufbau und Ziele der Selbsttheorie

In Anlehnung an EPSTEIN (1979) und FILIPP (1979), sowie grundlegende Gedanken von LAUCKEN (1974) und NEUBAUER (1976) wird das Selbstkonzept als eine Selbst-Theorie konzipiert.

> In der Selbsttheorie wird der Mensch als ein 'naiver' Theoretiker aufgefaßt, der eine mehr oder weniger 'gute' Theorie über sich selbst ausbildet. Die Körpererfahrung wird dabei als ein integraler Bestandteil einer solchen Selbsttheorie verstanden. Diese Theorie dient bestimmten Zwecken. Sie hat zum Ziel, dem Individuum (a) eine optimale Lust-Unlust-Balance zu ermöglichen, ebenso (b) eine positive Selbstwertschätzung zu sichern, und (c), eine Assimilation aller selbstbezogenen Erfahrungsdaten zu gewährleisten (vgl. hierzu EPSTEIN 1979). Es sind auch andere (Sub-) Ziele denkbar. FILIPP (1978, 113) etwa erwähnt die 'Vermeidung antizipierten Kontrollverlustes'. Allgemeiner kann formuliert werden, daß die Selbsttheorie eine optimale Entwicklung im Sinne 'seelischer Gesundheit' zu ermöglichen sucht (z.B. die Erreichung von Kompetenz, Selbstverwirklichung und Sinnfindung, hierzu zusammenfassend BECKER 1982).

In dem Maße, in dem eine solche Theorie diesen Zielen genügen kann, ist sie für das Individuum von Wert, d.h. es ist lohnend, sie aufrechtzuerhalten und weiter zu entwickeln. Dabei lassen sich folgende Kriterien für 'Güte' einer (Selbst-)Theorie angeben (siehe EPSTEIN 1979, 24ff).

(1) Geltungsbereich: Je tiefer und weiter der Geltungsbereich einer Theorie, desto umfangreicher ist sie. Komplexheit und Differenziertheit ermöglichen die Integration einer Vielzahl unterschiedlichster Information über das Selbst und den eigenen Körper. Das Individuum fühlt sich sicherer und ist bereit, sich aktiver neuen Informationen zuzuwenden.

(2.) Sparsamkeit: Theorien sind dann fruchtbar, wenn sie auf wenigen breit angelegten Postulaten basieren (im Verhältnis zu dem Phänomenbereich auf den sie sich beziehen), aus denen sich eine Vielzahl untergeordneter, engerer Annahmen ergeben. Ein Fehlen solcher generalisierten Postulate bedeutet situationale Determiniertheit des Verhaltens, d.h. es würden keine stabilen Persönlichkeitsstrukturen möglich werden. Die Ausgliederung in Subpostulate ermöglicht dem Individuum eine flexibel-angemessene Reaktion auf situationale Anforderungen.

(3.) Interne Konsitenz: Hiermit ist die subjektive Widerspruchsfreiheit des gesamten Annahmegefüges gemeint. Personen mit geringerer Konsitenz ihrer Selbsttheorie neigen zu Angst und Anspannung und zum Erleben von Konfusion und Desorganisation. Hohe Konsitenz beinhaltet demgegenüber harmonisches Selbsterleben.

(4.) Empirische Validität: Soll die Selbsttheorie ihre Ziele erreichen, muß sie gültig (valide) sein, d.h. sie muß einer Überprüfung an der Realität standhalten. Die Darin einbeschlossene Möglichkeit der Falsifikation kann subjektiv angstauslösend wirken. Werden bedeutsame Aspekte des Selbst durch die Erfahrung widerlegt, können im extremen Fall Existenzkrisen ausgelöst werden.

Diese Validität der Selbsttheorie vermittelt Sicherheit und Konstanz. NEUBAUER (1976) hat darauf hingewiesen, daß dem Individuum deshalb nicht daran gelegen ist, seine Theorie ständig Versuchen zu unterziehen, sie zu widerlegen. Vielmehr liegt ihm an der Aufrechterhaltung der Gültigkeit. NEUBAUER spricht in diesem Zusammenhang von der 'ekklektizistischen Verifikation' (1976, 42) durch das Individuum und meint damit Selektionsfilter, die bei der Erprobung der Selbsttheorie wirksam werden und ihre Gültigkeit trotz widersprechender Erfahrungen sichern. So z.B. die 'Wahrnehmungsverzerrung', durch die gefährdende Informationen 'weg- oder uminterpretiert' werden und so ihre die Selbsttheorie verändernde Funktion einbüßen.

Als Beispiel solcher Verifikationsbemühungen kann eine Person dienen, die noch im fortgeschrittenen Alter von sich behauptet, über die gleichen körperlichen Fähigkeiten zu verfügen, wie in jungen Jahren: Daß sie nach dem Treppensteigen aus der Puste kommt, schreibt sie dann nicht ihren veränderten Dispositionen zu, sondern daß sie einen 'schlechten Tag' erwischt hat, daß bei dieser Treppe ja jeder 'geschafft' sei usw.. Im Alltag finden sich im übrigen viele Gelegenheiten bei denen beobachtet werden kann (auch an sich selbst), wie Menschen 'mogeln', sich 'was vormachen', um ihre Selbsttheorie aufrechtzuerhalten, trotz z.T. 'erdrückender Gegenbeweise'.

Für das Theoriegerüst solcher Selbsttheorien kann angenommen werden, daß auf unteren Ebenen des Annahmegefüges Postulate existieren, die rein körperliche Erfahrungsmomente zum Inhalt haben, höhere generalisierte dagegen zunehmend auch andere Bereiche des Selbst mitbeinhalten, d.h. auf Erfahrungsdaten verschiedenster Quellen beruhen. Wird z.B. die Aussage eines Pb 'Ich bin ein guter Athlet' herangezogen, so können sich Subkomponenten auf rein körperbezogene Momente beziehen, i.S. der Nennung körperlicher Fähigkeiten. Es können aber auch Merkmale dazugehören, wie 'Ehrgeiz', 'Willensstärke', 'Fairneß' oder 'Kameradschaftlichkeit' usw., d.h. andere Aspekte des Selbst als nur die des körperlichen Selbst sind mitrepräsentiert. Auch können z.B. in individuellen Wertsystemen moralische Merkmale ('charakterfest', 'aufrecht') einhergehen mit körperlichen Leistungsmerkmalen ('robust', 'kräftig', 'gesund') (vgl. OERTER 1972, 77).

Selbsttheorien sind immer einzigartig, sie charakterisieren jeweils nur die betreffende Person. Welche Postulate ausgebildet werden, welche zugehörigen Subpostulate vorhanden sind, wie die Postulate zusammenhängen, ist im Einzelfall verschieden, wenn sich auch auf allgemeinerem Analyseniveau gruppenstatistische Zusammenhänge aufzeigen lassen werden!

Einen wichtigen Aspekt bei der Analyse von Selbsttheorien bildet die unterschiedliche 'Zentralität' oder 'Bedeutsamkeit' der Selbst-Postulate. So können z.B. bei Erwachsenen Aspekte des Körpers wie Figur, Körpergröße, Potenz, Jugendlichkeit etc. bedeutsame Inhalte der individuellen Selbsttheorie darstellen. Für Kinder wiederum kann es wichtig sein, über bestimmte körperliche Fertigkeiten verfügen zu können (z.B. Fußball spielen können; auf Bäume klettern können), um nicht Gefahr zu laufen, von der für sie wichtigen 'Peer-Group' ausgeschlossen zu werden. Für männliche Jugendliche ist 'Körperkraft' wichtig: Werden diese zentralen Annahmen (z.B. 'Ich bin kräftig') durch neue Erfahrungen in Frage gestellt kann das zu weitreichenden Krisen und zu Versuchen der Rekonstruktion der Selbsttheorie Anlaß geben. In diesem Falle, daß der Jugendliche gezieltes Körpertraining im Sportverein betreibt oder durch 'Body-Building' versucht, seine Körperkraft wiederzugewinnen, bzw. zu steigern. Andererseits kann er auch versuchen, durch Reflektion sein Wert- und Normensystem in diesem Aspekt zu verändern, daß ihm 'Körperkraft' in Zukunft nicht mehr so wichtig ist, daß es ihm eher auf intellektuelle Brillanz ankommen soll. Dazu muß er dann andere Wege einschlagen.

2.2. Handlung und Selbsttheorie

In der Phase der Planung einer Handlung, ihrer Realisierung und in der anschließenden Bewertung und Interpretation der Ergebnisse kommen in unterschiedlichem Ausmaß Annahmen über das Selbst zum tragen (vgl. zu den folgenden Ausführungen auch FILIPP 1979).

> Da dem Handeln in allen Fällen der Körper als materieller Basis zugrunde gelegt ist, sind immer auch Annahmen über den eigenen Körper implizit oder explizit in die Handlungsorientierung einbezogen.

In der Phase der Planung wird vom Individuum überprüft, ob und inwieweit ein anvisiertes Handlungsziel mit den Handlungsvoraussetzungen, die in der eigenen Person liegen, erreicht werden kann, unter Berücksichtigung der situativen Faktoren, die bei der Realisierung der Handlung wirksam sind. Die 'Effektivitätserwartung' (BANDURA 1977) des Individuums spielt hier eine wichtige Rolle, d. h. inwieweit das Individuum sich selbst für befähigt hält, das Verhalten auszuführen, welches zur Zielerreichung notwendig ist. RYCKMAN u.a. (1982) haben speziell den Aspekt der Effektivitätserwartung in Bezug auf die eigenen körperlichen Fertigkeiten untersucht.

Das Individuum kann weiterhin aufgrund des Wissens über sich selbst und über die Situation die Handlung bis zu hohen Graden subjektiver Gewißheit bis ins Detail vorausplanen und Handlungsfolgen und Situationseinflüsse subjektiv präzise einkalkulieren. Dies gelingt dem Handelnden umso besser, je mehr er sich - auf Seiten der persönlichen Voraussetzungen - auf eine 'gute' Selbsttheorie verlassen kann.

In der Phase der Handlungsausführung steht die Realität der Handlungssituation/-aufgabe im Vordergrund des Bewußtseins. Aspekte des Selbst bzw. des eigenen Körpers, die handlungsrelevant sind, werden nicht deutlich als handlungsbestimmend erlebt, es sei denn daß Störungen des Handlungsablaufes eintreten, z.B. unerwartete Hindernisse, die eine erneute Planung notwendig machen (vgl. hierzu auch die Ausführungen zur 'Orientierung am eigenen Körper' und zum 'Körper als Leib-Subjekt').

In der abschließenden Phase der Bewertung und Interpretation überprüft das Subjekt, ob das Ergebnis dem erwarteten entspricht und versucht zu klären, in welchem Umfang personale oder situationale Faktoren zum Ergebnis beigetragen haben. Wenn das Individuum den Handlungserfolg sich selbst zuschreiben kann und nicht der Situatuion (i.S. etwa von 'Glück', 'wohlgesonnene Interaktionspartner'), stärkt dies erstens seine Erwartungen, daß es Einfluß nehmen kann auf das, was ihm zustößt (im Sinne der Autonomie des eigenen Handelns (vgl. SCHNEEWIND 1983) und zweitens bestärkt es seine 'Effektivitätserwartungen', d.h. in Zukunft fühlt es sich kompetenter, bestimmte Verhaltensweisen realisieren zu können und drittens wird in einem solchen angenommenen erfolgreichen Handlungsausgang die Gültigkeit der Selbsttheorie bestätigt (z.B. Anstieg der Selbstwertschätzung). Diese Vorgänge gelten besonders dann, wenn die Ergebnisse für das Individuum bedeutsam sind und wichtige Annahmen über das Selbst in der Planung und Realisierung der Handlung eine Rolle gespielt haben.

Im Alltag verhalten sich Menschen aber nicht immer so 'planerisch', wie es hier skizziert worden ist. Viele Handlungen ergeben sich eher routiniert, sind eingeschliffen. Annahmen über das eigene Selbst und über die Situation verbleiben im Hintergrund des Bewußtseins außerhalb des 'Kerns' der Aufmerksamkeit und werden so kaum bemerkt. Oder aber: Die Planungen alltäglicher Handlungen sind unvollständig, gehen von falschen Annahmen und Voraussetzungen aus. Aufgrund unrealistischer Selbsttheorie werden dem Körper z.B. Leistungen zugemutet, die er ohne Beschädigungen nicht erbringen kann. Dies 'unbedachte' Handeln führt dann zu Handlungsfolgen, die so nicht einkalkuliert waren. Andere Menschen suchen wiederum gerade den ungewissen Handlungszugang, sie improvisieren, riskieren, lassen sich auf etwas ein. Sie experimentieren in Freiheit mit sich selbst und ihrem Körper. Neue Erfahrungen führen dann zu Veränderungen und zum Ausbau der Selbsttheorie.

3. Genese und Funktionalität der Körpererfahrung in persönlichkeitspsychologischer Sicht

3.1. Einige Grundlagen

3.1.1. Wahrnehmung

Die Selbstwahnehmung des eigenen Körpers bildet eine wichtige Informationsquelle über den eigenen Körper. Durch die verschiedenen Sinnessysteme, unterschieden in Extero- und Interozeptoren, wird Information über den Körper bereitgestellt.

Eine herausragende Bedeutung fällt dabei dem visuellen Sinnessystem zu. Der Mensch kann mittels der Augen seinen Körper bildhaft im Gedächtnis abspeichern ('Körper-Bild') und als anschauliche Vorstellung wieder aktivieren. Unterstützend wirkt dabei das haptische Sinnessystem mit. So können Körperpartien noch mit den Händen ertastet werden, die durch den Gesichtssinn ohne technische Hilfsmittel (z.B. Spiegel) nicht mehr ins Blickfeld genommen werden können. Durch die übrigen Sinnessysteme (Gehör, Geruch, Geschmack) fallen weitere Informationen an, die über Funktionen und Zustände des eigenen Körpers, die relevant sind im weitesten Sinne für den sozialen Kontakt (z.B. 'Klang der eigenen Stimme'), für Gesundheitsbzw. Krankheitszustände (z.B. 'säuerliches Aufstoßen des Magens') oder auch für Bedürfnislagen des Organismus (z.B. 'Knurren des Magens'). Die Interozeptoren vermitteln insgesamt ein komplexes Körpererlebnis: Der Körper wird erlebt i.S. eines 'Gewahrseins', welches qualitativ gefärbt ist ('Körpergefühl') und ganzheitlich ist, aber eher im Hintergrund des Bewußtseins bleibt. Abgehoben davon werden in bestimmten Körperregionen Gefühls- und Motivationszustände, muskuläre Anspannungen, Schmerz- und Druckempfindungen etc. wahrgenommen. Organe und deren Tätigkeit (z.B. Herz, Magen) werden verspürt.

Sobald das Individuum aus der aktuellen Wahrnehmung des eigenen Körpers irgendwelche überdauernden (invariante) Merkmale über seinen Körper herausfiltern kann, können diese in die Selbsttheorie aufgenommen werden, als Charakteristikum der eigenen Person bzw. des eigenen Körpers.

Das Individiuum stellt z.B. fest, daß es häufig Herzklopfen hat, sich unwohl fühlt, ihm schwindelig wird. Als unterscheidbare wiederkehrende Ereignisse können sie auf der untersten Ebene der Selbsttheorie abgespeichert werden. Wie das Individuum diese Informationen weiterverarbeitet, welche höheren Postulate es bildet, so z.B. 'Ich habe keine Kondition'; 'Ich habe eine vegetative Dystonie'; 'Ich bin kränklich' usw. hängt von seinen weiteren (Un-) Kenntnissen, Persönlichkeitsmerkmalen und soziokulturellem Lernhintergrund ab. Eine ärztliche Diagnose oder ein Fitnesstest könnte den Realitätsgehalt der subjektiven Annahmen im erwähnten Fall verändern und erhöhen.

Von aktuellen Wahrnehmungen in realistischer Weise auf überdauernde Merkmale schließen zu können setzt aber voraus, daß dem Individuum wiederholt Gelegenheit zu entsprechend gezielter Körperwahrnehmung gegeben wird, und daß das Individuum sich auf einem Entwicklungsstand befindet, der solche perzeptuell-kognitiven Verarbeitungsprozesse ermöglichen kann.

Aus der Selbstwahrnehmung des eigenen Körpers ergeben sich verschiedene Ansätze zur Erforschung der Körperwahrnehmung/-bewußtheit. Auf die Arbeiten zur Genauigkeit der Körpergestaltwahrnehmung ist schon hingewiesen worden, einige weitere Aspekte seien im folgenden beispielhaft skizziert. Sie zeigen die Körperwahrnehmung Im Kontext situativer Faktoren und im Zusammenhang von Aufmerksamkeitszuwendung bzw. -zentrierung auf den eigenen Körper oder einzelner seiner Regionen, dies sowohl in formaler wie inhaltlicher Hinsicht. Die Aufmerksamkeitszuwendung wird wiederum mit Persönlichkeitsfaktoren oder übergeordneten kognitiven Funktionsprinzipien in Verbindung gebracht.

KÖRPERWAHRNEHMUNG: SCHILDER (1935, 91ff) berichtet, daß in der Wahrnehmung das Innere des Körpers nur als eine 'schwere Masse' ('heavy mass') erlebt wird, die sich im Körper unterschiedlich verteilt. Im Stehen, anders als im Liegen, sind die Schwerpunkte: (a) Beine und Füße, (b) Abdomen und (c) Kopf, wobei die Massigkeit hier besonders an der Basis der Hirnschale empfunden wird, während der Bereich unter der Schädeldecke allgemein als leichter wahrgenommen wird. Darüber hinaus wird nichts im Inneren des Körpers wahrgenommen, es besteht ein Gefühl der 'Hohlheit' ('emptyness') im Körperinneren. Vorgänge im Körperinneren werden in einer 'sensitiven Zone' (ebd., 88) ein bis zwei Zentimeter unter der Haut wahrgenommen. Selbst tiefer im Körper verursachte Empfindungen (z.B. Schmerz) werden nicht dort selbst, sondern in dieser Zone lokalisiert. Die Wahrnehmung solcher Zustände und Vorgänge wiederum ist sehr komplex. Allein zehn Aspekte von Schmerzwahrnehmung/-erleben lassen sich nach CZISKE (1983) voneinander unterscheiden.
Von FEDERN (1956) stammen eingehende Beobachtungen über die Veränderung der Bewußtheit des eigenen Körpers beim Einschlafen. Danach treten neben anderem die verschiedenartigsten Verzerrungen auf. So erleben sich einige Individuen zeitweise in der Körperlänge bis auf wenige Zentimeter zusammengeschrumpft. Ebenso sollen beim Einschlafen die Körperregionen in bestimmter Reihenfolge allmählich dem Bewußtsein entgleiten, zuletzt die Geschlechtsorgane.

EMOTIONSWAHRNEHMUNG: Andere Autoren beschäftigen sich mit dem Problembereich, wie Emotionen körperlich erlebt werden. Die Alltagserfahrung zeigt, daß bei Gefühlen mit hoher Intensität (z.B. Angst) physiologische Veränderungen am/im Körper beobachtet werden können. Befragungen zufolge (vgl. SCHMIDT-ATZERT 1981) können im subjektiven Erleben Emotionen in der Intensität der körperlichen Symptome als auch in ihren Symptomprofilen unterschieden werden. SCHMIDT-ATZERT u.a. (1983) konnten zeigen, daß semantisch unterschiedliche Gefühle (z.B. Angst, Scham, Ärger) von ihren Pbn in der Erinnerung auch mit unterschiedlich erlebten Körpersymptommustern in Verbindung gebracht werden. Neben diesen emotionsspezifischen Formen gibt es auch personenspezifische Reaktionsmuster, so unterscheiden sich z.B. Frauen und Männer in den berichteten körperlichen Symptomen bei 'Angst' (KORCHIN & HEATH 1961).

SHIELDS & STERN (1979) fanden bei Kindern, daß sie Angst in erster Linie im Anstieg der 'Herzschlagfrequenz' erleben, gefolgt von dem Symptom 'Herzklopfen' und 'Ruhelosigkeit'. SCHANDRY (1981) vermutet nach seinen Ergebnissen, daß es nicht so sehr der Wechsel der objektiv registrierbaren physiologischen Reaktionen ist, der mit Emotionen einhergeht, sondern eher der in der subjektiven Wahrnehmung erlebte Wechsel. Daneben scheinen auch Persönlichkeitsmerkmale wie 'emotionale Labilität' und 'Ängstlichkeit' in Zusammenhang mit einer gesteigerten Bewußtheit/Wahrnehmung körperlicher Symptone zu stehen.

AUSGRENZUNG DES ERLEBTEN KÖRPERS: FISHER & CLEVELAND (1958; 1968) und FISHER (1970) untersuchten, inwieweit Individuen ihren Körper gegenüber der Umwelt als ausgegrenzt erleben ('body boundary'). Personen, die über hohe Ausprägung auf dieser Dimension der Körpererfahrung verfügen, zeichnen sich durch 'selbstgesteuertes Verhalten' ('self-steering behavior', FISHER 1970, 172f) aus. Damit sind Personen charakterisiert, die unabhängig sind, klare Zielvorstellungen und Wertmaßstäbe haben, die aktiv handeln und die Umwelt ihren eigenen Bedürfnissen und Vorstellungen anpassen. Grundgedanke ist hier, daß die erlebte Ausgrenzung dem Individuum fundamentale Sicherheit, Vertrauen in den eigenen Körper, eine basale personale Identität verleiht, auf der sich die weiterreichenden Prozesse der Selbstsicherheit, des Selbstvertrauens, der Identität entwickeln können. Der Körper wird dabei als 'Basis des individuellen Wirkens' ('base of operations', FISCHER & CLEVELAND 1958, 56) verstanden. Die Körperparteien, die mit einer solchen Umweltorientierung verbunden sind, zeichnen sich durch erhöhte Aktivierung aus. Es sind dies die äußeren Körperschichten (Haut; quergestreifte Muskulatur und deren vaskuläre Komponenten). Je nach Schwerpunkt der Aktivierung (Körperäußere/-innere) ergeben sich Anhaltspunkte für unterschiedliche Symptomatologien psychosomatischer Erkrankungen.

Im Erleben der Körperausgrenzung 'spiegeln' sich nach Auffassung der Autoren die Charakteristika der Beziehungsverhältnisse mit signifikanten Bezugspersonen wider, in die das Individuum in seiner Sozialisation eingebunden gewesen ist. Beziehungsverhältnisse, die sich dadurch auszeichnen, daß sie in ihrer formalen Struktur klare, eindeutige, in ihren Grenzen deutlich definierte Transaktionen ermöglichen, sind die notwendigen Voraussetzungen für die Ausbildung einer ausgeprägten Körperausgrenzung.
Eine Darstellung der Überprüfung des nur kurz skizzierten theoretischen Ansatzes kann an dieser Stelle nicht vorgenommen werden. Verwiesen sei auf die Orginalliteratur (vgl. auch KIENER 1973; 1974; PAULUS 1982).

GEWAHRSEIN DES KÖRPERS: Das Körpergewahrsein, die Körperbewußtheit, ('body awareness'; 'body prominence') untersuchte FISHER (1970) in Relation zur (a) Bewußtheit aller Gegebenheiten, die nicht zum Körper zählen und zur (b) Verteilung der Körperbewußtheit am eigenen Körper, denn nicht jede Körperregion ist zu einem gegebenen Zeitpunkt oder auch habituell in gleicher Weise oder überhaupt im Bewußtsein gegeben.

Die Bewußtheit ist nach FISHER in erster Linie das Ergebnis der Zuwendung der Aufmerksamkeit auf die jeweilige Körperregion bzw. auf den Körper insgesamt, denn das Individuum ist seinem Körper gegenüber nicht gleichgültig. Der Körper bzw. einzelne seiner Region werden stärker beachtet als andere und eben dadurch bewußt. Die Steuerung der Aufmerksamkeitszuwendung ist nach FISHER darin gegeben, daß Körperregionen Bedeutung übernehmen in methaphorisch-symbolischer Weise für grundlegende Konfliktthemen, die sich aus einer spezifischen Persönlichkeitsentwicklung und Charakterstruktur ergeben.

FISHER orientiert sich an psychoanalytischer Theoriebildung und legt entsprechend die empirischen Untersuchungen an. Die Bezüge der 'Ganz-Körper-Bewußtheit' sind noch weitgehend unklar. Bei männlichen Pbn zeigen sich z.T. in der Richtung entgegengesetzte Relationen zur Intensität oraler Wünsche und Bedürfnisse. Die Ergebnisse zur Bewußtheit verschiedener Körperregionen können auch eher als ein loser Hypothesenrahmen aufgefaßt werden, an dem nachfolgende Untersuchungen anknüpfen können. Die Befunde bleiben in ihren Aussagen sehr allgemein. Bei männlichen Pbn zeigen sich Bezüge zu Themen, die sich um Probleme internalisierter Wertmaßstäbe und Konflikte gruppieren, bei weiblichen Pbn stehen interpersonale Themen, wie der soziale Bezug zum anderen Menschen, im Vordergrund. Eine ausführlichere Stellungnahme findet sich bei PAULUS (1982).

MILLER u.a. (1981; vgl. auch BOHNER u.a. 1983) unterscheiden in der habituellen Aufmerksamkeitszuwendung auf den eigenen Körper zwischen einer Orientierung, die sich (a) auf interne körperliche Empfindungen und Wahrnehmungen richtet ('private body consciousness') und einer, die sich (b) auf die äußerlich beobachtbaren, sozial relevanten Aspekte des Körpers richtet ('public body consciousness'). Den theoretischen Bezugsrahmen bildet die Theorie des 'Objektiven Selbstgewahrseins' von WIKLUND, auf die hier nicht näher eingegangen werden kann (vgl. hierzu FREY u.a. 1978). Übereinstimmend mit theoretisch begründeten Annahmen haben (a) weibliche Pbn u.a. höhere Werte in der Dimension des Gewahrseins des Körpers als öffentlich-soziales Objekt; dieser Aspekt korreliert bei ihnen auch mit dem Gebrauch von Make-up, zudem verspüren (b) Pbn beiderlei Geschlechts mit hoher 'Privater Körper-Bewußtheit' schon bei geringen Dosen von Coffein eine stimulierende Wirkung.

KOGNITIVE PROZESSE UND KÖRPERWAHRNEHMUNG: Die Einbettung der Körperwahrnehmung in höhere kognitive Prozesse zeigen die Untersuchungen von WITKIN u.a. (1974). Ihre Ergebnisse verweisen u.a. auf die Relevanz des kognitiven Stils der 'Feldabhängigkeit-Feldunabhängigkeit' als kognitivem Funktionsprinzip (vgl. auch BOTTENBERG 1972) für die Körperwahrnehmung. Pbn mit ausgeprägter Feldunabhängigkeit zeigen in der perzeptuell-kognitiven Organisation der Körpererfahrung ein hohes Ausmaß an differenzierter Struktur und klarer Abgrenzung gegenüber der Umwelt, d.h. der Körper wird als deutlich von dem umgebenden Situationsfeld abgehoben erlebt. Vermerkt werden muß aber, daß die Validität der ver-

wandten Meßverfahren der 'Artikulation der Körpererfahrung' noch ungenügend abgesichert ist.
Die auf SCHACHTER & SINGER (1962) zurückgehenden Untersuchungen zu einer 'kognitiven Emotionstheorie' versuchen Emotionen aus dem Zusammenspiel prädominant kognitiver Faktoren und physiologischer Komponenten zu verstehen. Erst durch den Bezugsrahmen der kognitiven Bewertung der augenblicklichen Situation wird wahrgenommene physiologische Veränderung der körperlichen Erregung als Gefühl interpretiert. Die Erregung als solche vermag keine Gefühlsqualität hervorzurufen, sondern charakterisiert nur deren Intensität. In dieser Theorie werden also über den kognitiven Bezug körperliche Vorgänge in die Person-Umwelt-Beziehung hineingestellt und erhalten von dort her eine der kognitiven Bewertung kompatible Bedeutung. Nach SCHMIDT-ATZERT (1981, 109) hat sich die Theorie in dieser Form empirisch nicht bestätigen lassen. Vor allem zeigt sich, daß Veränderung der Erregung nicht immer mit Intensitätsveränderungen der Gefühle einhergeht und Erregung selbst z.T. als Angstsymptom erlebt wird (z. B. Herzklopfen, Zittern der Hände).

3.1.2. Kommunikation/Interaktion

> In der Auseinandersetzung (Interaktion/Kommunikation) mit der materialen und sozialen Umwelt gewinnt das Individuum weitere Informationen über sich selbst bzw. über den eigenen Körper.

FILIPP (1979) trifft hier eine brauchbare Unterscheidung derjenigen Informationsquellen, die die Daten über das Selbst und den Körper liefern. Sie unterscheidet: (a) direkte Merkmalszuweisung: Die Eltern bezeichnen z.B. die linke Hand des Kindes als das 'böse Händchen'. (b) indirekte Merkmalszuweisung: Jemand erschließt aus dem Verhalten des andern ihm gegenüber, daß dieser ihn für körperlich attraktiv hält. (c) Komparative Merkmalszuweisung: Im Vergleich mit anderen stellt jemand fest, daß er körperlich stärker ist. (d) Reflexive Merkmalszuweisung: Die Beobachtung des eigenen Verhaltens in der sozialen und materialen Umwelt gibt Rückschluß auf das Selbst: Jemand schließt aus dem Gelingen von Bodenübungen auf seine 'Bewegungsbegabung'. (e) Ideationale Merkmalszuweisung: Indem gespeicherte Erfahrungen wieder bewußt gemacht werden, entstehen in einem rekonstruktiven Akt wieder neue Informationen über das Selbst und den Körper. Darüber hinaus entwickeln Individuen prospektive Selbst-Modelle, die als individuelle 'Soll-Setzungen' fungieren kön-

nen. Beispiel: Ein Jugendlicher berichtet darüber, wie er als Erwachsener wahrscheinlich aussehen wird, über welche körperlichen Fähigkeiten er verfügen wird und welche er gerne besitzen möchte. (Zum Problem der Merkmalsverarbeitung der durch die verschiedenen Quellen zugänglichen Information siehe FILIPP 1979).
Neben den aufgeführten deskriptiven Merkmalszuweisungen, die einen 'Ist-Zustand' charakterisieren, gibt es noch einen komplementären 'Soll-Zustand', der durch vergleichbare präskriptive Merkmalszuschreibungen charakterisiert ist. Dabei handelt es sich um gelernte soziokulturelle oder auch über die erwähnte ideationale Merkmalszuweisung gewonnenen 'Ziel-Zustände', die im Sinne eines kognitiven Bezugssystems wirken, an dem sich die Theorie über das Selbst und damit auch über den Körper ausrichtet. So setzt bspw. jemand bei Abweichungen seines Gewichts vom akzeptierten Idealgewicht Regulationsprozesse in Gang, um diese Diskrepanz zu überwinden oder ändert sein Bezugssystem: Bei Übergewichtigkeit heißt es dann z.B. 'fat is beautiful'.

3.2. Erfahrungsinhalte

Die nachfolgenden Erörterungen richten sich nach der zugrundegelegten Strukturierung der Körpererfahrung: Im ersten Abschnitt wird auf den kognitiv-perzeptiven Aspekt eingegangen ('Körperschema'), im zweiten auf den emotional-affektiven Aspekt ('Körperbild'). Im dritten Abschnitt wird Körpererfahrung in den übergeordneten Zusammenhang des gelebten Person-Umwelt-Bezuges gestellt ('Körper als Leib-Subjekt').
Der persönlichkeitspsychologische Ansatz behandelt danach überwiegend solche Leistungen, die als 'Körper-Bild' bezeichnet sind, der wahrnehmungspsychologische überwiegend solche, die mit 'Körper-Schema' gekennzeichnet werden.

3.2.1. Das Körperschema

3.2.1.1. Orientierung am eigenen Körper

Charakteristisch für das Verhalten ist, daß der Mensch sich den eigenen Körper nicht erst vorstellen muß, etwas über die Beziehung der einzelnen Körperteile zueinander, ihrer Stellung, Schwere usw. in Erfahrung bringen muß, um Handeln zu können, sondern daß die bewußte Vergegenwärtigung des eigenen Körpers gerade zu einer empfindlichen Störung der Bewegungsabläufe führt. Mit anderen Worten: Das Individuum ist unmittelbar am eigenen Körper orientiert. Nach POECK (1965), dem wesentliche Erkenntnisse in diesem Zusammenhang zu verdanken sind (vgl. auch POECK & ORGASS 1971), haben wir es hier mit einer komplexen Funktion zu tun, in der die verschiedenen sensiblen und sensorischen Afferenzen zusammengefaßt und motorischen Akten dienstbar gemacht werden (POECK 1965, 149).
Diese Orientierung reift als Funktion autonom im Zuge der Entwicklung des Zentralnervensystems (ZNS), sie ist gleichsam ins ZNS 'eingebaut' (WEINSTEIN & SERSEN 1961).
Zur ausführlichen Information siehe POECK (1965; vgl. auch ORGASS 1975). Die Tatsache der autonomen Reifung schließt aber Trainingsmöglichkeiten zur Verbesserung solcher Leistungen bei beobachtbaren Beeinträchtigungen nicht aus (vgl. u.a. BANNATYNE & BANNATYNE 1973).

Die ungeschmälerte Verfügbarkeit über die Orientierung am eigenen Körper bedeutet für die Selbsttheorie eine Steigerung ihrer Leistungsfähigkeit. Der 'Besitzer' kann sich ungezwungen bewegen, sein Körper steht ihm zur Verfügung, er kann sich mit ihm und durch ihn hindurch verwirklichen. Es sind die Voraussetzungen für eine angemessene Körperbeherrschung und -bewegung geschaffen, die dem Individuum die adäquate Verwirklichung von Handlungszielen ermöglicht. Hierdurch werden Basisqualifikationen geschaffen, auf die sich die Zufriedenheit mit dem Körper stützen kann und die im weiteren zu einer Stabilisierung und Erhöhung des Selbstwertgefühls der Person beitragen können.

3.2.1.2. Körperaufbau und Körperfunktion

Individuen verfügen über Kenntnisse und Wissensbestände über den eigenen Körper und seine Funktionen i.S. biologisch-medizinischen Grundwissens und damit auch über den menschlichen Körper allgemein. Richtigkeit, Umfang, Differenziertheit des Wissens kann objektiv überprüft werden.

In einer Untersuchung von REUTER & HÖCHER (1977) konnten 8-10 jährige Schüler in vorgegebenen Schemazeichnungen die wichtigsten sichtbaren Körperteile wie auch innere Organe (Herz, Magen, Harnblase) überwiegend richtig einordnen. Erheblich höhere Fehlbenennungen waren bei der Abfolge der Organe beim Verdauungsvorgang zu verzeichnen. Von den Schülern der 3.-4. Klassen konnten nur 35 % den Ablauf korrekt wiedergeben. Weitere Analysen ergaben, daß die Grundkenntnisse mit höherem Alter und höherer sozialer Schicht zunehmen. Bei Schülern der Sekundarstufe I bei denen entsprechende Fragen auf z.T. höherem Schwierigkeitsniveau angesetzt waren, zeigte sich, daß klare Vorstellungen über konstitutionelle und funktionale Zusammenhänge relativ selten waren: 62 % der Schüler wußten über die Funktion des Herzens Bescheid, 67 % über die der Lunge, 32 % über die der Nieren, 25 % über die der Leber und 34 % über die der Lymphdrüsen. Vergleichbare Effekte der sozialen Schicht konnten auch in dieser Stichprobe nachgewiesen werden. Die Ergebnisse beruhen im übrigen auf repräsentativen Erhebungen.
Weitere Untersuchungen zeigen, daß weibliche Studenten mehr Wissen und Kenntnisse über innere und äußere Körperorgane besitzen als männliche (LERNER & BRACKNEY 1978). Nach BOYLE (1970), der eine Stichprobe ambulant behandelter Krankenhauspatienten untersuchte, zeigen diesen Pbn ein erhebliches Ausmaß an Wissenslücken, bezüglich einfachster anatomischer Kenntnisse. Da es sich hier um eine sonst unausgelesene Stichprobe handelt, kann vermutet werden, daß diese Ergebnisse auch für andere Stichproben Erwachsener zutreffen.

Andere Autoren untersuchen den Kenntnis- und Wissensbestand über Körperbau und -funktionen unter entwicklungspsychologischer Perspektive, um etwa festzustellen, wann Kinder eine realitätsgerechte Vorstellung vom eigenen Körper entwickelt haben, ob es Entwicklungs- 'Stufen' gibt und mit welchen anderen psychischen Merkmalen (z.B. solchen der kognitiven Entwicklung, vgl. AJURIAGUERRA 1965) diese Entwicklung einhergeht. Dieser Gesichtspunkt soll hier aber nicht weiterverfolgt werden (vgl. POECK & ORGASS 1964; ROHLAND 1980).

Der Erwerb von Wissen und Kenntnissen über den eigenen Körper und seinen Funktionen trägt entscheidend zur Ausbildung realistischer Merkmalskonzepte über ihn bei, die in der Verhaltensplanung, -realisierung und -überprüfung erfolgreich eingesetzt werden können.

Unrealistische Merkmalskonzepte über den eigenen Körper können entstehen durch (a) Nichtbeachtung der oftmals sich langsam vollziehenden körperlichen Veränderungen (z.B. der Abnahme und Veränderung der körperlichen Leistungsfähigkeit im Alter), (b) einseitige Rückmeldung über körperliche Merkmale durch bedeutsame Bezugspersonen (z.B. durch Eltern, die dem Kind vermitteln, wie 'toll' es ist und was es schon 'alles' kann. Nach der Einschulung muß es dann schmerzlich erfahren, daß es im Vergleich zu den Klassenkameraden und auch in den Augen der Lehrerin gar nichts 'besonderes' ist) oder auch durch (c) eine restriktive Normorientierung der Erziehungspersonen in der Sozialisation, so daß bestimmte körperliche Merkmale und -funktionen keine angemessene kognitive Repräsentation erlangen können (z.B. Körpererfahrungen aus dem Bereich sexuellen Erlebens).

3.2.2. Das Körperbild

3.2.2.1. Zuschreibung von Körpereigenschaften

Individuen schreiben ihrem eigenen Körper Eigenschaften zu, die über Merkmalszuschreibungen seiner biologisch-materialen Natur (z.B. Größe, Gewicht) hinausgehen. Sie finden ihre Körper interindividuell unterschiedlich attraktiv, robust, gesund, gelenkig, maskulin/feminin usw. Es ist eine sehr große Zahl adjektivischer Beschrei-

bungen des eigenen Körpers oder einzelner seiner Regionen, Organe oder Teile denkbar.
Mit geeigneten Analyseverfahren, in der Regel Faktorenanalysen, wird eine Reduktion auf grundlegende Beschreibungsdimensionen (Faktoren) angestrebt. Daneben ist es von persönlichkeitspsychologischem Interesse, zu erfahren, wie Individuen zu ihren Beurteilungen kommen. Welche Indikatoren sind es z.B., die sie zur Beurteilung ihrer 'körperlichen Attraktivität' heranziehen? Wie werden die möglicherweise verschiedenen Indikatoren im Urteilsprozeß gewichtet? Wird 'körperliche Attraktivität' untergliedert in 'situations-' und 'bereichsspezifische' körperliche Attraktivitäten? usw.. Dies sind einige Fragen, die sich ergeben, bislang aber noch nicht hinreichend beantwortet worden sind.
Bisherige Befunde weisen Geschlechtsunterschiede in den Eigenschaftszuweisungen nach, zeigen Beziehungen zu Merkmalen des Körperbaus auf und zu Persönlichkeitsmerkmalen, wie Selbstwertschätzung u.a. (vgl. z.B. LERNER u.a. 1976; PAULUS 1982). Insgesamt gesehen geben die Untersuchungen erst einen groben Bezugsrahmen ab für das Verständnis der Eigenschaftszuweisung zum eigenen Körper.

Für die zugrundeliegende Selbsttheorie ist es von entscheidender Wichtigkeit, welche Eigenschaften Individuen ihrem eigenen Körper zuschreiben, welche Aspekte mitberücksichtigt werden, in welchem Beziehungsgefüge die Konzepte stehen und in welchem Ausmaß sie eine innere Stabilität aufweisen, m.a.W., wie differenziert die Körpererfahrung in der Selbsterfahrung repräsentiert ist. Für sich betrachtet bedeutet eine vielfältige Merkmalsrepräsentation eine erhöhte Funktionalität der Selbsttheorie in Bezug auf ihre grundlegenden Ziele.

3.2.2.2. Die Beziehung zum eigenen Körper

Erfahrungsinhalte sind auch solche, die die Beziehung zum eigenen Körper charakterisieren. Auch hier ist eine Vielzahl möglicher Beziehungsformen denkbar, wie Menschen ihr Verhältnis zum eigenen Körper bestimmen. So machen Individuen sich in unterschiedlichstem Ausmaß Sorgen um den eigenen Körper, haben Angst um ihn, vernachlässigen ihn, fühlen sich ihm entfremdet, lehnen ihn ab, überfordern ihn, unterwerfen sich den Körper, um nur einige Aspekte herauszugreifen.

Die 'Zufriedenheit mit dem eigenen Körper' ('body cathexis'; SECORD & JOURARD 1953) und die verwandten Aspekte der 'Wertschätzung' und 'Akzeptierung' des eigenen Körpers sollen im folgenden näher betrachtet werden, denn eine positive ausgeglichene Beziehung zum eigenen Körper zu haben, erscheint aus naheliegenden Überlegungen psychologisch bedeutsam und auch pädagogisch-therapeutisch erstrebenswert.

Die Einschätzung der 'Zufriedenheit' mit dem eigenen Körper geht einher mit der positiven Ausprägung anderer Merkmale der Körpererfahrung. In einer eigenen Untersuchung an studentischen Pbn zeigt sich: Je zufriedener die Pbn mit dem Aussehen des eigenen Körpers sind, desto schöner und attraktiver, desto leistungsfähiger und robuster, desto weniger unruhig und angespannt beurteilen sie ihren eigenen Körper und desto mehr akzeptieren sie ihn und erleben ihn als integriert in ihr Selbsterleben.

Empirisch eindeutig belegt ist auch der Zusammenhang zwischen der Körperzufriedenheit und positiven Einschätzungen des Selbst ('Selbstzufriedenheit, Selbstwertschätzung', vgl. zusammenfassend WYLIE 1974; PAULUS & OTTE 1979; vgl. auch KERNALEGUEN & CONRAD 1980; MRAZEK 1983). Dieser Zusammenhang wurde auch bei Kindern und Jugendlichen nachgewiesen (MENDELSON & WHITE 1982; MARTIN & WALTER 1982).

Nach BERSCHELD u.a. (1973) schildern sich Pbn mit überdurchschnittlichen Zufriedenheitswerten als liebenswerter, durchsetzungsfähiger, gewissenhafter und intelligenter als Pbn mit unterdurchschnittlichen Werten. Darüber hinaus bestehen negative Beziehungen zu Merkmalen der (sozialen) Ängstlichkeit, Unsicherheit, Depression und Feindseligkeit (SECORD & JOURARD 1953; DIEBIG 1973, zit. n. BERGLER 1974; GOLDBERG & FOLKINS 1974) und 'Neurotizismus' (MARTIN & WALTER 1982). PAULUS (1982), der die 'Akzeptierung des eigenen Körpers und dessen Integration ins Selbsterleben' als einen umfassenderen Aspekt ausführlich untersuchte, fand u.a., daß im Kontext des Freiburger-Persönlichkeits-Inventars (FPI), dieses Merkmal mit einem Persönlichkeitsaspekt zusammenhängt, der positiv stabile und selbstsichere Schilderungen der eigenen Persönlichkeit erfaßt.

Insgesamt gesehen deuten die Ergebnisse darauf hin, daß die Zufriedenheit mit dem eigenen Körper einhergeht mit Aspekten emotionaler

Stabilität bzw. mit der Abwesenheit von Persönlichkeitsmerkmalen des Sektors 'Neurotizismus' und vice versa. Geschlechtsspezifisch durchgeführte Untersuchungen belegen im weiteren, daß weibliche Pbn in aller Regel weniger zufrieden mit ihrem Körper sind, als männliche. Dies ließ sich auch schon für Kinder im Vorschulalter nachweisen (STORY 1979). Im sportpsychologischen Bereich zeigen die Befunde, daß Spitzenathletinnen höhere Zufriedenheitswerte aufweisen, als eine studentische Vergleichsstichprobe (SYNDER & KIVLIN 1975). Nach JOESTING & CLANCE 1979) weisen Pbn, die mehrmals in der Woche Sport treiben und solche, die sich läuferisch als Leichtathleten betätigen, höhere Zufriedenheitswerte auf als Vergleichsgruppen.

Naheliegend ist, Zusammenhänge mit den objektiv gegebenen Körperbaumerkmalen zu untersuchen. Bei Berücksichtigung einzelner Körperorgane und -regionen zeigte sich, daß bei männlichen Pbn die Zufriedenheit mit größerer Ausprägung folgender Merkmale zunahm: Körpergröße, Oberarmumfang, Schulterbreite, Brustumfang. Bei weiblichen Pbn geht Zufriedenheit einher mit kleineren Körperbaumaßen (Ausnahme: Brustumfang): Füße, Fußknöchel, Oberschenkel, Waden, Gewicht, Taille (vgl. hierzu PAULUS & OTTE 1979).
Deutlich wird auch der Bezug zu kulturell vermittelten Körperbau-Idealen (GUY et al 1980). Werden sie als verbindlich erlebt, bedeuten Abweichungen davon die Zunahme von Unzufriedenheitserlebnissen. Besonders bei Frauen führt dies dazu, vermehrt auf eine möglichst schlanke, wohlgeformte Figur achten zu müssen (siehe GARNER et al. 1980).
In einer Untersuchung von PAULUS (1982) stieg die Akzeptierung des eigenen Körpers und seine Integration ins Selbsterleben bei männlichen wie weiblichen Studenten, in dem Maße an, wie auch der eigene Körper als schlanker wahrgenommen wurde.

Als wichtiges Ergebnis zeigen die Befunde: Eine positive Beziehung zum eigenen Körper steht in Zusammenhang mit positiv ausgeprägtem generellen Selbstwertgefühl. Es liegt nahe, zu vermuten, daß die Steigerung der Körperzufriedenheit durch entsprechende Trainierungsprogramme zu positiveren Bewertungen des Selbst führt (vgl. COLLINGWOOD & WILLETT 1971; COLLINGWOOD 1972), wodurch die Selbsttheorie in ihrer Zielverwirklichung unterstützt wird.

3.2.3. Zur Bedeutung und Bewertung der Körpererfahrung

Wenn Konzepte der Körpererfahrung durch neue Informationen in ihrer Gültigkeit nachdrücklich in Frage gestellt werden und das Individuum in der Folge sich zu einer Revision der Annahmen über sich selbst veranlaßt sieht, ist das Ausmaß der begleitenden emotionalen Reaktionen (z.B. Weinen) ein Gradmesser dafür, wie zentral bzw. marginal das Konzept innerhalb der Selbsttheorie ist, d. h. auch inwieweit es einen Beitrag leistet zur Zielerfüllung der Selbsttheorie. Die Bedeutung der Konzepte für die Selbsttheorie ist dabei unter funktionalen Gesichtspunkten zu sehen. Körperliche Attraktivität bedeutet z.B. nicht nur, einen schönen Körper zu haben, sondern in Bezug auf die Selbsttheorie, welche Funktionen sich für das Individuum damit verbinden, etwa: Von anderen bewundert zu werden, es leichter im Konkurrenzkampf zu haben, einen attraktiven Partner zu finden; andere beeindrucken zu können etc.. So fand PARKES (1972, zit. n. SHONTZ 1975), daß Amputierte zwar ihre Gliedmaßen vermissen, eine weitere Befragung ergab jedoch, daß sie eher die Funktion vermissen, die sie mit den Organen ausführen konnten, z.B. Laufen, Schwimmen etc.

> Welche Bedeutungen der Körpererfahrung relevant werden in der Selbsttheorie, hängt ab von den in der Lebensgeschichte des Individuums sich realisierenden, über die Jahre hin wechselnden lebensthematischen Bezügen. Das Individuum entwickelt Zielprojektionen für die eigene Lebensgestaltung in den verschiedenen Lebensepochen, in denen dem Körper bzw. Körperteilen oder Körperregionen unterschiedliche Bedeutung zufällt.

Ist das Individuum dabei frei von psychopathologischen Problemen und Verwicklungen, ändert sich es sich in seiner Selbsttheorie und paßt sich den veränderten Verwirklichungsbedingungen an, so daß ihre Funktionalität erhalten oder verbessert werden kann.

In welchen Bedeutungsaspekten Körpererfahrung vom Individuum überhaupt realisiert werden kann, hängt letztlich von der Vielfältigkeit der Lernmöglichkeiten ab, Körpererfahrung im Rahmen der Sozialisation 'ausprobieren' zu können. Wer seinen Körper 'nicht kennt', wer ihn durch repressive Erziehung nicht 'kennenlernen' durfte, wird kaum Möglichkeiten haben und sehen, Körpererfahrung in der Selbsttheorie realistisch integrieren zu können und für sich nutzbar zu machen. Die durchgängige Analyse solcher Lernprozesse unter entwicklungs- und sozialisationspsychologischem Aspekt ('Sozialisation der Körpererfahrung') ist bisher aber kaum geleistet worden (siehe AG SPORT 1975).

3.3 Der Körper als Leib-Subjekt

Bislang wurde von der Erfahrung des eigenen Körpers gesprochen in einer Weise, die von dem untersuchten Individuum ein reflexives Verhältnis zum eigenen Körper zur Voraussetzung hat. Der eigene Körper wird dabei zu einem Ogbjekt. Diese Hinwendung zum eigenen Körper, in der er in seiner körperlich-stofflichen Natur dem Menschen gegenübertritt, ist gleich der des (körperorientierten) Arztes, der sich dem Körper seines Patienten zuwendet: wo der Körper zum Ding, zur Sache, zum 'materiellen Substrat' wird.
Die alltägliche Erfahrung lehrt aber noch ein anderes Verhältnis zum eigenen Körper, ein vor-reflexives in dem 'Ich' und 'Körper' sich noch nicht gegenüberstehen, sondern eine Einheit bilden. Der Körper (a) mit seinen Eigenschaften, (b) als Bezugsobjekt des Selbst und (c) in seiner Gegebenheit als Wahrnehmungsobjekt, ist gleichsam nicht vorhanden, wird nicht gespürt. Durch den Körper hindurch und mit ihm verwirklicht sich das Individuum in der erlebten Umwelt. Das 'Verkörpert-Sein' als 'fortdauerndes Erlebnis des eigenen Leibes' (GOSZTONYI 1972, 108) als das 'Innesein des eigenen Leibes (ARNOLD 1969, 76) verbleibt als fundierender Hintergrund an der 'Randzone des Bewußtseins'. Das Subjekt 'hat' den Körper nicht mehr, sondern 'ist' ganz Körper geworden. Der Körper wird nicht mehr erlebt, sondern das Subjekt lebt ihn: Das Subjekt wird zum Leib-Subjekt.
Im Vordergrund des Erlebens steht nun die Bezogenheit auf die das Subjekt umgebende Welt: Das Subjekt ist durch die Vermittlung seines Leibes 'situiert' auf diese Welt bezogen (GRAUMANN & METRAUX 1977). Situiertheit meint dabei die Abgestimmtheit des 'Sich-in-der-Welt-Befindens'. Eine geglückte Abstimmung wird subjektiv als Wohl-

befinden erlebt. Was vom Körper dabei zum Bewußtsein kommt hat PLÜGGE (1979, 94) als 'Frische' gekennzeichnet. Fehlabstimmungen, die durch Diskrepanzen der Situiertheit zur Situation entstehen und den Zusammenhang auflösen, führen immer dazu, daß der Körper im Erleben in Erscheinung tritt, was in der Regel mit mehr oder weniger starkem Mißbefinden einhergeht, solange bis das Subjekt sich wieder neu situieren kann und einen veränderten Bezug zur 'Welt' wieder herstellt. GEBSATTEL hat darauf aufmerksam gemacht, daß die je unterschiedliche Situiertheit des Menschen auch je verschiedene 'Leibgestaltungen' beinhaltet:

"Zu Unrecht nämlich vergißt man über der in die leibliche Existenz projezierten Identität der Person, daß nicht ein Leib - 'sein Leib', ein letztlich gleicher Leib - dem Menschen zu eigen ist, sondern das aus dem Kontinum eines sich wandelnden Leibes leibliches Dasein in vielen Gestaltungen heraustritt, als wäre der Mensch Herr vieler Leiber in einem (...). So geschieht es beispielsweise, daß die von der Raumwelt des Handwerkers oder Turners oder Fechters unterschiedlich strukturierte Raumwelt des Tänzers nur betreten und angeeignet werden kann durch Umformung des Marsch-, des Kampf- oder Turnleibes in einen Tanzleib" (1954, 188).

So ist der Leib nie etwas Feststehendes, sondern eine dauernd im Wandel begriffene Ordnung, die sich immer wieder in vorübergehenden 'Leibgestaltungen' nach Maßgabe der unterschiedlichen Dispositionen seines 'Beherrschers' oder 'Bewohners' in Abstimmung zur Situation installiert.

Die Abstimmung kann die Person um so eher und besser leisten, je differenzierter ihre Selbsttheorie ausgestaltet ist. Ihrer eigenen Lebenserfahrung gemäß werden ihr einzelne 'Leibgestaltungen' besser gelingen als andere, manche wird sie gar nicht beherrschen. Als wichtige Aufgabe therapeutisch-pädagogischer Bemühungen erscheint es daher, dem Individuum vielfältige Erfahrungen zu ermöglichen, um ihm die nötigen dispositionellen Voraussetzungen zu verschaffen, sich in möglichst vielen 'Leibgestaltungen' verwirklichen zu können.

4. Schluß: Selbsttheorie und Bewegungsverhalten

In diesem letzten Abschnitt soll zusammenfassend auf einige zentrale

Punkte eingegangen werden, die sich aus der bisher skizzierten Betrachtungsweise der Körper- und Selbsterfahrung für das Bewegungsverhalten ergeben.
Da die Selbsttheorie eine Erfahrungstheorie ist, lebt sie im wesentlichen von den Erfahrungen, die in sie Eingang finden können. Vielfältige Bewegungserfahrungen, abgespeichert als motorische Konzepte und sekundär als verbale in der Selbsttheorie repräsentiert, stützen die Kompetenzen des Individuums und tragen zur Erweiterung des Handlungsspielraums bei. In der Handlungsplanung und -realisierung kann das Individuum auf solche Konzepte rekurrieren und sie für eine effektive und möglicherweise auch kreative Problembewältigung nutzen. Zustatten kommt ihm dabei, wenn sich die Konzepte als realistisch erweisen, d.h. wenn aus dem aktuellen Erleben differenzierte und adäquate Konzepte über Körperbau, -funktion, körperliche Eigenschaften etc. herausgearbeitet werden konnten und wenn sie sich in bisherigen Überprüfungen an der Realität bewährt haben.
Vielfältige Bewegungserfahrungen ermöglichen zudem auch eine Differenzierung der Orientierung am eigenen Körper, womit immer differenziertere Bewegungsformen dem Individuum möglich werden.
Beides, die Vergrößerung des Verhaltensspielraumes wie angemessenere Bewegungsformen stützen die Funktionalität der Selbsttheorie. Es wird dem Individuum vermehrt möglich, unabhängig von anderen das Leben selbst zu gestalten, selbstgesetzte Ziele anzustreben, wie eigene Bedürfnisse zu verwirklichen. Zugleich sind auch Möglichkeiten gegeben, sich selbst adäquater auszudrücken: Gefühle, Wünsche, Zuständlichkeiten der eigenen Person auch körperlich ('nonverbal') darzustellen; insgesamt eine bessere, flexiblere Möglichkeit der Selbstverwirklichung und Angepaßtheit zu erreichen.
Darüber hinaus trägt die resultierende soziale Anerkennung und das Prestige in der Bezugsgruppe zur Absicherung des gesamten Selbstwertgefühls bei.
Bewegungsverhalten selbst (Tanzen, Spazierengehen, Sport treiben etc.) kann auch Freude, Entspannung verschaffen, da die körperliche Betätigung bzw. deren Folgen, als angenehm erlebt werden. Die Kompetenz des Individuums, solche Verhaltensweisen ausführen

zu können, die 'Spaß machen' bzw. zu Wohlbefinden führen, können die LustUnlust-Balance in positiver Hinsicht beeinflussen und langfristig zur Stabilität der Selbsttheorie beitragen, da das Individuum sich durch diese Kompetenzen unabhängig von anderen macht und sein Wohlbefinden unter Selbstkontrolle bringt.
Nicht vergessen werden darf darüber hinaus der starke Einfluß des Bewegungsverhaltens auf die kognitive Entwicklung im Kindesalter. Sie gibt die Grundlage ab, für die Kapazität der kognitiven Strukturierungsleistungen, die vom Individuum in der Selbsttheorie vollzogen werden.
Insgesamt gesehen kann also die Bewegungserfahrung die Selbsttheorie in mehrfacher Weise günstig beeinflussen.

Zum Abschluß der Ausführungen zur Körper- und Selbsterfahrung in persönlichkeitspsychologischer Sicht sei noch auf zwei einschränkende Gesichtspunkte hingewiesen, die zugleich aber eine mögliche Weiterentwicklung der hier vorgetragenen Gedanken andeuten: Die Selbsttheorie, die den interpretativen theoretischen Bezugsrahmen bot, bedarf der weiteren Ausarbeitung, Konkretisierung und empirischen Absicherung. Zweitens darf nicht außer acht gelassen werden, daß der Selbsttheorie die Theorie des Individuums von der gesamten Wirklichkeit übergeordnet ist: Die Theorien über die eigene Person, über die Umwelt sowie über deren Wechselwirkung stellen hier ihre Subtheorien dar. Dieser umfassende integrative Aspekt ist hier nicht eingehend behandelt worden. Aber nur durch seine Berücksichtigung kann der Begriff der Angepaßtheit und Funktionalität der Selbsttheorie seinen eigentlichen Sinn erhalten und entfalten.

Literatur

AJURIAGUERRA, de, J.: Discussion. in: WAPNER, S./WERNER, H. (Eds.): The body percept. New York: Random House, 1965, 82-106

ARBEITSGRUPPE SPORT (Hrsg.): Schulsport im Abseits. Reinbek: Rowohlt, 1975

ARNOLD. W.: Person, Charakter, Persönlichkeit. 3. Aufl. Göttingen: Hogrefe, 1969
ASCH, S.E.: Social psychology. New York: Prentice-Hall, 1952
BANDURA, A.: Self-efficacy: Toward a unifying theory of behavioral change. in: Psychological Review, 84 (1977), 191-215
BANNATYNE, M. / BANNATYNE, A.: Body image / Communication. Rantoul, Ill.: Learning System Press, 1973
BECKER, P.: Psychologie der seelischen Gesundheit. Bd. 1: Theorien, Modelle, Diagnostik. Göttingen : Hogrefe, 1982
BERSCHEID; E./WALSTER, E./BOHRNSTEDT, E.: Body image. The happy american body: A survey report. in: Psychology Today, (1973) 11, 119-131
BILDEN, H.: Geschlechtsspezifische Sozialisation. in: HURRELMANN, K./ULRICH, D. (Hrsg.): Handbuch der Sozialisationsforschung. Weinheim; Beltz, 1980, 777-812
BOHNER, G./HARLACHER, U./RUDOLF, C./SIEGER, H./SCHWARZ, N.: Selbstaufmerksamkeit und Körperaufmerksamkeit. in: LÜER, G. (Hrsg.): Bericht über den 33. Kongreß der Deutschen Gesellschaft für Psychologie in Mainz, 1982, Bd. 2. Göttingen: Hogrefe, 1983, 649-652
BOTTENBERG, E.H.: Kognitive Attitüden und Persönlichkeit. in: Würzburger Psychologische Untersuchungen, 2 (1972)
BOYLE, C.M.: Differences between doctor's and patients interpretations of some common medical terms. in: British Medical Journal, 2 (1970), 286-289
COLLINGWOOD, T.R.: The effects of physical training upon behavior and self attitudes. in: Journal of Clinical Psychology, 28 (1972), 583-585
COLLINGWOOD, T.R. /WILLETT, L.: The effects of physical training upon self-concept and body attitude. in: Journal of Clinical Psychology, 27 (1971), 411-412
CZISKE, R.: Faktoren des Schmerzerlebens und ihre Messung: Revidierte mehrdimensionale Schmerzskala. in: Diagnostica, 29 (1983), 61-74
DIXON, J.C./STREET, J.W.: The distinction between self and not-self in children and adolescents. in: Journal of Genetic Psychology, 127 (1975), 157-162
EPSTEIN, S.: Entwurf einer Integrativen Persönlichkeitstheorie. in: FILIPP, S.-H. (Hrsg.): Selbstkonzept-Forschung. Stuttgart: Klett-Cotta, 1979, 15-45
FEDERN, P.: Ich-Psychologie und Psychosen. Bern: Huber, 1956
FIELD, D.: Der Körper als Träger des Selbst. in: Kölner Zeitschrift für Soziologie und Sozialpsychologie, Sonderband, 20 (1978), 244-264
FILIPP, S.-H.: Aufbau und Wandel von Selbstschemata über die Lebensspanne. in: OERTER, R. (Hrsg.): Entwicklung als lebenslanger Prozeß. Hamburg: Hoffmann&Campe, 1978, 111-135
FILIPP, S.-H.: Entwurf eines heuristischen Bezugsrahmens für Selbstkonzept-Forschung: Menschliche Informationsverarbeitung und naive Handlungstheorie. in: FILIPP, S.-H. (Hrsg.): Selbstkonzept-Forschung. Stuttgart: Klett-Cotta, 1979, 129-152

FILIPP, S.-H.: Entwicklung von Selbstkonzepten. in: Zeitschrift für Entwicklungspsychologie und Pädagogische Psychologie, 12 (1980), 105-125

FISCHER, M. Phänomenologische Analysen der Person-Umwelt-Beziehung. in: FILIPP, S.-H. (Hrsg.): Selbstkonzept-Forschung. Stuttgart: Klett-Cotta, 1979, 47-73

FISHER, S.: Body experience in fantasy and behavior. New York: Appleton Century Crofts, 1970

FISHER, S./CLEVELAND, S.E.: Body image and personality. 2. Aufl. New York: Dover Publications, 1968

FREUD, S.: Das Ich und das Es. in: FREUD, S.: Gesammelte Werke, Bd. 13. London: Imago, 1940, 234-289

FREY, D./Wicklund, R.A./SCHEIER, M.F.: Die Theorie der objektiven Selbstaufmerksamkeit. in: FREY, D. (Hrsg.) Kognitive Theorien der Sozialpsychologie. Bern: Huber, 1978, 192-216

GARNER, D.M./GARFINKEL, P.E./SCHWARTZ, D./THOMPSON, M.: Cultural expectations of thinness in women. in: Psychological Reports, 47 (1980), 483-491

GEBSATTEL, v., V.E.: Prolegomena einer Medizinischen Anthropologie. Berlin: Springer, 1954

GOLDBERG, B./FOLKINS, C.: Relationship of body-image to negative emotional attitudes. in: Perceptual & Motor Skills, 39 (1974), 1053-1054

GORMAN, W./ABT, L.E.: Is the brain the most important organ? in: Psychology, 1 (1964), 2-11

GOSZTONYI, A.: Grundlagen der Erkenntnis. München: Beck, 1972

GRAUMANN, C.F./METRAUX, A.: Die Phänomenologische Orientierung in der Psychologie. in: SCHNEEWIND, K.A. (Hrsg.): Wissenschaftstheoretische Grundlagen der Psychologie. München: Reinhardt, 1977, 27-53

GROEBEN, N./SCHEELE, B.:Argumente für eine Psychologie des reflexiven Subjekts. Darmstadt: Steinkopff, 1977

GUY, R.F. /RANKIN, B.A. /NORVELL, M.J.: The relation of sex role stereotyping to body image. in: Journal of Psychology, 105 (1980), 167-173

HIMELSTEIN, P.: Sex differences in the spatial localization of the self. in: Perceptual & Motor Skills, 19 (1964), 317

HOROWITZ, E.L.: Spatial localization of the self. in: Journal of Social Psychology, 6 (1935), 379-387

HOROWITZ, M.J./DUFF, D.F./STRATTON, L.O.: Body-buffer zone. in: Archives of General Psychiatry, 11 (1964), 651-656

JOESTING, J.: Comparison of students who exercise with those who do not. in: Perceptual & Motor Skills, 53 (1981), 426

JOESTING, J. /CLANCE, P.R.: Comparison of runners and nonrunners on the body-cathexis and self-cathexis scales. in: Perceptual & Motor Skills, 48 (1979), 1046

KERNALEGUEN, A. /CONRAD, G.: Analysis of five measures of self-concept. in: Perceptual & Motor Skills, 51 (1980), 855-861

KIENER, F.: Untersuchungen zum Körperbild (Body image), Teil 1. in: Zeitschrift für Klinische Psychologie und Psychotherapie: 21 (1973), 335-351, 2. Teil: 22 (1974), 45-66

KOFF, E. /KIEKHOFER, M.: Body-part size estimation in children. in: Perceptual & Motor Skills, 47 (1978), 1047-1050
KORCHIN, S.J. /HEATH, H.A.: Somatic experience in the anxiety state: Some sex and personality correlates of 'autonomic feedback'. in: Journal of Consulting Psy chology, 25 (1961), 398-404
KURTZ, R. /HIRT, M.: Body attitudes and physical self. in: Journal of Clinical Psychology, 26 (1970), 149- 151
LAING, R.D.: Das geteilte Selbst. Köln: Kiepenheuer & Witsch, 1972
LAUCKEN, V.U.: Naive Verhaltenstheorie. Stuttgart: Klett, 1974
LERNER, R.M. /BRACKNE, B.E.: The importance of inner and outer body parts: Attitudes in the self-concept of late adolescents. in: Sex Roles, 4 (1978), 225-238
LERNER, R.M. /ORLOS, J.B. /KNAPP, J.R.: Physical attractiveness, physical effectiveness, and self-concept in late adolescents. in: Adolescence, 11 (1976), 312 326
MARTIN, M. /WALTER, R.: Körperselbstbild und Neurotizismus bei Kindern und Jugendlichen. in: Praxis der Kinderpsychologie und Kinderpsychiatrie, 31 (1982), 213-218
MEERMANN, R. /FICHTER, M.M.: Störungen des Körperschemas (Body Image) bei psychischen Krankheiten - Methodik und experimentelle Ergebnisse bei Anorexia nervosa. in: Psychotherapie und Medizinische Psychologie, 32 (1982), 162-169
MENDELSON, B.K. /WHITE, D.R.: Relation between body-esteem and self-esteem of obese and normal children. in: Perceptual & Motor Skills, 54 (1982), 899-905
MILLER, L.C. /MURPHY, R. /BUSS, A.H.: Consciousness of body: Private and public. in: Journal of Personality and Social Psychology, 41 (1981), 397-406
MRAZEK, J.: Zufriedenheit mit dem eigenen Körper. in: DECKER, W. /LÄMMER, M. (Red.): Kölner Beiträge zur Sportwissenschaft. Jahrbuch der deutschen Sporthochschule. Köln: DSHS, 1983, 155-174
NEUBAUER, W.F.: Selbstkonzept und Identität im Kindes- und Jugendalter. München: Reinhardt, 1976
NOLTING, H.P. /PAULUS, P.: Psychologie lernen. Eine Einführung und Anleitung. Weinheim: Beltz, 1985
OERTER, R.: Motivation. in: PAULI, R. /ARNOLD, W. (Hrsg.) Psychologisches Praktikum. Bd. 2: Diagnostisches Praktikum. Stuttgart: Fischer, 1972, 37-81
ORGASS, B.: Psychodiagnostik bei umschriebenen hirnorganisch bedingten Leistungsdefekten. in: SCHRAML, W. J. /BAUMANN, U. (Hrsg.): Klinische Psychologie. Bd. I: Theorie und Praxis, 3. Aufl. Bern: Huber, 1975
PAULUS, P.: Zur Erfahrung des eigenen Körpers. Theoretische Ansätze, therapeutische und erziehungswissenschaftliche Aspekte sowie ein empirischer Bericht. Weinheim: Beltz, 1982
PAULUS, P. /OTTE, R.: Zur Erfassung der Zufriedenheit mit dem Aussehen des eigenen Körpers. in: Psychotherapie und Medizinische Psychologie, 29 (1979), 128-141
PLÜGGE, H.: Vom Spielraum des Leibes. Salzburg: Müller, 1970
PLUTCHIK, R. /WEINER, M.B. /CONTE, H.: Studies of body image. I: Body worries and body discomfort. in: Journal of Gerontology, 26 (1971), 344-350

POECK, K.: Über die Orientierung am eigenen Körper. in: Aktuelle Fragen der Psychiatrie und Neurologie, 2 (1965), 144-167
POECK, K. /ORGASS, B.: Über die Entwicklung des Körperschemas. Untersuchungen an gesunden, blinden und amputierten Kindern. in: Fortschritte der Neurologie und Psychiatrie, 32 (1964), 538-555
POECK, K. /ORGASS, B.: The concept of the body schema: A critical review and some experimental results. in: Cortex, 7 (1971), 254-277
PRELINGER, E.: Extension and structure of the self. in: Journal of Psychology, 47 (1959), 13-23
REUTER, U. /HÖCHER, G.: Schüler und Gesundheit. Verhalten, Einstellungen, Wissen. Stuttgart: Klett, 1977
ROHLAND, B.: Zur Ontogenese des Körperselbstbildes und des Körperfremdbildes im Vorschulalter: Untersuchung an drei- bis siebenjährigen Kindern. Dissertation, Pädagogische Hochschule Erfurt/Mühlhausen, 1980
ROSE, G. /ROSS, L.: Relationship of body image to selfconcept. in: Journal of Consulting and Clinical Psychology, 32 (1968), 100
ROSS, W.D. /HIRT, M. /KURTZ, R.: The fantasy of dirt and attitudes toward body products. in: Journal of Nervous and Mental Disease, 146 (1968), 303-309
RYCKMAN, R.M. /ROBBINS, M.A. /THORNTON, R. /CANTRELL, P.: Development and validation of a physical self-efficacy scale. in: Journal of Personality and Social Psychology, 42 (1982), 891-900
SCHACHTER, S. /SINGER, J.E.: Cognitive, social and physiological determinants of emotional state. in: Psychological Review, 69 (1962), 379-399
SCHANDRY, R.: Heartbeat perception and emotional experience. in: Psychophysiologie, 18 (1981), 483-488)
SCHILDER, P.: Das Körperschema. Ein Beitrag zur Lehre vom Bewußtsein des eigenen Körpers. Berlin: Springer, 1923
SCHILDER, P.: Das Körperbild und die Sozialpsychologie. in: Imago, 19 (1933), 367-376
SCHILDER, P.: The image and appearance of the human body (1935). New York: International Universities Press, 1950
SCHMIDT-ATZERT, L.: Emotionspsychologie. Stuttgart: Kohlhammer, 1981
SCHMIDT-ATZERT, L. /KUTSCHER, R. /REIZAMMER, J.: Körpersymptome bei semantisch ähnlichen und unähnlichen Symptomen. in: Zeitschrift für experimentelle und angewandte Psychologie, 30 (1983), 458-473
SCHNEEWIND, K.A.: Autonomes Handeln: Einige Anmerkungen zur Geschichte, Theorie und Empirie eines umstrittenen Konzepts. in: BITTNER, G. (Hrsg.): Personale Psychologie. Festschrift für L.J. Pongratz. Göttingen: Hogrefe, 1983, 135-151
SECORD, P.F. /JOURARD, S.M.: The appraisal of body-cathexis: Body cathexis and the self. in: Journal of Consulting Psychology, 17 (1953), 343-347
SECORD, P.F.: Objectification of word-association procedures by the use of homonyms: A measure of body cathexis. in: Journal of

Personality, 21 (1953), 479-495
SHIELDS, S.A. / STERN, R.M.: Emotion: The perception of bodily change. in: PLINER, P. / BLANKSTEIN, K.R. / SPIGEL, I.M. (Eds.): Perception of emotion in self and others. New York: Plenum Press, 1979, 85-106
SHONTZ, F.C.: Psychological and cognitive aspects of body experience. New York: Academic Press, 1969
SHONTZ, F.C.: Psychological aspects of physical illness and disability. New York: MacMillan, 1975
SOMMER, R.: Personal space. The behavioral basis of design. Engelwood Cliffs: Prentice Hall, 1967
STORY, M.D.: Factors associated with more positive body image self-concepts in preschool children. in: Journal of Social Psychology, 108 (1979), 49-56
TREIBER, N. / GROEBEN, N.: Handlungsforschung und epistemologisches Subjektmodell. in: Zeitschrift für Sozialisationsforschung und Erziehungssoziologie, 1 (1982), 117-138
WEINSTEIN, S. /SERSEN, E.A.: Phantoms in cases of congenital absence of limbs. in: Neurology, 11 (1961), 905-911
WEINSTEIN, S. /SERSEN, E.A. /FISHER, L. /VETTER, R.J.: Preference for bodily parts as a function of sex, age and socio-economic status. in: Amercian Journal of Psychology, 77 (1964), 291-294
WITKIN, H.A. / FATERSON, H.F. / GOODENOUGH, D.R. / KARP, S.A.: Psychological differentiation. 2. Aufl. New York: Harper, 1974
WYLIE, R.C.: The self-concept. Bd. 1: A review of methodological considerations and measuring instruments. Lincoln: University of Nebraska Press, 1974

Fragen

1. Inwieweit können Körpererfahrung und Selbsterfahrung gleichgesetzt werden?

2. Kennzeichnen Sie den persönlichkeitspsychologischen Ansatz der Erforschung der Körpererfahrung. Welche Aufgaben und Probleme ergeben sich?

3. Welche Ziele verfolgt die Selbsttheorie und welchen Beitrag leistet die Körpererfahrung dazu?

4. Welche Informationen aus der Körpererfahrung gehen in die Selbsttheorie ein?

5. Körperobjekt und Leibsubjekt: Welche unterschiedliche Beziehung zum Körper wird hierin sichtbar?

6. Wie kann die Selbsttheorie durch Bewegungserfahrungen günstig beeinflußt werden?

Aufgaben

Anmerkung:

Wenn möglich, vergleichen Sie die Ergebnisse der nachfolgenden Aufgaben mit denen anderer (z.B. Kurs- oder Seminarteilnehmer). Ein Ziel kann es dabei sein, herauszufinden, wie unterschiedlich Körper- und Selbsterfahrung bei jedem einzelnen geartet ist, wie verschieden sie in der jeweils inividuellen Selbsttheorie organisiert sind und welche Gründe hierfür maßgeblich sein können.

1. Stellen Sie Zusammenhänge zwischen Selbst- und Körpererfahrung her. Schreiben Sie hierzu zunächst die drei Aussagen, die Ihre Körpererfahrung/Ihren Körper am besten charakterisieren. Vergleichen Sie nun die beiden Listen: Haben die Aussagen über 'Körper' und 'Selbst' etwas miteinander zu tun, können Sie Beziehungen erkennen? Welche Gründe kann es dafür geben?

2. Worauf achten Sie bei Ihrem Körper, welche Regionen und Aspekte Ihres Körpers sind Ihnen wichtig? Schreiben Sie hierzu die für Sie zehn bedeutsamsten in einer Rangreihe auf. Was sagt diese Rangreihe über Sie selbst aus, welche Beziehung können Sie herstellen zu der umfassenderen 'Theorie', welche Sie von sich selbst haben?

3. Überlegen Sie bitte: Welche Ziele verfolgen Sie im Moment in Ihrem Leben, was möchten Sie erreichen, wer möchten Sie sein? Versuchen Sie herauszufinden, welche Rolle Ihr Körper dabei spielt: Welche Anforderungen werden dabei an ihn gestellt, was verlangen Sie ihm ab? Sind das realistische Anforderungen und Erwartungen an Ihren Körper?

4. Wozu ist der Mund da? "Zum Sprechen" - "Zum Essen"! Überlegen Sie sich zu diesen Antworten von Kindern: Wie können diese unterschiedlichen Bedeutungen mit der Sozialisation der Körpererfahrung der Kinder zusammenhängen? Wie würden Sie antworten?

5. Wenn Sie sich entscheiden müßten: Wie sollte Ihr Körper sein: Eher schön oder eher effektiv? Was ist Ihnen wichtiger? Überlegen Sie sich Ihre Antwort daraufhin, welche Funktionen Ihr Körper in Ihrer Selbsttheorie einnimmt.

Körper und Körpererfahrung in kulturhistorisch-gesellschaftlicher Sicht

Volker Rittner

1. Einführung

Zwischen Körper und Gesellschaft beziehungsweise Körper und Kultur existieren zahlreiche Zusammenhänge und Abhängigkeiten. Ein sozialer Faktor steckt gleichermaßen in Eß- und Trinkgewohnheiten, in der Gestik und in den historisch variierenden Formen körperlichen Arbeitens und Vergnügens wie in vielfältig unterschiedenen Körper- und Persönlichkeitsidealen. Der Körper ist Objekt sozialer und kultureller Zuschreibungen. Auch ästhetische Ideale und Anschauungen von Gesundheit, Krankheit und Natürlichkeit, speziell aber auch Emotionen und Affekte sind nicht frei von sozialer Determination. Formbar, auf Veränderungen sozialer Strukturen sensibel reagierend, ist der Körper soziales Produkt und ergibt sich eine Überformung der Physis. Wechselnde Normen und Werte, so wie sie in voneinander getrennten Kulturen und Epochen, aber auch in verschiedenen sozialen Schichten und Milieus maßgeblich sind, erscheinen immer auch als Faktoren der Körpermodellierung und als Prägeinstanzen unterschiedlicher Körperstile, Körpereinstellungen und Inanspruchnahmen der menschlichen Natur.

Der Körper ist demnach prinzipiell ein sozialer und kultureller Körper und damit Träger von Symbolen und Elementen der Gesellschaft. Ist man entsprechend aufmerksam für die soziale Dimension der Körperlichkeit, so läßt sich schnell erweisen, daß soziale Ordnungen Körper-Ordnungen sind, und daß die sozialen und kulturellen Systeme ihre Herrschaft mittels spezieller Regeln gerade auch in die Bereiche der Körperlichkeit erstrecken. Soziale Ordnung und Körper-Ordnung korrespondieren miteinander.

2. Literaturübersicht

Der von den Sozialwissenschaften lange Zeit vernachlässigte Sachverhalt der sozialen Determination der Körperverwendung ist mittlerweile Ausgangspunkt einer Reihe neuer Arbeiten, die die These von der sozialen und kulturellen Gebundenheit der Physis eindrucksvoll und materialreich stützen. Veränderungen der Affektstruktur im Zivilisationsprozeß des Abendlandes, Verschiebungen von Scham und Peinlichkeit, die Abwertung und Stigmatisierung körperlicher Arbeit und die Privilegierung intellektueller Fähigkeiten, aber auch die Variationen der Körperaufmerksamkeit im medizinischen, kulturellen und alltagspraktischen Handeln sind Gegenstand mehrerer Sammelbände und Monographien. Im Anschluß an die grundlegende Arbeit von ELIAS, "Über den Prozeß der Zivilisation" (1976, zuerst 1939), zeigen sie, daß die Formung des Körpers labyrinthische Möglichkeiten im Rahmen der Austauschprozesses von Individuum und Gesellschaft besitzt. Deutlich wird, wie wenig veränderungsfest die Körperlichkeit des Menschen ist. Mehr auf Beispiele der europäischen Kulturgeschichte abgestimmt sind die Publikationen von CORBIN (1984); IMHOF (1983); KAMPER & RITTNER (1976); KAMPER & WULF (1982; 1984); SCHIVELBUSCH (1983); THEWELEIT (1978); VOWINCKEL (1983); ZUR LIPPE (1974). Sehr einprägsame, buchstäblich exotische Belege finden sich in den Bänden von BENTHALL & POLHEMUS (1975); POLHEMUS (1978). Sehr instruktiv und mustergültig konzipiert ist die Arbeit von MANNING & FABREGA (1973). Einen mittlerweile nicht mehr aktuellen, gleichwohl unverzichtbaren Überblick über die Variationsbreite der Körpergebärden liefert die voluminöse Bibliographie von HAYNES (1957). Neben soziologisch und ethnographisch wichtigen Literaturhinweisen finden sich bislang kaum genutzte sprachwissenschaftliche, literaturgeschichtliche, juristische und magische wie arzneikundliche Quellen. Zur Bedeutung nonverbaler Kommunikation ziehe man ergänzend, was neuere Forschungsergebnisse betrifft, ARGYLE (1979) und SCHEFLEN (1976) heran.

In der Aufdeckung der Verquickung von Körper und Gesellschaft kommen insbesondere der französischen Soziologie und Ethnologie sowie Geschichtswissenschaft große Verdienste zu. Prolegomena zu einer Soziologie des Körpers gehen auf MAUSS (1975, zuerst 1935) zurück, einer Gründerfigur der französischen Humanwissenschaften des zwanzigsten Jahrhunderts. Ausgangspunkt seiner körpersoziologischen Sensibilität sind sowohl Beobachtungen über kulturspezifische Variationen der Gangarten wie auch Theorien und Hypothesen zur Verkörperung von Moralsystemen in einfachen Gesellschaftsformationen. Körper und Selbst sind in den Formen sozialer Identität noch kaum getrennt. Der Voodoo-Tod ist ein extremes Beispiel eines direkten Zusammenhanges von Körper, Gesellschaft und Psyche. Der physische Tod folgt ohne äußere Gewaltanwendung dem vorauslaufenden, durch Tabu- und Regelverletzungen bewirkten psychischen und sozialen Tod. Die geringe soziale Differenzierung der entsprechenden Lebenswelt reguliert die Vehemenz der Sanktion und die Widerstandslosigkeit des Subjektes mit allen seinen Eigenschaften (vgl. auch BILZ 1973).

Ein von BOLTANSKI (1976) vorgelegtes Konzept einer Soziologie des Körpers, mit dem zum ersten Mal ein theoretischer Bezugsrahmen für die Erfassung divergierender Körperphänomene vorgelegt wurde, ist von BOURDIEU (1982) weiterentwickelt worden.

Schicht- und Klassenunterschiede, aber auch divergierende Milieus machen sich danach in einem unterschiedlichen Habitus geltend. Er ist verantwortlich für abweichende ästhetische Ideale, für Unterschiede in den Geschmacksäußerungen, aber auch für systematische Unterschiede im Bereich der Sportpräferenzen, der Körperideale, der hygienischen Praktiken und des Eß- und Trinkverhaltens. An die soziale Struktur gebundene, die Inanspruchnahme des Körpers regulierende Wertorientierungen lassen sich als Verhaltenssysteme zusammenfassen. Sie gestalten unterschiedliche 'somatische Kulturen' (BOLTANSKI 1976; vgl. auch DOUGLAS 1974). Auch und gerade mit dem Körper grenzen sich die Individuen voneinander ab und demonstrieren ihre Zugehörigkeit zu divergierenden sozialen und kulturellen Bezugssystemen (vgl. auch BERGLER 1974; NEULOH & TEUTEBERG 1979).

Die Veränderbarkeit von Körpervorstellungen läßt sich besonders plastisch unter historischem Blickwinkel zeigen. Eine für die Geschichte der Mentalitäten und Institutionen seit je aufgeschlossene französische Geschichtswissenschaft, namentlich die Schule der 'Annales' (AESC), hat unabhängig von ELIAS viele ergänzende Beiträge zu dessen Arbeit geliefert. Als wichtigste Arbeiten einer Sozialgeschichte der Körpermodellierung seien, als Auswahl, die Arbeiten von BLOCH (1961); FEBVRE (1968) und LEGOFF (1960; 1983) genannt. Die Variierbarkeit des Verhältnisses von Körper und Gesellschaft zeigt sich in magischen Vorstellungen von Körperlichkeit und in für heutige Verhältnisse kaum noch nachvollziehbaren, überraschenden Hierarchien der Sinnesleistungen. Die skizzierten Arbeiten sind zugleich intellektueller Nährboden für zahlreiche Spezialmonographen, die die Veränderung der Körpereinstellungen mehr oder weniger direkt zum Thema haben. Zu nennen sind die Arbeiten von ARIES zur Geschichte der Kindheit (1975) und des Todes (1980), speziell auch die Arbeiten von FOUCAULT über die Geschichte der Klinik (1973) und die Geschichte des Strukturwandels in den gesellschaftlichen Erkenntnisformen (1971). Über den Prozeß der Zivilisation als einer Geschichte des Absterbens traditioneller Gesten informiert THUILLIER (1973).

Hinsichtlich der soziologischen Literatur ist ein Überblick kaum noch möglich. Einige exemplarische Beispiele mögen die Bandbreite der Forschung andeuten und die Fülle des allerdings sehr verstreuten Ergebnisstandes. Im systematischen Entwurf einer Theorie der Gesellschaft bei PARSONS (1974) gilt der Körper, im präzisen Sinne die Gefühlsdisposition, als Goldwährung sozialer Ordnungen und Systeme. Jede Gesellschaft muß danach, wie weit sie sich auch mit ihren sozialen Strukturen und Institutionen von dieser Basis entfernt, plausible, für die Individuen einsehbare Beziehungen zu ihr erschließen. Über das Konzept 'affect' erschließt sich im Zusammenspiel der Systeme von Kultur, Sozialordnung und Persönlichkeitssystem die individuelle Motivation der Mitglieder der Gesellschaft. Wird diese Korrespondenz verfehlt, so ergeben sich strukturelle Kri-

sen; die Sicherung aller Ordnung durch die Goldwährung des sozialen Systems ist nicht mehr gewährleistet. Unter dem Theorem "symbiotische Mechanismen" hat LUHMANN (1981; 1984, 337-341) diesen Gedanken weiter entwickelt. Die wesentlichen Strukturen und Codes der Gesellschaft lassen sich danach auf körperliche bzw. anthropologische Grundformen menschlicher Konstitution beziehen. Die kulturellen Systeme der Kunst, des Rechts, der Staatsführung und der Wirtschaft gehen - vielfach vermittelt - auf die Vermögen von physischer Gewalt, Wahrnehmung, Sexualität und Bedürfnisstruktur zurück und sind daran befestigt.
Ein Beitrag zur Theorie 'körperbetonter sozialer Systeme', die ihre spezifische Eigenständigkeit in komplexen Gesellschaften entwickeln, ist von RITTNER (1983) vorgelegt worden. In welch starkem Maß Veränderungen im sozialen Gefüge wechselnde Konzeptualisierungen von Körperlichkeit und Gefühlswelten bedingen, zeigt der Sonderband "Gruppe" der Kölner Zeitschrift für Soziologie und Sozialpsychologie (NEIDHARDT 1983). Veränderungen des Zusammenlebens in Gruppen, Initiativen, Wohngemeinschaften, Umstellungen im therapeutischen Sektor, Wandlungen auch in den zwischengeschlechtlichen Beziehungen, überhaupt eine wachsende Bedeutung des 'Prinzip Gruppe', sind Dokumente für das Zusammenspiel von Sozialstruktur, sozialer Identität und Körper- wie Ich-Erfahrung.

Wie unterschiedlich die Körperverwendung und die Inszenierung des Körpers in den Alltagssituationen erfolgt, und wie sehr dabei Körperhaltung, Mimik und soziale Situation aufeinander abgestimmt werden müssen, geht aus vielen Einzelanalysen der Schule des symbolischen Interaktionismus hervor. Aus einer Fülle von Arbeiten seien die Beiträge von COHEN & TAYLOR (1977); GOFFMANN (1973; 1974; 1975; 1981); GROSS & STONE (1976),; SCOTT & LYMANN (1976); TRUZZI (1968) herausgehoben. Teilweise überraschend, teilweise amüsant, in jedem Fall instruktiv für die Vielfalt der Inszenierungen der Körperlichkeit, zeigen sich enzyklopädische Möglichkeiten der Körperverwendung und Körperzuständigkeit. Wie gruppieren und organisieren sich das Gehen, Schlendern und Stehen auf Straßen, in öffentlichen Grünanlagen, Parks, auf Plätzen, Bahnhöfen und in öffentlichen Verkehrsmitteln? Mit den sozialen Anlässen und Räumen variieren Körperkontrolle, Körperausdruck und Selbstdarstellung. Bei einer Party, in einer Kneipe oder Bar, im Kaufhaus oder im Großraumbüro ergeben sich je unterschiedliche, auf das Milieu abgestimmte Körper-Choreographien. Der Körper spielt unterschiedliche Parts bei den Ritualen des sich Kennenlernens, Verabschiedens, im Rahmen freundlichen wie aggressiven Verhaltens. Wo vieles unausgesprochen bleibt, kommunizieren die Körper und werden die sozialen Situationen durch ihre Signale definiert. Immer dabei, durchaus eigenständig, d.h. nicht immer synchron mit der gesprochenen Sprache oder dem vom Individuum gewünschten Ausdruck, entfaltet die Körperlichkeit ihre eigene Struktur und bestimmt sie das Verhalten zumindest in einfachen, auf Kontakt und Unmittelbarkeit beruhenden Sozialsystemen (GESER 1980; LUHMANN 1972; MARKS 1977; SHOTT 1974; 1976).

An Vielfalt, empirischer Ergiebigkeit und Theorietradition werden die genannten Arbeiten zweifellos durch die Ergebnisse der mittlerweile äußerst fruchtbaren Medizinsoziologie übertroffen. Spezifische Zusammenhänge von Körper und Gesellschaft geben sich im Institutionskontext von Krankenhäusern zu erkennen, in der Definition der Kranken- wie Arztrolle, in den Kommunikationsmustern zwischen Arzt und Patient. Noch brisanter stellen sich die Probleme im Fall veränderter Ätiologien der Zivilsationkrankheiten, die in immer deutlicherem Ausmaß auf Überforderungen der Psyche und des Organismus zurückgehen. Eine spezielle Körpertheorie liegt mit dem sozialwissenschaftlichen Streß-Konzept vor, wobei dieser Begriff nicht zufällig als ein Signum der modernen Industriegesellschaften erscheint. Einführungen in die Medizinsoziologie und Sozialmedizin und einige Sammelbände informieren über die Forschungsperspektiven. Ergebnisse der skizzierten Forschungseinrichtungen bleiben, wenn man Zusammenhänge von Körper und Gesellschaft angemessen analysieren will, unverzichtbar (ANTONOVSKY 1980; BADURA 1981; DEMBROSKI & WEISS 1978; DOHRENWEND & DOHRENWEND 1974; RITTNER 1982; SCHAEFER

1982; SCHAEFER & HEINEMANN 1975; SCHMÄDEL 1975; SIEGRIST 1975; 1977; und VOIGT 1978).

3. Anthropologische Aspekte der Körperverwendung

Neben der Vielfalt eines sozialen Gebrauchs des Körpers sind auch die Ursachen für die Vielfalt erklärungsbedürftig. Wo liegen die Bedingungen für die Möglichkeit höchst unterschiedlicher Wahrnehmungen der Körperlichkeit? Einige Anhaltspunkte zur Beantwortung dieser Frage ergeben sich aus Theoremen der philosophischen Anthropologie, der Wissenschaft vom 'Wesen der Menschen'. Sie liefert Beurteilungskriterien für die Bedeutung sozialer Normen und Werte, ebenfalls für die Einschätzung von Organisationen und Institutionen als Faktoren und Rahmenbedingungen der Körpermodellierung.

Die anthropologische Struktur der 'exzentrischen Positionalität' (PLESSNER (1979), die den Menschen zu einem 'Sonderentwurf der Natur' macht, ist, wenn man so will, Triebfeder und treibender Faktor aller Bewegung. Die Variationen im körperbezogenen Handeln und die Vielfalt der Körpereinstellungen und der Körperbilder gehen auf eine strukturelle Eigenart menschlicher Verfaßtheit zurück. Exzentrisch heißt, daß Menschen im Unterschied zum Tier nicht aus dem vollen Plan der Natur existieren. Als erster 'Freigelassener der Natur' muß der Mensch sich selbst bestimmen, muß er sich seine Identität im Gattungsmaßstab selbst erarbeiten. Dieser in der Geschichte der Philosophie immer wieder auftauchende Gedanke, der im deutschen Idealismus eine besonders prägnante Gestalt erhielt, wurde in der philosophischen Anthropologie des 20. Jahrhunderts radikalisiert. Maßgeblich wurden dabei neben den Arbeiten von ROTHACKER (1964) und GEHLEN (1974) insbesondere die Konzepte von PLESSNER (1979).
In einer prinzipiellen Situation der Instabilität, in der die Verhaltenssicherheit erst erworben werden muß, wird die Identitäts- und Persönlichkeitsformung zu einem störbaren Balanceakt, der sich den verschiedenen sozialen Strukturen höchst unterschiedlich einspielt. Zu erfüllen sind einerseits die Ansprüche des Organismus, generell

die Bedürfnisse und Ansprüche des individuellen Selbst; zu erfüllen sind andererseits aber auch die Erwartungen, Werte und Normen der Umwelt. Erst in dem Maße, in dem dies befriedigend gelöst wird, entstehen die Konturen des Ich. Der Kompromißcharakter und die Balanceleistung von Identität sind demnach 'natürliche' Bedingungen der Identitätsbildung (MEAD 1969; KRAPPMANN 1969; STEINERT 1973).

Die von PLESSNER herausgearbeiteten Probleme der Identitätsbildung, die die konstitutive Bedeutung einer plastischen Bedürfnisstruktur (GEHLEN (1967) und die Bedeutung der Körperlichkeit in den Entwürfen von Identität herausstellen, sind in der Soziologie insbesondere von BERGER & LUCKMANN (1974), MEAD (1968, zuerst 1934) und SCHÜTZ (1974, zuerst 1932) ausgearbeitet worden. Bei MEAD repräsentiert die Kategorie des 'I' die Bedürfnisse des Organismus, gleichsam die vergetabilischen Elemente des Ich, das 'me' hingegen steht für die Ansprüche der Umwelt ein. GOFFMANN faßt den gleichen Sachverhalt mit den Kategorien 'persönliche Identität' und soziale Identität'. Ich-Identität ist danach die Fähigkeit, zwischen den beiden analytisch zu verstehenden Anspruchskulturen zu vermitteln. Die welterschließende kategoriale Bedeutung des Körpers, die als Ausgangspunkt und Koordinatensystem jeglicher menschlichen Fähigkeit und Aktivität gilt, ist von SCHÜTZ und der von ihm begründeten Schule der phänomenologischen Soziologie herausgestellt worden. Jede Analyse kultureller und sozialer Gebilde, speziell aber auch das Verstehen menschlichen Handelns, hat danach bei der Analyse der Körperlichkeit zu beginnen.

Die Variabilität der Körperverwendungen hat ihre Ursachen in der konstitutiven Instabilität der menschlichen Natur. Vor diesem Hintergrund wird auch die Bedeutung jeglicher Sozialisation, gleichgültig in welcher Gesellschaft sie erfolgt, nachvollziehbar. Bezogen auf die Instabilität vermittelt sie Verhaltenssicherheit aus zweiter Hand, so wie sie für jedes menschliches Handeln unverzichtbar ist. Der Begriff der zweiten 'soziokulturellen Geburt' (CLAESSENS (1967) macht dabei in plastischer Weise deutlich, daß auf die erste, wenn man so will, 'natürliche' oder biologische Geburt eine soziale und kulturelle Geburt in das jeweilige Sozialsystem hinein zu folgen hat. Handlungsfähigkeit, Handlungskompetenz, Rollensicherheit und Identität müssen erworben und sozial konstruiert werden. Mit dem Umstand ergibt sich zugleich die Möglichkeit von Selektion und Variation. Wenn Verhaltenssicherheit selbst auch unverzichtbar ist, so können doch der Weg und die Lösungsmöglichkeiten höchst unterschiedlich ausfallen. Mit den Variationsmöglichkeiten variiert die Inanspruchnahme des Körpers in symbolischer, psychischer, sozialer und physiologischer Hinsicht.

Die skizzierten Umstände machen auch deutlich, weshalb es keine im strengeren Sinne 'Natürlichkeit' des Menschen gibt. In dem Maße, in dem alle Handlungen, das Denken und Fühlen von kulturellen und sozialen Faktoren durchsetzt sind, kann es auch kein natürliches Empfinden und keine von Natur gegebenen invarianten Eigenschaften geben. Alles menschliche Handeln ist demnach 'zweite Natur'. Selbst das Empfinden von Natürlichkeit ist noch kulturelles Produkt, so wie es beispielsweise in Formen körperlicher Betätigung, im Sport oder in therapeutischen Schulen angezielt wird. Weit entfernt davon, biologisch natürlich zu sein, erfaßt es die als Entlastung empfundene Wahrnehmung geringerer sozialer und kultureller Komplexität. Das Natürlichkeitserlebnis ist eine wertende Interpretation des Differenzgefälles.

4. Historische Prozesse der Körperdistanzierung

Die Modellierung des Körpers, die vielfältigen Varianten seiner Formung und Inanspruchnahme erschlißen sich insbesondere im historischen Vergleich. Im Sinne einer Geschichte des Körpers (KAMPER & RITTNER 1976), die primär eine Geschichte der Körperdistanzierung ist, lassen sich viele aktuelle Probleme verstehen und einordnen, die sich nicht zufällig körperlich artikulieren: als psychosomatische Krankheiten, als Befindlichkeitsstörungen und Identitätsprobleme. Ihre Wurzeln sind in gesellschaftlichen Prozessen zu suchen, die einerseits eine zunehmende

Natur- und Umweltbeherrschung gewährleisten und andererseits zahlreiche psychische und soziale Kosten des Fortschrittes bedingen. Mit einer Geschichte des Körpers, die für diese Probleme sensibel ist, läßt sich eine Naturgeschichte der komplexen Gesellschaft, der modernen Identitätsbildung und der Probleme der in ihr lebenden Menschen schreiben.

Wie sehr Identitätsbildung, Körperaneignung, körperliches Empfinden, Identitätsentwurf und Handlungsstruktur miteinander verwoben sind, und wie sehr Änderungen in einem Teilbereich zu Veränderungen des Gesamtgeflechts führen, hat ELIAS herausgestellt. Die abendländische Geschichte, die als Prozeß der Zivilisation erscheint, erweist sich als Körperformungs-Geschichte. Ein vormals funktionaler, mit allen Eigenschaften im Zentrum stehender Körper wird in immer stärker und nachdrücklicher arbeitenden Rationalitätsschüben zunehmend zurückgedrängt. Neu sich herausbildende Manierenschriften, Normen und Werte, auch veränderte Persönlichkeitsideale bewirken diese Umstellung und sind selbst Ausdck dieses Vorganges (vgl. auch HORKHEIMER & ADORNO 1971).

In den von ELIAS zusammengestellten Zitaten aus Manierenschriften des Mittelalters und der Renaissance kommen das Zögern, die Mühseligikeit und eine gewisse Navität der beginnenden, die Neuzeit begründenden Körperdistanzierung zum Ausdruck (ELIAS 1976, 110ff). Die für eine sehr kleine Minderheit, Teile des Adels, gedachten Empfehlungen deuten indirekt das Gegenteil eines angestrebten gesitteten Essens und Trinkens an und zeigen, daß die Distanzierung und Beherrschung des Körpers eine Erziehung einzelner Organe und Sinne ist, ein Training zur Distanzierung des physiologisch Ursprünglichen. Erzogen werden Hände und Füße, der Mund, die Lippen, Augen wie Zunge, das Ensemble der Triebe und Affekte. Die Geschichte von Messer und Gabel, von Schnupftüchern und Taschentüchern, die nach und nach eingeführt werden und zunächst als Sensationen und Luxusgüter gelten und von den oberen Schichten nur allmählich nach unten sinken, dokumentiert die systematische und methodische Disziplinierung der Organe. Sie wird vollzogen mit Werkzeugen, die sich zwischen Antrieb und Handlung, zwischen das

Selbst und den Körper, damit buchstäblich zwischen Hände und Zähne schieben. Mühsam, quälerisch, gleichsam unnatürlich erscheint die Zurücksetzung der Körperlichkeit, weil sie in einer körper-betonenden Agrargesellschaft erfolgt, in der nur eine sehr kleine Elite, die Kleriker, lesen und schreiben kann. Wichtiger als Abstraktionsfähigkeiten sind Affekte und prompte Reflexe. Von der Robustheit des Körpers, der Schnelligkeit der Reaktionen und den Fähigkeiten der physischen Verteidigung hängt das pure Überleben ab, das Bestehen vor Hungersnöten, Seuchen und Attacken der Natur und menschlichen Feinden. Was sich in den Existenzkämpfen an vielen Orten ständig zu bewähren hat und zu Eigenschaften der Person wurde, kann am Tisch nicht ohne weiteres abgestreift werden. Gleichwohl, bei allen natürlichen Hemmungsfaktoren sind die Körperdistanzierung und der Aufbau neuer dadurch bewirkter psychischer und intellektueller Leistungen nicht mehr aufzuhalten. Es beginnt ein folgenreicher Prozeß der Natur- wie Bedürfnisbeherrschung, der die westlichen Kulturen von allen anderen bekannten historischen Gesellschaften zunehmend unterscheidet.

4.1. Neue Persönlichkeits-Ideale und Sozialfiguren

> Eine wichtige Etappe in der Geschichte des Körpers und einen Triumpf der Körperdistanzierung stellen die aufkommenden neuen Persönlichkeits-Ideale und Sozialfiguren dar, die ihre Prägnanz und Macht aus Graden der gelungenen Körperdistanzierung erhalten. Sie sind Ausdruck der Durchsetzung veränderter gesellschaftlicher Prinzipien und Merkmal einer Neuabstimmung von Körper und Gesellschaft.

Schon im Mittelalter ist es der Fernhandelskaufmann, der inmitten konkreter Körper- und Affektwelten Kapital aus der Modellierung der Bedürfnisse und ihren Aufschub zieht (LE GOFF 1960). Indem er kalkuliert und in die Zukunft investiert, damit von der Gegenwart und dem eigenen Körper und dem Glück unmittelbarer Bedürfniserfüllung abstrahiert und eine neue Körper-Ordnung und Körper-Logik entwickelt, sichert er sich Profit und gesellschaftliche Macht. Der Verzicht auf unmittelbaren Konsum und die Kalkulation des Konsums anderer über größere Zeitperioden, weiterhin Fähigkeiten der Planung, des Rechnens und der Langsicht, wie sie für die Berechnung von Schiffsfrachten, Lagerzeiten und die Beschäftigung von Mitarbeitern nötig sind, - d.h. die Kombination verschiedener, der alten Körper-Ordnung abgerungener Abstraktionsleistungen - werden zu einem weltverändernden Faktor. Entdeckt und sozialgeschichtlich in Geltung gesetzt sind die strukturellen Momente des leistungssteigernden Aufschubs von Bedürfnissen, die Muster des 'deferred gratification pattern', wie sie später von der Soziologie als zentrales Moment moderner Rationalität entdeckt werden. In anderer Weise werden die Affekte und Spontaneität in der Sozialfigur des Höflings gezähmt und domestiziert (ELIAS 1969). Er verdankt, ebenfalls in unterschiedlichen Varianten auftretend, seine Typik dem Zurückdrängen des Körpers, der Dämpfung der Triebe, dem Kalkulieren von Gesten, dem Preziosentum der kleinen Finger, dem gezierten Sprechen und Sitzen, dem Knien und dem verhaltenen Atmen. Der Höfling als gehobener Diener, der um des gesellschaftlichen Erfolges willen seine Triebe zähmt, macht sich den eigenen Körper zum Diener. Noch in der sprichwörtlichen, witzblattnotorischen Stoik des englischen Butlers klingt das Prinzip der berufsgewordenen Körper- und Affektdistanzierung an.

Sozialgeschichtlich wichtiger und bedeutsamer ist allerdings die Karriere des Kaufmanns, der bald in Verbindung mit Wissenschaftlern, Technikern und Ingenieuren den Triumpf der Kopfarbeit über die körperliche Arbeit einleitet und damit den Aufstieg des Bürgertums gegenüber der körperverhafteten Feudalwelt. Der Untergang der Sphäre der Körpertaten und der Normen körperlicher Stärke der alten Welt ergibt sich in dem Maße, wie die mittelalterlichen Städte immer mächtiger werden und wie das Geld, d.h. eine Abstraktion von den unmittelbaren Körpern der Menschen wie der Dinge, zum umfassenden Prinzip der Gesellschaft wird. Mit diesem Prozeß korrespondiert das Anachronistischwerden alter Persönlichkeits-Ideale und Strukturen und der Umstand, daß körperliche Arbeit rückständig wird und einen Makel erhält. Sie wird zum Signum der Unterschicht.

Charakteristisch ist, daß die Distanzierung und Ablehnung in Kategorien der Anrüchtigkeit und des leichten Ekels geschieht; die anderen, so zunächst die Bauern, dann die Arbeiter, die gegenüber den Städtern und Kopfarbeitern zurückbleiben, das sind die körperlich Ungeschlachten, die schlecht Riechenden, die Ungehobelten, gleichsam die Barbaren und modernen Kentauren.

4.2. Neue Zeitstrukturen und die Trennung von Körper und Selbst

In einer imaginären Enzyklopädie alter und neuer, aktueller und repräsentativer Körperakte wären Ab- wie Zugänge zu verzeichnen, vor allen Dingen ein durch die Beschleunigung des sozialen Wandels immer schnellerer Umschlag körperlicher Fertigkeiten und Praktiken. So nichtig und alltäglich das Anreißen eines Streichholzes, das Anknipsen des elektrischen Lichtes, das Andrehen des Gashahnes, der Druck auf das Gaspedal sind - für eine sich den wechselnden Beziehungen von Körper und Gesellschaft widmende Geschichte des Körpers sind diese Vorgänge in ihrer Kürze und Lakonie bezeichnend. Mit einem Minimum an Aufwand, in Sekundenbruchteilen, gleichsam mit Miniaturhandlungen, wird ein Maximum an Effekt erreicht, werden aufwendige Handlungs-Sequenzen der Vergangenheit durch die Innovationen des Knipsens, Reißens, Drückens, Drehens, und damit verbundene Zeitstrukturen der Momenthaftigkeit, Punktualität wie Explosivität verabschiedet. Im Auflodern der Flamme des Streichholzes oder Feuerzeuges versinken, wenn man so will, ehwürdige Traditionen des Funkenschlagens aus Steinen, des Holz- und Rindesammelns, des Trocknens, Lagerns, die Prozeduren und Geheimnisse des dauerhaften Bewahrens und Pflegens der Flamme.

Daß neue Sinnes-Hierarchien mit der Körperdistanzierung verbunden sind und veränderte Person-Umwelt-Verhältnisse zu koordinieren sind, daß die Sinne schließlich anders arbeiten, anders trainiert und koordiniert sind, zeigt das schlichte und alltägliche Beispiel eines Einkaufs im Supermarkt. Er ist das Ergebnis einer rigorosen Einsparung zeitverbrauchender Körper- und Handlungsakte, Resultat eines voraussetzungsvollen, gigantischen kulturellen und sozialgeschichtlichen Sparaktes. Was vorher ertastet, aufgespürt, gerochen, gefühlt, gesammelt, ausgelesen, angefaßt, gedrückt wurde, ist berührungsfrei in neutralisierenden bunten Verpackungen zusammengedrängt. Nur das Auge wird mit bunten Bildern befriedigt und zu höheren Leistungen angetrieben, es muß die ursprüngliche Synästhesie der Sinnesleistungen und die Polyphonie der Empfindungen mittels Vorstellung und Phantasie wettmachen. Tatsächlich lassen sich auch in diesem Fall sozialgeschichtliche Wurzeln einer Verschiebung der Sinnesleistungen und das Entstehen neuer Sinnes- Hierarchien nachweisen; so steht die Karriere des Augensinnes als des intellektuellen und saubersten Sinne in Beziehung zur Differenzierung der Gesellschaft und dem Aufstieg abstrakter Tauschmedien und neuer Persönlichkeits-Ideale (SIMMEL 1957).

Als wichtigstes Ergebnis der Distanzierung des Körpers, so wie sie die abendländische Geschichte prägt, erscheint die Fähigkeit, den Körper vom Ich zu trennen, die analytische Fähigkeit der Differenzierung von Körper und Selbst, der Umstand, daß man für diesen Vorgang Begriffe, Kategorien, Rechtfertigungen und Gefühle findet. Was außen mittels Messer und Gabel und Maschinen geschieht, passiert im Inneren mit der Psyche. In Gang gesetzt wird die Modellierung der Identität, die folgenschwere Entstehung europäischer und westlicher Identität aus Graden der Körperbeherrschung. Die Gefühle von Scham und Peinlichkeit, die sich primär auf den unbeherrschten Körper richten und deren Schwellen nach den Analysen ELIAS immer schärfer konturiert werden, sind Begleitphänomen; sie quittieren das psychische Kunststück, daß man das Allernächste zum Fremden machen kann, daß man im Namen der ihre Konturen entfaltenden Seele alte Koinzidenzen und Vertrautheiten aufkündigt.

5. Der Körper in der komplexen Gesellschaft

In komplexen Gesellschaften ist die Distanzierung des Körpers maximal fortgeschritten. Die Verdrängung des Körpers aus den Interaktionen, die Entfunktionalisierung seiner Eigenschaften, damit aber auch die Entkonkretisierung der Lebensverhältnisse findet ihren Ausdruck nicht zufällig in den Bezeichnungen "abstrakte Gesellschaft", "anonyme Gesellschaft" und in vielen Entfremdungstheorien.

Auch zunehmende Klagen über die Körperfeindlichkeit, speziell dann aber auch Renaissancen der Körperaufmerksamkeit, zeigen, daß die Probleme kollektiv empfunden werden. Der Sachverhalt, daß im Rahmen des modernen Rollenhandelns Formen der Selbstbeherrschung selbstverständlich geworden sind, die eigentlich Tugenden der Körperbeherrschung sind, zeugt von den Folgen der Geschichte der Körperdistanzierung in den Gefühlen und Verhaltensweisen. Man muß 'sich beherrschen', 'an sich halten', 'sich zusammenreißen', darf sich 'nicht gehen lassen' etc.
Modern ist die Sorge, daß man durch den Körper verraten und hintergangen werden könnten, daß sich über ihn als Einfallstor vielfältige Krankheiten ergeben. Die Analysen der Vertreter des symbolischen Interaktionismus liefern viele Belege. Gerade in prekären Situationen, in denen es auf Selbstbeherrschung ankommt, zittert die Stimme und macht den gewünschten Eindruck zuschanden. Häufig genug gelingt es nicht, Körper und Selbst im Ausdruck zu synchronisieren; man errötet und fühlt sich ertappt, wobei der Körper in eigenwilliger eigener Sprache - in Körpersprache - das Ich lügen straft. Tödliche Verlegenheit mag die Folge sein.

Mit der Phänomenologie peinlicher, durch den Körper besorgter Überraschungen hängen Befunde der empirischen Sozialforschung zusammen, die zeigen, daß die in der komplexen Gesellschaft lebenden Individuen im Körper den Urheber von vielerlei Mißgeschick sehen, einen Störenfried, vor dem man auf der Hut sein muß (SCOTT & LYMAN 1976). Von Peinlichkeiten, Kontrollambitionen und Gefühlsunterdrückungen als mehr oder minder banalen und selbstverständlichen Gewohnheiten führt der Weg zu veränderten Typen der Belastung.

5.1. Alltagswelt und Körperunterdrückung

Wie sehr die Prinzipien des Zivilisationsprozesses auch die Gegenwart gestalten, zeigen GOFFMANS ethnographische Streifzüge in der Alltagskultur der Gegenwart. Sie ist exotisch genug. Das, was distanziert wird, ist das Fremde, zugleich latent Bedrohliche, das sich immer wieder in eigensinniger Weise bemerkbar macht und nur schwierig unter Kontrolle zu halten ist. Der Körpergeruch, Achselschweiß, Haare im Waschbecken eines hygienisch bemühten Vorgängers, der gelegentlich unliebsame Zwang zur Benutzung vielleicht noch warmer Klobrillen, die Abdrücke von Zähnen in der Butter eines liegengelassenen Brötchens, mit dem man unfreiwillig konfrontiert wird, Schuppen auf dem Nacken des Nachbarn sind, so GOFFMAN, neuzeitliche Ekel-Beispiele und Idiosynkrasien. Auf allgemeine Leistungen der Körperdistanzierung und Körperentfremdung zurückgehend, terrorisieren sie das empfindlich gewordene Bewußtsein, das allzuleicht aus dem Gleichgewicht gerät. Das scheinbar natürliche Empfinden, die mehr oder minder ausgeprägten Schwindel des physiologisch getönten Ekels sind, dies wird deutlich, ein sozialgeschichtliches und kulturelles Produkt. Die menschliche Natur ist zweite Natur. Die Geschichte der Körperdistanzierung sitzt demnach mit ihren Auswirkungen in den Körpern, in den Gefühlen, in der Empfindlichkeit wie im Gedächtnis der Menschen. Der Einsatz von Deo- und Intimsprays, Wasch-, Schuppen- und Putzmitteln korrespondiert damit; mit ihnen werden, was nur noch als schwacher Widerhall archaischer Jagden erscheint, Hautoberflächen, Schleimhäute und Körperöffnungen kontrolliert, Pickel, Schuppen und Gerüche aufgespürt und nach Möglichkeit zur Strecke gebracht. Eine nicht übersehbare Vielzahl von Verklemmungen, Irritationen, unerschöpfliche Varianten der Nervosität und Tricks sind Ausdruck davon, daß die modernen Individuen auch nach einem Siegeszug der Körperdistanzierung mit dem Fremdgemachten - mit dem eigenen Körper - kooperieren und Allianzen eingehen müssen. Auch nach den heroischen Epochen des Abdrängens des Körpers aus dem Zentrum des Geschens muß in jeder Biographie der Körper aufs Neue auf Distanz gebracht werden, vom Babyalter an in immer stärkerem Zugriff, wobei die Erfolge des Sauberkeitstrainings in der primären Sozialisation, das schultütenbelohnte Stillsitzen der Erstklässler in der Schule und das geduldige Verharren der Berufstätigen an bewegungs- und reizarmen Arbeitsplätzen schwer erkämpfte, immer auch bedrohte Teilerfolge auf dem Wege zur individuellen Körpermodellierung und der Pazifierung der Symptome und Bewegungsbedürfnisse sind. Der Sachverhalt, daß der Sozialisationsprozeß, d.h. die Einführung eines Menschen in die Gesellschaft, immer mehr Zeit in Anspruch nimmt, und daß sich die Schul- und Ausbildungszeiten immer mehr in die Länge gezogen haben, zeigt zugleich, daß die Identitätsbildung in der Sphäre neuer Körper-Selbst-Verhältnisse komplizierter und störanfälliger geworden ist (DREITZEL 1968; LEPENIES 1969; SENNETT 1983).

5.2. Psychische und soziale Kosten der Körperunterdrückung

Makrosoziologische Befunde, die die Probleme auf der konkreten Verhaltensebene aufgreifen, spiegeln die allgemeine Situation prekärer Verhältnisse von Körper und Selbst wider. So wie es auf der Ebene individuellen Handelns Probleme zwischen Körper und Selbst gibt, so existieren auf der Ebene der Identität komplexer Gesellschaften strukturelle Gleichgewichtsprobleme. Im Phänomen einer ständig expandierenden Sozialpolitik, speziell aber auch in dem eines immer höhere Kosten verursachenden Gesundheitssektors kommen die psychischen, sozialen wie materiellen Kosten der Körperunterdrückung und der erschwerten Identitätsbildung zum Tragen. Mit ihnen sind auch, bei aller Plastizität und Formbarkeit der menschlichen Struktur, zugleich Grenzen der Formbarkeit des Organismus und der Modellierung des Körpers im Rahmen wechselnder Identitätsentwürfe bezeichnet. Offenbar ist der Körper nicht beliebig belastbar.

Die Überforderung der Individuen zeichnet sich insbesondere dann ab, wenn man die Bedingungen eines veränderten Krankheitspanoramas analysiert. Wie schwierig und störungsanfällig die Konstruktion von Identität ist, und wie sehr dabei der Körper überfordert werden kann, geht aus dem Umstand hervor, daß bei den durch Krankheit bedingten Haupttodesursachen Streß eine wesentliche Rolle spielt. Dies ist der Fall insbesondere bei den koronaren Herzkrankheiten, dies gilt aber auch für viele Formen bösartiger Tumore, erst recht für die psycho-somatischen Leiden und Beschwerden, die die Ursachen bereits im Namen der darauf spezialisierten medizinischen Fachrichtung tragen (ANTONOVSKY 1980; DEMBROSKI & WEISS 1978; SCHAEFER 1976, 1982; WALTZ 1981).

5.3. Formen der Körperaufwertung und einer Renaissance des Körpers

Will man dem Schicksal des Körpers in der Gesellschaft gerecht werden, so müssen auch vielfältige zeitgenössische Formen der Körperaufwertung und Körperthematisierung benannt werden. Es sind Formen der Authentizitätssuche, im Rahmen derer der Körper neu entdeckt und Körpererfahrungen kultiviert werden. Eine ständig anwachsende Zahl der Sportaktivitäten, ganz generell eine massive Verkörperlichung des Freizeithandelns, aber auch veränderte, die Funktionstüchtigkeit des Körpers hervorhebende Erscheinungsideale sind allem Anschein nach mehr als eine leicht vergängliche Mode oder vorübergehende Konjunktur. Fitness- und Sportstudios schießen wie Pilze aus der Erde; weltweit findet sich in den Industrieländern eine success-story der physischen Betätigungen, eine Erfolgsgeschichte der organisierten wie unorganisierten Sportaktivitäten, ein Boom auch der Freizeit- und Sportartikelindustrie (PALM 1976). Sowohl im therapeutischen Sektor wie auch im Kanon der tradierten Sportarten lassen sich ständig neue Innovationen feststellen. Derlei Befunde zeigen die strukturelle Bedeutung der Veränderungen. Die Wucht der Nachfrage und die Lebhaftigkeit der Sinnsuche und Authentizitätsbeschwörung äußern sich darin, daß mit den Innovationen tradierte Denkmuster außer Kraft gesetzt oder ausgehöhlt werden, und daß die alten Monopole der Deutung körperlicher Betätigung verblassen. So sorgt ein verändertes Gesundheitsbewußtsein für große Anpassungsprobleme beispielsweise der Sportvereine, die zum einen die Form von Dienstleistungsbetrieben annehmen (SCHLAGENHAUF 1977; TIMM 1979), eine Explosion der Mitgliederzahlen erleben und zugleich durch eine Begriffsänderung dessen, was als 'Sport' erscheint, vor große Identitätsprobleme gestellt werden. Surfen, Jogging, Drachenfliegen, erst recht die wilderness-Sportarten und Aerobic zeigen deutlich anti-institutionelle Merkmale und eine Emanzipation von alten Rechtfertigungsformeln des Sports. Gleiches gilt für den Freizeitsport, der die alten Leistungsvorstellungen distanziert und sich auf Kosten der alten Sport-Modelle durchsetzt und breitmacht. Maßgeblich sind allem Anschein nach neue Vorstellungen von Authentizität, Natürlichkeit und individueller Leistungsfähigkeit. Die Vehemenz einer Suche nach Authentizität zeigt sich nicht zuletzt darin, daß sie sich in den Zentren der Körperdisziplinierung und an den Stätten der Abstraktion ergibt. Als nicht geringes Symptom mag erscheinen, daß die immer beliebter gewordenen Stadt-Marathonläufe die Innenstädte der Metropolen zumindest temporär blockieren, und daß unter dem Beifall großer Zuschauermengen die Pfade der Autos durch Beine und Trikots für kurze Zeit okkupiert sind. Eine andere Form des Beschwichtigens von Dissonanzen ergibt sich beim alltäglichen Einkaufen von Lebensmitteln und im Rahmen neuer Dialoge zwischen Kunde und Ware. Innerhalb sehr kurzer Zeit haben sich, auch das ist eine Massenbewegung, beim Konsum neue Hierarchien der Natürlichkeit und Verdienstlichkeit gebildet. Das von Konservierungsmitteln freie Vollkornbrot ist mit einer Reihe anderer ähnlich 'verdienstvoller' Lebensmittel in der Gunst nach oben geklettert; ungespritztes Obst und Gemüse distanzieren die gespritzten Artgenossen und sind gleichfalls in der Existenz wie im Begehrtwerden Ausdruck neuer Diskurse der Natürlichkeit (BOLTANSKI 1970; BOURDIEU 1982, 288-354).

5.4. Authentizität und Körpererfahrung

Bei allen Unterschieden und Diskrepanzen besitzen die skizzierten Phänomene einige Gemeinsamkeiten. In der Sorge um die Natur und in der Angst vor einer Beeinträchtigung der Gesundheit sind sie Ausdruck kollektiver Ängste und Irritationen und zugleich deren Bewältigungsversuch. Gemeinsam sind ihnen, ob direkt oder indirekt, die Suche nach Authentizität und Selbstübereinstimmung und das

Leiden und die Kritik an der abstrakten Gesellschaft. Reflektiert man die sozialstrukturellen Voraussetzungen und Bedingungen der modernen Identitätsbildung, so ergibt sich eine Pointe; nicht mehr die Distanzierung des Körpers ist identitätsstiftend, sondern seine Beschwörung und Thematisierung. Der Diskurs über den Körper wird wichtiger als der Diskurs über die Seele - zumindest in den Sphären der Freizeit.

Bei Analyse der kollektiven Formen einer verstärkten und neuen Authentizitätssuche in der Gegenwart fallen eine Reihe von Besonderheiten auf. Neben spektakulären Formen der Sinnsuche finden sich verschwiegene und stille Varianten. Die von ihnen ausgehenden allgemeinen Umwälzungen sind massiver, als es manche Programmatik der Umweltzerstörung formuliert. Neben Rückgriffen auf ROUSSEAU, auf immer wiederkehrende Träume von schlichten Landleben und SchäferIdyllen und der Aufnahme von Motiven der Jugendbewegung finden sich Weiterentwicklungen, Komprimate und Dramatisierungen. Eine Renaissance des Körpers ergibt sich in allen Fällen; der Schweiß wird gleichsam rehabilitiert, mit ihm die Emotionen und ein Vokabular veränderter körperlicher Empfindlichkeit und Begeisterungsfreude. So verweisen neue Pathosformeln, wie sie in den Taten von Umweltschützern wie der Greenpeace-Organisation anklingen, auf veränderte Zusammenhänge von Natur, Körper und Technik, darauf, daß die in der Geistes- und Ideengeschichte transportierte Flucht in ein Arkadien nicht mehr möglich ist und sich ein entsprechendes Problembewußtsein ausgebildet hat. Allem Anschein nach korrespondiert damit ein umso radikalerer Rückgriff auf den Körper, eine vor dem Horizont der älteren Zurückzur-Natur-Bewegungen nahezu hemmungslose, direkte und wilde Bemächtigung dieses allernächsten Stückes Natur des Menschen.

In keiner anderen Periode der Neuzeit erfolgte die Darstellung und Freilegung des Körpers so radikal wie in der Gegenwart. Daß dies Funktion hat und die Beschwörung der eigenen Kreatürlichkeit mehr als eine zivilisatorische Lust und Laune oder Eskapade ist, gilt vor dem Hintergrund der skizzierten Probleme des veränderten Krankheitspanoramas und des Identitätsumbaus in mehrfacher Hinsicht (MOSS 1973; SCHAEFER 1976; WALTZ 1981).

5.5. Gesundheit und Fitness als Lebensstilelemente

Das Attribut 'sportlich', nicht selten die Hobbies Skilauf, Wandern, Surfen, Joggen, tauchen immer häufiger in Heiratsanzeigen auf. Das banale Indiz deutet auf eine Karriere sportlicher Tugenden sowie auf die Durchsetzung neuer ästhetischer und erotischer Ideale und, in Kombination damit, veränderter Freizeittugenden. Was sich durch Inhaltsanalysen der Annoncen erschließt, findet seine Bestätigung in zahlreichen anderen Symptomen einer Veränderung der Körper- und Persönlichkeits-Ideale. Manches spricht dafür, daß anders gesehen und gefühlt wird, daß, gleichsam als eine Art anthropologischer Umorientierung, auch anders empfunden und wahrgenommen wird.

Charakteristisch ist, daß die neuen sozialen Bewegungen ihren Ausgangspunkt in anthropologischen Kategorien der Betroffenheit haben und sich entsprechend darstellen (BADURA 1981; ZUR LIPPE 1978). Mit einem gesteigerten Interesse an natürlichen, einfachen und überschaubaren Lebensformen korrespondiert die gesteigerte Aufmerksamkeit hinsichtlich des eigenen Körpers als der inneren Natur und ein entsprechend differenziertes Selbstbeschreibungs-Vokabular.

Insbesondere in Bereichen der 'alternativen Szene' findet sich ein experimenteller, neue Zugänge zum Körper schaffender Lebensstil, der sich auch in Bereichen der Jugendkultur zeigt (HALLER 1982; JUGENDWERK DER DEUTSCHEN SHELL 1981). Gleichzeitig läßt sich eine Veränderung des Begriffes Gesundheit beobachten. Gesundheit ist danach nicht nur die schlichte Abwesenheit von Krankheit, also die Negation eines Negativen; sie beinhaltet vielmehr die Fähigkeit des Individuums zur maximalen und genußfreudigen Aneignung aller irdischen Güter, eine Kraft zum Glück, eine Potenz im erotischen wie sozialen Bereich, die Fähigkeit zum Vergnügen. Umgekehrt verkümmert der Begriff Krankheit, auch wenn die Subjekte mehr denn je von ihr bedroht werden. Als Restbegriff, als Schmälerung, bleibt er eher blaß und entfaltet bei weitem nicht die Bedeutungsfülle seines Gegenspielers. Daß in den Interaktionssystemen der abstrakten Gesellschaft zum individuellen Glück eine gesunde Motorik, Kondition gleichsam, allemal aber psycho-physisch definierte Eigenschaften gehören, zeigt sich nicht zuletzt an der Karriere des Begriffes Fitness. Er reagiert, will man ihn systematisch einordnen, auf die Belastungen der Industriegesellschaft; mit Fitness wappnet man sich gegen Streß, ist man gerüstet und kommt dabei auch noch locker und entspannt auf seine Kosten. In einen gleichen Zusammenhang des Umbaus des Lebensgefühls und des Erwerbs neuer Techniken der Selbstbehauptung gehört die Aufwertung und Verselbständigung des Spaß-Motivs (MRAZEK 1984).

Es muß nicht mehr, so wie es lange Zeit notwendig war, durch höhere Ziele und Zwecke gerechtfertigt werden. Auch in diesem Fall erschließt sich der Vorgang nur im Kontext der veränderten, reizarmen, Bindungen erschwerenden sozialen Strukturen. Die Fähigkeit, Befriedigung zu finden und mit sich selbst in Einklang zu bleiben, erscheint als Leistung und ist als solche legitimiert.

> Die Subjektivierung der Lebensverhältnisse und der Umbau des Leistungsmotivs sowie eine körperbezogene Aufmerksamkeit gestalten eine neue Wert-Ordnung. Physische Tugenden, überhaupt Fähigkeiten zur geschmeidigen Körperpräsentation werden für die individuelle Selbstdarstellung nahezu unabdingbar. Die Karriere von 'Fitness' und 'Spaß' und die neu evozierten Dialoge mit dem Körper sowie die Individualisierung des Selbsterlebens ordnen sich in einen allgemeinen Umbau der Selbstdarstellungs-Stile ein. Sie werden Elemente einer allgemeinen Lebensstil-Orientierung in komplexen Gesellschaften. In den USA, in denen die Entwicklung weit fortgeschritten ist, prosperieren aus diesem Grund diesen Trend aufgreifende Fitness-Zentren und Health-Clubs schon seit längerer Zeit. In einen gleichen Zusammenhang einer gesteigerten Bedeutung der Körperlichkeit für das Selbsterleben gehört das Phänomen von Moden und Konjunkturen in der Körperdarstellung, wie sie sich - so das Beispiel Aerobic oder Jogging - zunehmend auch im Sport zeigen. Die Arbeit mit dem Körper im therapeuti-

schen Sektor, in dem die Körpertherapien an Bedeutung gewonnen haben (RUITENBEEK 1981), macht den allgemeinen Aspekt der Verquickung von Körper- und Identitätsarbeit noch deutlicher.

Zugespitzt formuliert: die mit dem Strukturwandel komplexer Gesellschaften einhergehenden Probleme der psycho-physischen individuellen Selbstbehauptung führen zur Erarbeitung eines neuen Körpers. Körperthematisierung wird zu einem Akt der Identitätsarbeit und Identitätssicherung, in gewisser Weise zur letzten Ressource der individuellen und sozialen Selbstvergewisserung in hochkomplexen Gesellschaftssystemen. Deutlich wird damit auch der Grund für die Renaissance des Körpers in der Gegenwart: hochkomplexe, durch Körperdistanzierung gekennzeichnete Gesellschaften benötigen 'mehr Natürlichkeit' als jede andere Gesellschaftsformation zuvor. Dies vermittelt körperbetonten sozialen Systemen, in denen körperliche Nähe, Natürlichkeit, Intimität gleichsam erzeugt und erarbeitet werden kann, einen hohen Stellenwert (vgl. RITTNER 1983).

Aufschlußreich für die Deutung des universalen Phänomens der Körperaufwertung in den entwickelten Industriegesellschaften sind die Arbeiten von CSIKSZENTMIHALYI (1977) zur identitätsstützenden Kraft der Körperthematisierung. Mit dem Phänomen von 'flow-experience' beschreibt und analysiert er die Fähigkeit von Individuen, durch Aufmerksamkeitszentrierung Körper-Selbst-Harmonien zu bewirken und Empfindungen der Selbstübereinstimmung. Besondere Bedeutung haben in diesem Zusammenhang körperliche Aktivitäten. Ist der Körper erst einmal beansprucht und zu höhere Leistungen und Anstrengungen getrieben - so wie es beispielsweise beim Marathonlaufen oder alpinen Bergsteigen in extremer Weise geschieht - so forcieren die von ihm ausgehenden Signale und Symptome das Ich zu einer aufmerksamen Beschäftigung mit ihm. Ein gesteigerter Puls, eine erhöhte Herzfrequenz, der keuchende Atem und unter Umständen bohrende Seitenstiche fokussieren die Aufmerksamkeit. Konsonant und lustvoll kann dieses körperbezogene Selbsterleben werden, wenn ein entsprechend sinnhaftes Deutungssystem zur Verfügung steht, wie es mittlerweile, bedingt durch die skizzierten Umorientierungen in den sozialen Wahrnehmungsstrukturen, lebhaft vorhanden ist. Durch Belastung kommt es zu (psychischer) Entspannung - ein Umstand, den ELIAS & DUNNING (1970) in sozialhistorischer Perspektive analysiert haben. Wirksam wird eine Art Münchhausen-Effekt: In der psychischen Not mangelnder Bindungen in der abstrakten Gesellschaft mit ihren vielfältigen Dissonanzen und Inkongruenzen ziehen sich die Individuen am Schopf der selbstinduzierten Körpersymptome aus dem Sumpf der Bindungslosigkeit und den Problemen einer Desorientierung in nicht mehr befriedigend zu bewältigenden subjektfeindlichen abstrakten Verhältnisse. Phänomene eines 'loss of ego' und der Selbstversunkenheit bzw. des Aufgehens in der jeweiligen Tätigkeit machen den Mechanismus einer Reduktion von Komplexität durch Körperthematisierung deutlich. Versunken in ihrer Aktivität und in Auseinandersetzung und Verwicklung mit einem unablässig Symptome und Signale sendenden, sinnhaft zu interpretierenden Körper blenden die Subjekte die Dissonanzen und Inkongruenzen eines lästigen Alltags und berufliche wie familiäre Probleme aus. Bewirkt und genossen werden - zwar nur auf Zeit - ein Mikrokosmos der Person-Umwelt-Übereinstimmung und ein Biotop individueller Authentizität. Statt Stress ergibt sich Konsonanz. Wenn in vielen Fällen extremer körperlicher Aktivitäten suchtähnliche Phänomene zu beobachten sind (beispielsweise in der Laufbewegung), so demonstriert dies die von der Körper-Selbst-Übereinstimmung ausgehende Faszination und den Rausch eines am eigenen Körper vorgenommenen, von Dissonanzen gereinigten Selbsterlebens (JORGENSON & JORGENSON 1981; SHEEHAN 1978).

6. Schluß

Die Ausführungen haben die große Vielfalt in der sozialen Nutzung und Formung des Körpers angedeutet. Wie viele andere Bereiche der sozialen und kulturellen Existenz ist auch die Körperlichkeit gegenüber der sozialen Determination keineswegs immun. Neben einem biologischen und materiellen Körper, der Gegenstandsbereich von Biologie, Physiologie, Medizin, Ernährungslehre usw. (BOLTANSKI 1976) sein kann, existiert ein bislang völlig unterschätzter sozialer und kultureller Körper. In heterogenen kulturellen und sozialen Milieus wird er höchst unterschiedlich in die Handlungssysteme eingebaut und entsprechend modelliert und abgestimmt. Begriffe wie 'Körperdistanzierung' und 'Körperthematisierung' können dabei nur als grobe theoretische Leitbegriffe für höchst komplexe und ambivalente Wechselbeziehungen von Körperlichkeit und Gesellschaft gelten. Gerade die sozialen Lebenswelten komplexer Gesellschaften zeichnen sich durch übereinander gelagerte, teilweise widersprüchliche und mehrdeutige Phänomene aus, die sich sowohl in Theoreme der Körperdistanzierung wie der Körperthematisierung einordnen lassen. Für aktuelle Tendenzen einer universal beobachtbaren Renaissance der Körperaufmerksamkeit in den entwickelten Industrieländern ist eine spezifische Kombination der Momente von Körperdistanzierung und Körperthematisierung verantwortlich.

Für die Einschätzung des augenblicklichen und wohl auch künftigen Verhältnisses von Körper und Gesellschaft scheint eine gobale Aufspaltung des gesellschaftlichen Diskurses mit dem Körper maßgeblich zu werden. Auf der einen Seite werden Leistungen der Körperdistanzierung beibehalten bzw. fortgeführt und gesteigert; auf der anderen Seite werden allem Anschein nach aber auch und gleichzeitig - lediglich räumlich getrennt - Formen der Körperthematisierung forciert. Die skizzierten Phänomene der Leiden am Körper und der Körperrenaissance ließen sich in diesem Sinne als Ausdruck einer Umstellung der Identitätsstrukturen auf diese Bedingungen hin interpretieren. Die Subjekte müssen, das bezeichnet die neue Problemlage, beiden Anspruchskulturen gerecht werden. Sie müssen ihr Rollenhandeln gewissermaßen neu adjustieren und dafür Motive wie auch Gefühle und Wahrnehmungen finden und stilisieren. Die Behauptung sozialer Identität hat somit sowohl in körperdistanzierenden wie in körperthematisierenden Sphären der Gesellschaft zu erfolgen. Danach wären drei allgemeine Gesichtspunkte bezeichnet:

(1.) Weiter laufende Prozesse der Rationalisierung und der Technisierung des Arbeitslebens, die durch die Mikroprozessoren-Technologie weitere, bislang ungeahnte Entwicklungsschübe erhalten, werden die Prozesse der Körperdistanzierung und Körperausschaltung und die damit verbundenen Probleme körperlicher Unausgelastetheit der arbeitenden Menschen weiter vorantreiben. Wohlfahrtsstaatliche Bedingungen der Absicherung von Basis-Risiken des Lebens, arbeitsmarktbezogene Individualisierungsnotwendigkeiten, aber auch Veränderungen in den Geschlechtsrollendefinitionen und innerfamiliäre Umstrukturierungen wirken dabei als zusätzliche Individualisierungsfaktoren (BECK 1983). Mit ihnen verlieren tradierte Körper- und Identitäts-Ideale ihre soziale Verankerung. Ein daraus hervorgehender Zwang zur individuellen Gestaltung des Lebens und eine generelle Lebenstil-Orientierung führen zu neuen Inanspruchnahmen des Körpers. Veränderte Körper-Dialoge, der Kult des Körpers und die Beschwörung von Natürlichkeit, aber auch neue Sichtweisen des sozialen Zusammenlebens in der alternativen Szene, in der Jugendkultur und im Freizeitbereich sind in diesem Sinne als Experimentierformen zu verstehen. Nicht zufällig ist, daß es primär um ein Experimentieren mit Körpererfahrungen, neuen Selbstdarstellungsstilen geht und um ein Probierverhalten im Rahmen veränderter Formen der Lebensführung.

Vor diesem Hintergrund werden in Abhängigkeit von der Körperdistanierung zwei wesentliche Faktoren für den Erfolg der Körperthematisierung verantwortlich. Sozial genutzt werden anthropologische Prinzipien menschlicher Konstitution:

(2.) Maßgeblich wird zu einen ein genereller, ständig aktualisierbarer Faktor der Verführbarkeit des subjektivierten Bewußtseins durch die Physiologie bzw. die Körpersignale, wenn es - im Sinne etwa der 'flow-experience-These' CSIKSZENTMAHALYIS dazu angeregt wird. Ein durch den in Anspruch genommenen Körper unerschöpflich bereitgestelltes, auf Interpretation drängendes Symptom- und Reizangebot, kann in einem veränderten Körper-Selbst-Dialog sinnhaft gemacht werden. Durch eine allgemeine Umorientierung des Sich-Erlebens in der abstrakten Gesellschaft wird dies nahezu zwangsläufig genutzt. Der Boom des Sports, aber auch die zahlreichen anderen,

Karriere machenden heterogenen Varianten der Körperthematisierung kommen allem Anschein nach auf dem Boden dieses Wirkungsmechanismus zustande (EISENMANN & BARNETT 1979; PALM 1976).

(3.) Ein weiterer Grund für die Suggestion durch die Körperthematisierung besteht in der Eignung des Körpers als eines idealen Investionsobjektes. Im Unterschied zur abstrakten Gesellschaft, in der sich individuelle Leistungen immer weniger subjektiv zurechnen lassen, zahlen sich Investitionen und Anstrengungen sofort und in kontrollierbarer Weise aus - am eigenen Leibe. Attribute der Fitness, der Sportlichkeit, der Schlankheit und Attraktivität - alles Tugenden im Sinne veränderter Körper-Ideale - sind sichtbar und erlebbar. Sie lassen sich als in eigener Regie bewirkte Erfolge einordnen und genießen. Zumindest im Körperbereich kann jedermann zum erfolgreichen Unternehmer und 'glücklichen Kapitalisten' werden.

Literatur

ANTONOVSKY, A.: Health, Stress and Coping, 2. Aufl. San Francisco: Jossey Bass, 1980
ARGYLE, M.: Körpersprache und Kommunikation. Paderborn: Junfermann, 1979
ARIES, P.: Geschichte der Kindheit. München: Hanser, 1975
ARIES, P.: Geschichte des Todes. München: Hanser, 1980
BADURA, B.: (Hrsg.): Soziale Unterstützung und chronische Krankheit. Zum Stand sozialepidemiologischer Forschung. Frankfurt: Suhrkamp, 1981
BECK, U.: Jenseits von Klasse und Stand? Soziale Ungleichheit, gesellschaftliche Individualisierungsprozesse und die Entstehung neuer sozialer Formationen und Identitäten. in: KRECKEL, R. (Hrsg.): Soziale Ungleichheiten. Soziale Welt, Sonderband 2. Göttingen: Schwartz & Co., 1983, 35-74
BENTHALL, J. /POLHEMUS, T.: The body as a Medium of Expression. London: Allan Lane, 1975
BERGER, P. /LUCKMANN, T.: Die gesellschaftliche Konstruktion der Wirklichkeit, 4. Aufl. Frankfurt: Fischer, 1974
BERGLER, R.: Sauberkeit - Normen - Verhalten - Persönlichkeit. Bern: Huber, 1974
BILZ, R.: Wie frei ist der Mensch? in: Paläoanthropologie Bd. 1. Frankfurt: Suhrkamp, 1973
BOLTANSKI, L.: Taxinomies populaires, taxinomies savantes: les objets de consommation et leur classement. in: Rev. fran. Social, 11 (1979), 34-44
BOLTANSKI, L. Die soziale Verwendung des Körpers. in: KAMPER,

D./ RITTNER, V. (Hrsg.): Zur Geschichte des Körpers. München: Hanser, 1976, 138-183
BLOCH, M.: Les Rois Thaumaturges. Etude sur le caractère surnaturel attribuè à la puissance royale particulièrement en France eten Angleterre. Paris: 1961
COHEN, S. /TAYLOR, L.: Ausbruchsversuche. Identität und Widerstand in der modernen Lebenswelt. Frankfurt: Suhrkamp, 1977
CORBIN, A.: Pesthauch und Blütenduft. Eine Geschichte des Geruchs. Berlin: Wagenbach, 1984
CLAESSENS, D.: Familie und Wertsystem. Berlin: Duncker & Humbloth, 1972
CSIKSZENTMIHALYI, M.: Beyond Boredom and Anxiety. San Francisco: Jossey Bass, 1977
DEMBROSKI, T.M. / WEISS, S.M. (Eds.): Coronary-prone Behavior. New York: Springer, 1978
DOHRENWEND, B.S. / DOHRENWEND, B.P. (Ed.): Stressful Life Events: Their Nature and Effects. New York: Wiley, 1974
DOUGLAS, M.: Ritual, Tabu und Körpersymbolik. Sozialanthropologische Studien in Industriegesellschaft und Stammeskultur. Frankfurt: Fischer, 1974
DREITZEL, H.P.: Die gesellschaftlichen Leiden und das Leiden an der Gesellschaft. Stuttgart: Enke, 1968
EICHBERG, H.: Leistung, Spannung, Geschwindigkeit. Stuttgart: Klett-Cotta, 1978
EISENMANN, P.A. /BARNETT, R.C.: Physical Fitness in the 1950s and 1970s: Why did one fail and the other boom? in: Quest, 31 (1979), 114-122
ELIAS, N.: Die höfische Gesellschaft. Neuwied: Luchterhand, 1969
ELIAS, N.: Über den Prozeß der Zivilisation. Soziogenetische und psychogenetische Untersuchungen. 2 Bde. Frankfurt: Suhrkamp, 1976
ELIAS, N. / DUNNING, E.: The Quest for Excitement in unexciting societies. in: LÜSCHEN, G. (Ed.): The Cross Cultural Analysis of Sport and Games. Champaign, Ill.: Stipes Publ. Comp., 1970, 31-51
FEBVRE, L.: Le problème de l' incroyance au 16e siècle. Paris: Albin Michel, 1968
FOUCAULT, M.: Die Geburt der Klinik. Eine Archäologie des ärztlichen Blicks. München: Hanser, 1973
FOUCAULT, M.: Die Ordnung der Dinge. Frankfurt: Suhrkamp, 1971
FOUCAULT, M.: Überwachen und Strafen. Die Geburt des Gefängnisses. Frankfurt: Suhrkamp, 1977
GEHLEN, A.: Der Mensch. Seine Natur und Stellung in der Welt, 10. Aufl. Frankfurt: Athenäum, 1974
GEHLEN, A. Über Kultur, Natur und Natürlichkeit. in: GEHLEN, A.: Anthropologische Forschung. Reinbek: Rowohlt, 1967, 78-92
GESER, H.: Kleine Sozialsysteme: Strukturmerkmale und Leistungskapazitäten. in: Kölner Zeitschrift für Soziologie und Sozialpsychologie, 32 (1980), 205-239
GOFFMAN, E.: Asyle. Über die soziale Situation psychiatrischer Patienten und andere Insassen. Frankfurt: Suhrkamp, 1981
GOFFMAN, E.: Geschlecht und Werbung. Frankfurt: Suhrkamp, 1981

GOFFMAN, E.: Das Individuum im öffentlichen Austausch. Frankfurt: Suhrkamp, 1974
GOFFMAN, E.: Interaktionsrituale. Über Verhalten in direkter Kommunikation. Frankfurt: Suhrkamp, 1975
GROSS, E. /STONE, G.: Verlegenheit und die Analyse der Voraussetzungen des Rollenhandelns. in: AUWÄRTER, M. u.a. (Hrsg.): Seminar: Kommunikation, Interaktion, Identität. Frankfurt: Suhrkamp, 1976, 275-306
HALLER, M. (Hrsg.): Jugendliche gegen Staat und Gesellschaft. Reinbek: Rowohlt, 1981
HAYES, F.: Gestures: A Working Biliography. in: Southern Folklore Quarterly, Vol. XXI, (1957), 218-315
HEINEMANN, K.: Einführung in die Soziologie des Sports. Schorndorf: Hofmann, 1980
HORKHEIMER, M. /ADORNO, T.W.: Dialektik der Aufklärung. Frankfurt: Fischer, 1971
IMHOF, A. (Hrsg.): Der Mensch und sein Körper. Von der Antike bis heute. München: Beck, 1983
JORGENSON, D.E. /JORGENSON, C.B.: Perceived Effects of Running/Jogging: A social Survey of Three Running Clubs. in: International Review of Sport Sociology, 16 (1981), 75-85
JUGENDWERK DER DEUTSCHEN SHELL (Hrsg.): Jugend '81. Lebensentwürfe, Alltagskulturen, Zukunftsbilder. Hamburg: Selbstverlag, 1981
KAMPER, D. /RITTNER, V. (Hrsg.): Zur Geschichte des Körpers. München: Hanser, 1976
KAMPER, D. /WULF, C. (Hrsg.): Die Wiederkehr des Körpers. Frankfurt: Suhrkamp, 1982
KAMPER, D. WULF, C. (Hrsg.) Das Schwinden der Sinne. Frankfurt: Suhrkamp, 1984
KLEIN, M. (Hrsg.): Sport und Körper. Reinbek: Rowohlt, 1984
KRAPPMANN, L.: Soziologische Dimensionen der Identität. Stuttgart: Klett, 1969
LE GOFF, J.: Für ein anderes Mittelalter. Zeit, Arbeit und Kultur des 5.-15. Jahrhunderts. Frankfurt: Ullstein, 1983
LEPENIES, W.: Melancholie und Gesellschaft. Frankfurt: Suhrkamp, 1969
LUHMANN, N.: Einfache Sozialsysteme. in: Zeitschrift für Soziologie, 1 (1972), 51-65
LUHMANN, N.: Soziologische Aufklärung, Bd. 3, Opladen: Westdeutscher Verlag, 1981, 228-244
MANNING, P.K. /FABREGA, H.J.:The Experience of Self and Body: Health and Illness in the Chiapas Highlands. in: PSATHAS, G. (Ed.): Phenomenological Sociology. New York: Verlas, 1973, 251-301
MARKS, S.R.: Multiple Roles and Role Strain. Some Notes on Human Energy, Time and Commitment. in: American Sociological Review, 42 (1977), 921-936
MEAD, G.H.: Geist, Identität und Gesellschaft. Frankfurt: Suhrkamp, 1968 (zuerst 1934)
MEAD, G.H.: Philosophie der Sozialität. Frankfurt: Suhrkamp, 1969
MRAZEK, J.: Die Verkörperung des Selbst. in: Psychologie heute,

11 (1984) 2, 50-58
MOSS, G.E.: Illness, Immunity and Social Interaction. New York: Wiley, 1973
NEIDHARDT, F. (Hrsg.): Gruppensoziologie. Perspektiven und Materialien. in: Kölner Zeitschrift für Soziologie und Sozialpsychologie, Sonderheft 25. Opladen: Westdeutscher Verlag, 1983
NEULOH, O. /TEUTEBERG, H.-J.: Ernährungsfehlverhalten im Wohlstand. Paderborn: Schöningh, 1979
PALM, J.: Massenmedien und Freizeitsport. in: Sportwissenschaft, 6 (1976), 384-394
PARSONS, T.: Religion in Postindustrial America: The Problem of Secularization. in: Social Research, 41 (1974), 193-225
POLHEMUS, T. (Hrsg.): Social Aspects of the Human Body. Harmondsworth: Penguin, 1978
PLESSNER, H.: Zwischen Philosophie und Gesellschaft. Frankfurt: Suhrkamp, 1979
PLESSNER, H.: Philosophische Anthropologie. Lachen und Weinen Das Lächeln. Anthropologie der Sinne. Frankfurt: Fischer, 1970
RITTNER, V.: Zur Soziologie körperbetonter sozialer Systeme. in: NEIDHARDT, F. (Hrsg.): Gruppensoziologie. Perspektiven und Materialien. Kölner Zeitschrift für Soziologie und Sozialpsychologie: Sonderheft 25. Opladen: Westdeutscher Verlag, 1983, 233255
RITTNER, V.: Zur Konstitutionsproblematik der Sportwissenschaft. in: Sportwissenschaft, 4 (1974), 357-371
RITTNER, V.: Sport, Bedürfnisstruktur und sozialer Wandel. in: Stadion, 2 (1976), 159-195
RITTNER, V.: Krankheit und Gesundheit. Veränderungen in der sozialen Wahrnehmung des Körpers. in: KAMPER, D./ WULF, C. (Hrsg.): Die Wiederkehr des Körpers. Frankfurt: Suhrkamp, 1982, 40-51
ROTHACKER, E.: Philosophische Anthropologie. Bonn: Bouvier, 1964
RUITENBEEK, H.M.: Die neuen Gruppentherapien. Frankfurt Klett, 1981
SCHAEFER, H. (Hrsg.): Funk-Kolleg. Umwelt und Gesundheit. Aspekte einer sozialen Medizin, 2 Bde., Frankfurt: Fischer, 1982
SCHAEFER, H. /BLOHMKE, M.: Herzkrank durch psychosozialen Stress. Heidelberg: Hüthig, 1977
SCHAEFER, H.: Lebenserwartung und Lebensführung. in: Medizin, Mensch, Gesellschaft, 1 (1976), 27-32
SCHAEFER, H. /HEINEMANN, H.: Modelle sozialer Einwirkungen auf den Menschen (Sozialpsychologie). in: Handbuch der Sozialmedizin, Bd. I, Stuttgart: Enke, 1975, 92-131
SCHEFLEN, A.E.: Die Bedeutung der Körperwelt im Kommunikationssystem. in: AUWÄRTER, M. u.a. (Hrsg.): Seminar: Kommunikation, Interaktion, Identität. Frankfurt: Suhrkamp, 1976, 221-253
SCHIVELBUSCH, W.: Das Paradies, der Geschmack und die Vernunft. Eine Geschichte der Genußmittel. Frankfurt: Ullstein: 1983
SCHLAGENHAUF, K.: Sportvereine in der Bundesrepublik Deutschland. Teil I. Strukturelemente und Verhaltensdeterminanten im organisierten Freizeitbereich. Schorndorf: Hofmann, 1977
SCHMÄDEL, D.: Schichtspezifische Unterschiede im Gesundheits- und

Krankheitsverhalten der Bevölkerung der Bundesrepublik Deutschland. in: RITTER-LÖHR, D. (Hrsg.): Der Arzt, sein Patient und die Gesellschaft. Frankfurt: Suhrkamp, 1975, 112-123

SCHÜTZ, A.: Der sinnhafte Aufbau der sozialen Welt. Frankfurt: Suhrkamp, 1974

SCOTT, M. /LYMAN, S.: Praktische Erklärungen. in: AUWÄRTER, M. u.a. (Hrsg.): Seminar: Kommunikation, Interaktion, Identität. Frankfurt: Suhrkamp, 1976, 73-114

SENNETT, R.: Verfall und Ende des öffentlichen Lebens. Die Tyrannei der Intimität. Frankfurt: Fischer, 1983

SHEEHAN, G.: Running and Being. The Total Experience. New York: 1978

SHOTT, S.: Emotion and Social Life: A Symbolic Interactionist Analysis. in: American Journal of Sociology, 84 (1979), 1317-1334

SIEGRIST, J.: Sozialstrukturelle Einflüsse auf die Krankheit. in: Handbuch der Sozialmedizin, Bd. I, Grundlagen und Methoden der Sozialmedizin. Stuttgart: Enke, 1975, 300-315

SIMMEL, G.: Die Großstädte und das Geistesleben. in: SIMMEL, G.: Brücke und Tür. Stuttgart: Koehler, 1957, 227-242

STEINERT, H.: Symbolische Interaktion. Arbeiten zu einer reflexiven Soziologie. Stuttgart: Klett, 1973

THEWELEIT, K.: Männerphantasien. Bd. 1: Frauen, Fluten, Körper, Geschichte. Bd. 2: Männerkörper. Zur Psychoanalyse des weißen Terrors. Frankfurt: Roter Stern, 1977 u. 1978

THUILLIER, G.: Pour une histoire des Gestes: En Nivernais au XIXe Siècle. in: Revue d'histoire economique et sociale, 51 (1973), 243-266

TRUZZI, M.: Sociology and Everyday Life. Englewood Cliffs, New Jersey: Prentice Hall, 1968

VOIGT, D.: Gesundheitsverhalten. Zur Soziologie gesundheitsbezogenen Verhaltens. Hypothesen - Theorie - empirische Untersuchungen. Stuttgart: Kohlhammer, 1978

VOWINCKEL, G.: Von politischen Köpfen und schönen Seelen. Ein soziologischer Versuch über die Zivilisation der Affekte und ihres Ausdrucks. München: Juventa, 1983

WALTZ, E.M.: Soziale Faktoren bei der Entstehung und Bewältigung von Krankheit - ein Überblick. in: BADURA, B. (Hrsg.): Soziale Unterstützung und chronische Krankheit. Zum Stand sozialepidemiologischer Forschung. Frankfurt: Suhrkamp, 1981, 40-119

ZUR LIPPE, R.: Naturbeherrschung am Menschen. 2. Bde. Frankfurt: Suhrkamp, 1974

ZUR LIPPE, R.: Am eigenen Leibe. Zur Ökonomie des Lebens. Frankfurt: Syndikat, 1978

Fragen

1. Was versteht man unter dem Begriff der 'somatischen Kultur'?

2. Welche sozialen Faktoren üben Einfluß auf den Umgang mit dem Körper aus?

3. Was versteht man unter dem anthropologischen Begriff 'zweite Natur des Menschen'?

4. Was besagen die Begriffe 'Körperdistanzierung' und 'Körperthematisierung'?

5. Inwieweit haben Scham und Peinlichkeit eine historische und kulturelle Dimension?

6. Woran lassen sich psychische und soziale Kosten der Körperunterdrückung in der Gegenwart erkennen?

7. Inwieweit finden sich in der Gegenwart Indizien für veränderte Körper- und Persönlichkeits-Ideale?

Aufgaben

1. Nennen Sie verschiedene Beispiele für die kulturelle und soziale Prägung des Körpers.

2. Arbeiten Sie historische Zusammenhänge zwischen Gesellschaft und Körperlichkeit heraus.

3. Erläutern Sie die Bedeutung der Körperdistanzierung für die Entstehung moderner Sozialstrukturen und Persönlichkeitsstrukturen.

4. Analysieren Sie die Rolle der Körperlichkeit und des Körpers in der komplexen Gesellschaft. Gehen Sie dabei auf widersprüchliche Tendenzen ein.

5. Arbeiten Sie den prinzipiellen Spannungscharakter des Körper-Selbst-Verhältnisses aus anthropologischer, historischer und soziologischer Sicht heraus.

6. Stellen Sie die mit der Körperaufwertung verbundenen psycho-sozialen Funktionen für die individuelle Selbsterfahrung heraus.

Kapitel III

Diagnose und Förderung der Körpererfahrung im Rahmen der Bewegungserziehung

Die Orientierung am und im eigenen Körper
Das Körperschema im engeren Sinne

Sigurd Baumann

1. Einführung

Der Begriff Körperschema stammt aus der Medizin, genauer gesagt aus der Psychiatrie. Er fand Eingang in die Psychologie und wurde in den vergangenen drei Jahrzehnten in zunehmendem Maß in der Bewegungslehre und bei sensomotorischen Problemstellungen der Bewegungstherapie und Heilpädagogik eingeführt.
Durchsicht und Vergleich der unterschiedlichen Behandlungsweisen der menschlichen Bewegung, insbesondere die Ansätze der sportspezifischen Bewegungslehre zeigen auf, daß der Schwerpunkt der Forschungsrichtungen dem Phänomen der Bewegung galt und die materielle Bedeutung des Körperlichen als selbstverständliche Gegebenheit angenommen wurde. Kraft-, Zeit- und Wegmerkmale werden z.B. als Kennzeichen der rhythmischen Bewegung genannt.

> Die Erkenntnis, daß der Körper in seinen Lage- und Größenproportionen, in seinem räumlichen Stellungs- und Beziehungsgefüge der Körperteile zueinander, untrennbar mit Ansatz, Programm und Ausführung der dynamischen Veränderung verbunden ist, wurde kaum in empirischen Projekten berücksichtigt. Die Frage nach der strukturellen und funktionalen Beziehung des Körpers als objekthafte, materielle Bedingung und der phänomenal in Erscheinung tretenden Bewegung bleibt weitgehend unbeantwortet.

Die Gründe hierfür sind vielfältiger Art und zum großen Teil auf die Interessens- und Forschungsrichtungen der Sportwissenschaft in den westlichen Ländern zurückzuführen, die vor allem in den 60er Jahren durch eine wissenschaftliche Aufholjagd gegenüber den Ostblockstaaten gekennzeichnet war. Fragen der Trainingsgestaltung und der

Technik standen im Vordergrund. Mit zunehmender Verlagerung der Bewegungsforschung auf Gebiete abseits des Leistungssports fand auch der Begriff des Körperschemas wieder intensivere Beachtung. Die folgenden Ausführungen sollen dazu beitragen, den Begriff Körperschema im Rahmen der Gesamtheit der Körpererfahrung zu artikulieren und durch den Versuch einer Bestandsaufnahme diagnostischer Ansätze, das Erkenntnisfeld der Bewegungsforschung zu erweitern.

2. Der Begriff Körperschema in der Bewegungslehre

Im Rahmen der Sportwissenschaft taucht der Begriff Körperschema in der Bewegungslehre 1958 in einem Aufsatz UNGERERs auf, in dem er die Bedeutung des Körperschemas für die Erstellung des Bewegungsentwurfs betont: er schreibt, "... daß die Einstellungsfähigkeit des Einzelnen auf das Körperschema von größter Bedeutung ist" (UNGERER 1958, 245). Er bezieht sich dabei auf eine inhaltliche Fassung des Körperschemas, die aus dem klinischen Bereich stammt. Diese geht auf SCHILDER zurück, der unter dem Körperschema "die Verwertung der Raumvorstellung vom eigenen Körper im Handeln" (zit. n. UNGERER 1958, 245) verstand.
UNGERER war sich bewußt, daß diese Definition nur mit Vorbehalt in ein bewegungstheoretisches Modell übernommen werden konnte und erweiterte die Darlegung SCHILDERs dahingehend, daß er darunter auch "das Orientierungsvermögen über den Leib im Raumbewußtsein" mit einbezog.
Es bedarf keiner eingehenden Erörterung, um zu erkennen, daß diese ergänzende Darstellung mehr zu einer unklaren Ausweitung des Begriffs 'Körperschema' als zu einer Klarstellung beigetragen hat.

UNGERER kommt aber sicher das Verdienst zu, daß er die bewegungstheoretischen Grundlagen von MEINEL und FETZ um eine entscheidene Komponente erweiterte, indem er darauf hinwies, daß vor dem Bewegungsvollzug eine Vorstellung des Körpers bzw. der Körperteile in Lage, Anordnung und Ausdehnung gegeben sein muß.

Fragen, welcher Art diese Raum-Vorstellung des eigenen Körpers ist, ihrer Entwicklung oder Genauigkeit beantwortet er nicht. Diese wurden in der Folgezeit sowohl im klinischen als auch im außerklinischen Bereich immer wieder aufgegriffen.

Es geht letztlich um Probleme, welcher Art die Vorstellung ist, die wir von unseren Körpergliedmaßen haben, wie sie zustande kommt, unter welchen Bedingungen sie sich verändert und welchen Einfluß sie auf die Bewegung und deren Koordination nimmt.

Ein kleines Selbstexperiment kann uns die Berechtigung dieser Fragen bestätigen:

Wir schließen die Augen und versuchen nun, uns unseren eigenen Körper vorzustellen. Wie sehe ich aus? Wo befinden sich meine Hände, Füße, Kniee, mein Rücken? Welche Form haben sie? Wie sieht mein Arm aus, wenn ich ihn beuge und strecke? Wo beginnt die Bewegung, wo endet sie?

Wir stellen fest, daß es außerordentlich schwerfällt, uns unseren Körper so in die Vorstellung zu rufen, wie er realiter vorhanden ist. Durch die Bewegung und Berührung wird die Vorstellung unserer Körperglieder präziser, die Genauigkeit der Bewegungsaufführung nimmt zu. Die Arbeiten verschiedener Autoren verweisen in diesem Zusammenhang auf eine sensorische, eine physiologische Komponente, die durch Erfahrungen taktiler und kinästhetischer, aber auch visueller Art, die dynamische Einordnung des Körpers verbessert. Offensichtlich wird die Steuerung der Bewegungen, ihre Konstanz und Genauigkeit, auch durch den Grad des Bewußtseins der raumgeometrischen Bestimmungsgrößen des Körpers positiv beeinflußt.

Ebenso wie UNGERER (1958) sieht auch SCHMITZ (1970) im Körperschema eine bedingende Größe für die menschliche Bewegung. Er versucht, die Bedeutung des Körperschemas für den motorischen Lernprozeß aufzuzeigen und stützt sich in seinen Aussagen im Wesentlichen auf BUYTENDIJK, der sechs Vorbedingungen an den motorischen Lernprozeß knüpft, von denen eine "das Verfügen über die notwendigen Ausführungsmittel und ihre räumlichen Verhältnisse (Körperschema) in Beziehung zur Situation (vitales Zeit-Raum-Schema)" darstellt (SCHMITZ 1970, 36). Weiterhin bezeichnet er das

Körperschema als "die entscheidene Voraussetzung für den Bewegungsvollzug, besonders für die Bewegungssteuerung" (ebd., 37). Neben BUYTENDIJK führt SCHMITZ auch SCHILDER an, der im Körperschema ein "anschauliches Vorstellungsbild vom eigenen Körper" sieht, während BUYTENDIJK von einem "schematischen Bild unseres Körpers" spricht, "das uns nicht bewußt ist" (zit. n. SHONTZ 1969, 37). Die begriffliche Unsicherheit, die bei der Verwendung des Terminus Körperschema herrscht, kommt bei SCHMITZ deutlich zutage. Seine Anschauung beruht auf der Definition SCHILDERs bzw. BUYTENDIJKs, die das Unbewußte des Körperschemas betonen. Im weiteren Verlauf der Analyse des motorischen Lernens spricht SCHMITZ dann dem Körperschema einen bewußten Erfahrungswert zu. "Die im Differenzierungsprozeß des leibseelischen Gesamtgefüges gegebene Bewußtheit des Körperschemas muß also schon weit fortgeschritten sein" (SCHMITZ 1970,72).

Für das Erlernen sportlicher Bewegung ist die mit dem Alter zunehmende Bewußtheit des Körperschemas insofern bedeutsam, als dadurch Verbalkorrekturen in nachpubertären Altersstufen erfolgreicher angewendet werden können, als in den vorangegangenen Lebensabschnitten.

Es wurde bereits angedeutet, daß BUYTENDIJK dem Körperschema in seinen Betrachtungen der menschlichen Bewegungsvollzüge große Beachtung schenkt (BUYTENDIJK 1971). Seine Ansicht sei deshalb kurz näher erläutert.

Der verbindende Faktor der Zusammenarbeit von Einzelbewegungen ist die Kinaesthesie, das Muskelgefühl. Diese Verbindung kann jedoch nur in einem bereits vorhandenen Medium ermöglicht werden. Dieses Medium als Voraussetzung der Koordination von Einzelbewegungen bezeichnet BUYTENDIJK als Körperschema. Das Körperschema gründet nicht im Zentralnervensystem, sondern im 'vitalen Zentrum', das als das individuelle S e l b s t (das Subjekt), Ausgangspunkt jeder Funktion ist, die eine Wechselwirkung von Mensch oder Tier mit seiner Umwelt bedingt. Unter Bezugnahme auf WERNICKE und GRÜNBAUM kommt er zu dem Schluß, daß das Körperschema eine optische und taktilkinästhetische Vorstellung des Grundrisses und der räumlichen Ausdehnung der Körperteile darstellt. Das Körperschema ist entwicklungsbedingten Veränderungen unterworfen; so kommt es z.B. in der Pubertätskrise zu einer Neugestaltung des Körperschemas. Die dadurch erfolgende, wenn auch nur geringe Herabsetzung der Koordination zeigt sich in einer gewissen Ungeschicklichkeit und Unbeherrschtheit, wodurch sich starke subjektive und affektive Auswirkungen ergeben.

> BUYTENDIJK macht deutlich, daß die Ausbildung des Körperschemas auf eine individuell differente Art und Weise erfolgt. Es ist demzufolge als eine persönlichkeitskennzeichnende Größe aufzufassen, deren Entwicklung und Funktion sich aus dem komplexen Wirkungsgefüge des umgebenden Feldes und der individuellen Erlebnispotenz ableiten lassen.

Die menschliche Bewegung bedarf zu ihrer Realisierung des Körpers bzw. der Körperteile. Dynamik, zeitlicher Ablauf und räumliche Struktur sind an die materiellen physiologisch objektivierbaren Körperdimensionen gebunden. Diese sind im Verlauf des Lebens, vom Kindesalter bis zum Lebensende einer steten Veränderung unterworfen und zwar sowohl in ihrer Längenausdehnung und ihrer Lage zueinander als auch in ihren physiologischen Bedingungsfaktoren, die auf Lage und Lokalisation der Gliedmaßen steuernd einwirken. Das Bemühen, den Körper und sein psychisches Vorhandensein aus seiner starren Materialstruktur herauszulösen und in ihm im Vollzug der Bewegung eine einmalige, da vom Erfahrungsschatz des Individuums abhängige, dynamische Strukturkomponente zu erkennen, kann als gemeinsamer Problemansatz aller Autoren hervorgehoben werden.

Es soll deshalb ein Anliegen des vorliegenden Aufsatzes sein, die Bedeutung des Körperschemas im Hinblick auf die Lage des Körpers und seiner Teile im Raum hervorzuheben, sowie einen Beitrag zu liefern, Zusammenhänge der Orientierung am und im eigenen Körper und der Bewegungshandlung aufzuzeigen bzw. in ihrer Problematik offenzulegen.

3. Das Körperschema in der Bewegungstherapie

Der Einfluß der Psychopathologie macht sich auch in der Bewegungstherapie bemerkbar. Von mehreren Autoren wird in einschlägigen Abhandlungen der Begriff des Körperschemas verwendet und auf seine Bedeutung für die Behandlung behinderter und verhaltengestörter Kinder hingewiesen (EGGERT & KIPHARD 1972; RIEDER 1971). Bei näherer Betrachtung der verschiedenen Referate wird wiederum ersichtlich, daß die inhaltliche Bestimmung des Begriffs 'Körperschema' von den Autoren je nach Zielorientierung und methodischer Konzeption in stark voneinander abweichender Art und Weise erfolgt.

KIPHARD (1972) stützt sich in seinem Beitrag zur sensomotorischen Frühdiagnostik und Frühtherapie auf die Grundgedanken SCHILDERs Schwere Rückständigkeit kann bei Kindern durch unbewußte Schulung des Lage- und Bewegungsgefühls sowie durch eine Verbesserung des Körperschemas therapiert werden. Bei letzterem handelt es sich einmal um eine komplexe perzeptiv-kognitive Hirnfunktion, zum anderen um "das Wissen über die Zugehörigkeit der Körperteile zum eigenen Körper, ihre Lokalisation (räumliche Anordnung) sowie das Wissen um die Bewegungen von Körperteilen" (KIPHARD 1972, 32). Topognostische und stereognostische Wahrnehmungsübungen helfen mit, das Wissen um die räumliche Anordnung der Körperteile zu vertiefen.

Die 'Bewußtmachung' des Körperschemas wird von KIPHARD als entscheidend wichtig für den Therapieerfolg angesehen. Dies geschieht durch visuelle Kontrolle motorischer Übungen, die vor mannshohen Spiegeln ausgeführt werden, sowie anderen Maßnahmen, auf die jedoch erst später eingegangen werden soll. KIPHARD begnügt sich wie UNGERER mit der Übernahme des SCHILDER'schen Begriffs Körperschema, ohne eine weitere Vertiefung zu beabsichtigen. Dies liegt in seiner therapeutischen Thematik begründet, die letztlich auf eine Bewußtmachung der verschiedenen Ebenen körperlicher Repräsentanz abzielt.

Zu erwähnen ist auch WIEGERSMA, der an der Reichsuniversität Groningen in Holland in einem langfristig angelegten Projekt neue Erkenntnisse über psychomotorische Fragen zu gewinnen suchte. Er konnte einen Zusammenhang zwischen dem 'Maß der Differenzierung des Körperschemas' und dem Niveau der psychomotorischen Leistung aufstellen. Desweiteren besteht eine positive Korrelation zwischen der Feldunabhängigkeit und der 'Artikuliertheit des Körperschemas', die auch von anderen Autoren teilweise bestätigt wurde (WITKIN 1950; BAUMANN 1975).

Der Zusammenhang mit der kognitiven Attitüde 'Feldartikulation' scheint darauf hinzudeuten, daß das Körperschema ein durchgängiges, charakteristisches Persönlichkeitsmerkmal darstellt.

BOTTENBERG bezeichnet "kognitive Attitüde Feldabhängigkeit versus Feldunabhängigkeit oder Feldartikulation (GARDNER 1959) als ein Funktionsprinzip, das im Anpassungsvollzug darauf hinwirkt, ein habituell oder aktuell markiertes Moment möglichst innig in das insgesamte Situationsfeld einzubeziehen (Feldabhängigkeit, Feldeinbeziehung) oder aus dem Gesamtkontext scharf abzuheben (Feldunabhängigkeit)" (BOTTENBERG 1972, 6).

Nach WITKIN ist die feldunabhängige Wahrnehmungsweise auf das unmittelbare Wahrnehmungsobjekt gerichtet. Dabei ist eine große Resistenz gegen Einflüsse des Wahrnehmungsfeldes zu beobachten, wohingegen die Wahrnehmung des Feldabhängigen durch Umweltveränderungen stark beeinflußbar ist.

Der zentrale Aspekt dieses Modells gründet auf der Annahme, daß die wahrnehmungsmäßige Isolierung eines markierten Reizes aus dem umgebenden Feld analog aufgefaßt werden kann für die Abhebung des Körpers aus dem zeitlichen und räumlichen Umfeld, d.h. als deutlich abzugrenzendes, lokalisierbares gegliedertes Konzept des Körpers und seiner Teile.

Einen Zusammenhang zwischen der Fähigkeit, globale Körperdimensionen zu schätzen und zu lokalisieren und der Feldabhängigkeit berichtet BAUMANN. Eine Beziehung reziproker Zusammenhänge, daß nämlich Feldunabhängigkeit mit der Fähigkeit korrespondiert, differenzierte Körperteile (z.B. Armlänge, Unterschenkel, Hand) zu schätzen, konnte er nicht bestätigen (BAUMANN 1975). Die Frage, inwieweit das umgehende Feld die Orientierung am eigenen Körper und die Schätzung der Körperteile in ihrer räumlichen und zeitlichen Schätzung der Anordnung beeinflußt, sollte weiter verfolgt werden. Weitere Aussagen lassen sich auf dem Gebiet sporttheoretischer Abhandlungen nicht aufbieten.

4. Körperschema und Bewegung

Das Bemühen um eine empirische Erfassung aller Komponenten der Körpererfahrung und ihrer Bedeutung für das Bewegungsgeschehen hat zu einer Differenzierung in psychologisch-anthropologische Erlebnisqualitäten und neurophysiologisch-morphologische Merkmale geführt. Der vorliegenden Thematik entsprechend wird auf eine vertiefte Analyse des Körperbildes verzichtet und der Schwerpunkt der Ausführungen allein dem Körperschema (i.e.S.) gewidmet.
Auf die Problematik der Trennung von Körperbild und Körperschema sei jedoch aufmerksam gemacht und auf kritische Beiträge verwiesen (PLÜGGE 1963 u.a.). Die Fülle aller diagnostischen Verfahren fordert stets die Frage nach Reliabilität und Validität heraus, d.h., es ist zu fragen, ob die Autoren das Kriterium des diagnostischen Gegenstandes klar formulierten und in der Standardsituation berücksichtigen. Deshalb soll zunächst eine weitere Klärung des Begriffes Körperschema gegeben werden, der den folgenden Ausführungen zugrunde gelegt wird.

Die von BISCHOF gegebene, auf FISHER und CLEVELAND zurückgehende Reduktion des Körperschemas auf die morphologische Struktur der Körpergestalt (Form, Maße, Anordnung) ist im Wesentlichen die Grundlage weiterer Ergänzungen geblieben (BISCHOF 1966). Es schließt das Wissen um die lokale Beziehung der Gliedmaßen zueinander, ihre Struktur und Ausdehnung ein (RÖTHIG 1972). Ebenso beinhaltet es Elemente des Bewegungsgeschehens, indem es die Bewegungsweite der Gelenke und die räumliche Zusammenordnung der motorischen Raumrichtungen erfaßt. Auch die Orientierung am und im eigenen Körper mit Hilfe der Oberflächen- und Tiefensensibilität, d.h. taktiler und kinästhetischer Reizaufnahme wird durch das Körperschema gegeben.

Die Bedeutung des Körperschemas zeigt sich in allen Bewegungsäußerungen, in Alltags- und Arbeitshandlungen sowie in allen Sportarten, die eine Beurteilung der räumlichen Ausdehnung des Körpers, seine Teile und damit in einem Funktionsverband stehender Geräte (Ski, Tennisschläger) verlangen oder besondere Anforderungen an die Orientierung im Hinblick auf spezifische lokale Körperregionen stellen (Ringen, Turnen, Tanzen).
Die Entwicklung des Körperschemas basiert auf der Erfahrung. die der Einzelne in der handelnden Auseinandersetzung mit der Umwelt erwirbt. Propriozeptive Reize spielen hierbei eine wesentliche Rolle. Deutlich tritt dies im Normalbereich in der Pubertät in Erscheinung.

Das verstärkte Längenwachstum bedeutet für den Jugendlichen, daß er die entstandenen Raumgrößen seines Körpers in ein neues Vorstellungsschema integrieren muß, das ihm als Grundlage für den gelungenen motorischen Anpassungsvollzug mit der objektiven Umgebung dient. Fehlen dem Jugendlichen in dieser Phase entsprechende Erfahrungsmöglichkeiten, kann sich durch Unsicherheit und Ungeschicklichkeit eine ablehnende Einstellung gegenüber der handelnden Auseinandersetzung im Sport ausbilden. Das Körperschema bildet somit die Voraussetzung für die Bewegungsanpassung.

Seine Ausbildung ist von der Menge extero- und interozeptiver (optischer, akustischer, taktiler, kinästhetischer) Informationen abhängig. Bei ihrer Abnahme übernehmen in zunehmendem Maß gespeicherte Bewegungsprogramme ohne reafferente Abstimmung die Bewegungssteuerung. Nach deren völliger Ausschaltung können nur noch die gespeicherten Größen und Lageproportionen als Führungsgrößen herangezogen werden. Hier wird deutlich, daß es zur empirischen Erfassung des Körperschemas erforderlich ist, möglichst alle aktuellen sensorischen Informationsgrößen auszuschalten: Das in Abb. 1 skizzierte Modell sollte dies verdeutlichen.

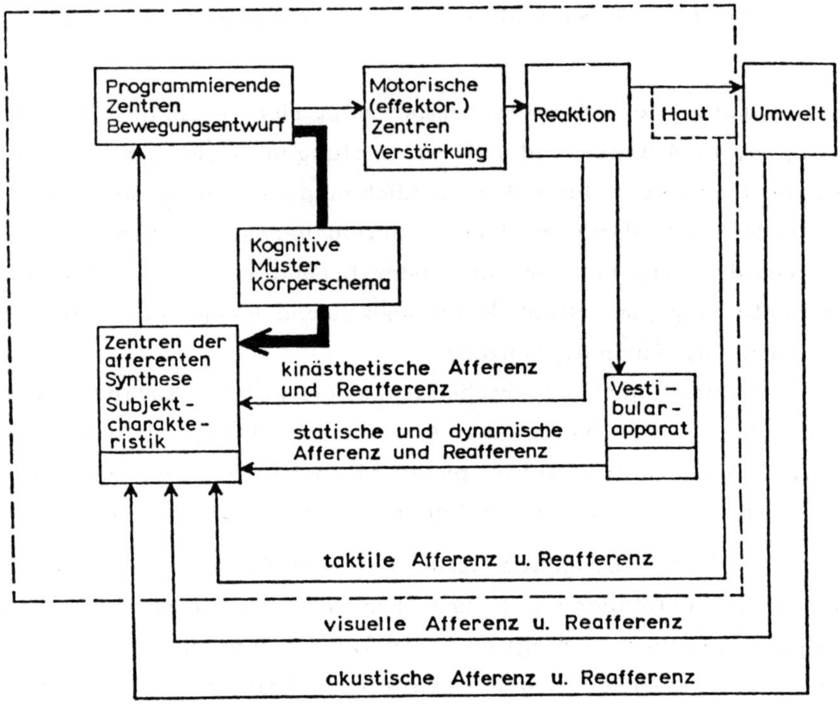

Abb. 1: Motorisches System mit innerem und äußerem Regelkreis unter Einbeziehung des Körperschemas

Die vorliegende Darstellung gibt die Afferenz- und Reafferenzverhältnisse von der Reizdarbietung bis zur motorischen Reaktion wieder. Es zeigt modellhaft auf, daß die Programmierung einer Bewegung in der Ausbildung des Bewegungsentwurfs, die Synthese der sensorischen Information, die sich aus der Bewegungsführung ergibt, mit den strukturellen Bedingungen des Körpers, wie sie als kognitive Muster des Körperschemas vorliegen, erfordert.
Die sensorische Rückmeldung erfolgt durch propriozeptive Reize kinästhetischer und taktiler Art. Die kinästhetische Komponente (Bewegungssinn) stellt diejenige Information dar, die uns aufgrund der sich verändernden Muskelspannung über die jeweilige Lage der Körpergliedmaßen informiert. Taktile Informationen kommen durch Berührung der Hautoberfläche zustande und infor-

mieren uns über die Stärke der auf die Haut einwirkenden Reize. Kinästhetische und taktile Informationen spielen bei der Ausbildung des Körperschemas eine wesentliche Rolle.

In den Zentren der afferenten Synthese kommt es zur Abstimmung der raumgeometrischen Proportionen des Körpers und seiner Teile mit den sensorischen Informationen, die aus der Zielhandlung entstehen. Aus vorhandenen Bewegungs- (innervations-) mustern wird der Bewegungsentwurf als programmierende Größe herausgebildet und zur Weiterverwertung den Zentren der Effektoren vermittelt.

Bei Fortfall der sensorischen Reafferenz kann der Bewegungsentwurf nur durch die Beziehung zu gespeicherten Gedächtnisstrukturen in bezug auf den Körper erfolgen. Wird z.B. eine Vp aufgefordert, die Länge ihres Arms an einer Skalierungsdimension zu schätzen, so muß sie auf sensorische Informationsdaten verzichten, da sich die innere Beurteilung der Längenausdehnung des Arms einzig und allein auf vorhandene Standardbezüge des Körperschemas stützen kann. Eine Korrektur im Bewegungsvollzug durch reafferente Information ist nicht möglich, da die Entscheidung über Ausdehnung der zu schätzenden Körperregion bereits vor dem Bewegungsvollzug gefallen ist.

Für die Ausbildung, Verbesserung und Therapie des Körperschemas stellt die Afferenzsynthese der exterozeptiven und interozeptiven Informationen eine Schlüsselstation dar. Sie sei deshalb im folgenden näher erläutert.

Beispiele:

- Ein Skilehrer fordert seinen Schüler auf, die Kniegelenke so stark zu beugen, bis die Oberschenkel waagerecht zum Boden weisen. Die Kniegelenke sollen etwa 90° gebeugt werden. Der Schüler folgt der Anweisung, die Beugung der Kniegelenke ist jedoch minimal. Auf den Hinweis des Lehrers "Schau doch mal Deinen Oberschenkel an!" stellt er überrascht fest, daß die Beugung bei weitem nicht dem Maß entsprach, das er annahm. Er reagiert: "Ich habe geglaubt, die Beugung sei viel stärker!"

- Ein Lehrer fordert die Schüler auf, die Arme in die Hochhalte zu nehmen und zu strecken. Einige Schüler stehen mit angewinkelten Ellenbogen. Auf die Aufforderung, die Arme zu strecken, reagieren sie mit "Wir haben sie doch gestreckt", um nach visueller Kontrolle festzustellen, daß dem nicht so ist.

Ähnliche Beispiele können aus vielen Bewegungs- und Sportbereichen angeführt werden. Der Tischtennisspieler führt den Schläger nicht tief genug, obwohl er dies glaubt, der Tennisspieler holt nicht weit genug aus, obwohl er der festen Überzeugung ist, dies zu tun. Erst nach visueller Beobachtung der eigenen Armführung gelingt die richtige Ausführung. Aus diesen Beispielen wird deutlich, daß die propriozeptive Information (taktil, kinästhetisch) zunächst nur ungenaue Rückmeldungen über die Lage und Stellung der Gliedmaßen erlaubt. Durch die Hinzunahme exterozeptiver Informationen (optisch, akustisch) gelingt nun eine Veränderung der Körperposition im Sinne der Umfeldanforderung. Dem Skischüler wird beim zweiten Versuch der tiefen Kniebeuge eine veränderte Lageinformation bewußt, die nun auch ohne visuelle Kontrolle gelingt. Ebenso erfährt der Schüler eine neue Empfindung, wenn er die Arme streckt. Ähnliche neue Lageinformationen verwertet auch der Tennis- und Tischtennisspieler. Die Hinzunahme exterozeptiver Information führt zu einer Veränderung der bewußten Verwertung interozeptiver Meldungen, so daß zukünftig auch ohne visuelle Kontrolle ein genaueres Lage- und Orientierungsbewußtsein der Körperteile gegeben ist. Durch die Synthese der inneren und äußeren Information (Afferenzsynthese) hat sich eine Verbesserung des Körperschemas im Sinne des Lage- und Stellungsbewußtseins vollzogen.

Die Verbesserung des Körperschemas durch ergänzende visuelle Information ist sowohl in Therapie als auch in Sportarten möglich. Es wurde bereits ausgeführt, daß KIPHARD die 'Bewußtmachung des Körperschemas' als entscheidend wichtig für den Therapieerfolg ansah.

> Die einfachste Art der Bewußtmachung geschieht durch direktes visuelles Betrachten der Körperteile oder, da dies nicht immer möglich ist, durch Verwendung von Spiegeln.

Diese Art der Verbesserung des Körperschemas hat in Sportarten Eingang gefunden, die in ihrer Ausübung eine besonders präzise Empfindung über die Lage, Anordnung und Stellung der Gliedmaßen zueinander bedürfen. An erster Stelle ist hier die Gymnastik zu nennen. Es gibt kaum noch Gymnastikräume, die nicht mit wenigstens einer Spiegelwand ausgestattet werden. Auch moderne Fitnesscenter haben die Wirkung von Spiegelwänden für ein verbessertes Körperschema erkannt.

Der ideale Prozeß, äußere und innere Information gleichzeitig zu erhalten, ist nicht für alle Sportarten möglich. Beim Skilauf, den Sportspielen, Fechten, Ringen usw. ist der visuelle Sinn mit der Erfassung der äußeren Situation zum größten Teil belastet. Hier bedarf es einer zeitlichen Versetzung von innerer und äußerer Information, die durch Videoaufzeichnung möglich geworden ist.

Bedeutsam für die Verbesserung des Körperschemas ist die nachträgliche Veränderung der betreffenden Bewegung, nachdem die visuelle Korrektur erfolgte. Die Übertragung der äußeren Information auf die innere Empfindung der neuen Körperlage wird dadurch bewußt und verselbständigt sich zu einer bleibenden inneren Struktur des individuellen Körperschemas.
Video-Aufzeichnungen stellen somit die verbreiteste Möglichkeit zur Verbesserung des Körperschemas dar, sofern sie mit der neuen Bewegungsausführung unmittelbar gekoppelt werden.

Einige ergänzende Beispiele sollen die Bedeutung der Afferenzsynthese für die Ausbildung des Körperschemas und seiner Funktion für die Bewegungsqualität verdeutlichen.
Ein Ruderer z.B. kann durch visuelle und kinästhetische Reafferenz Tempo und Krafteinsatz seiner Bewegungen dosieren und somit zu einer optimalen Adaption an die gestellten Bedingungen kommen. Die im Verlauf des Armzugs eintreffenden Informationen durch den Wasserdruck, Schaufelstellung etc. ermöglichen eine fortwährende Korrektur. In diesem Falle spielt das Körperschema allerdings eine geringere Rolle, da dem äußeren Regelkreis eine gewichtigere Funktion zukommt. Die Relevanz des Körperschemas zeigt sich in allen Sportarten, die zu ihrer Ausübung eine Raumbeurteilung des Körpers und seiner Teile erfordern.
So ist z.B. bei einem Anfänger im Bereich Tennisspiel zu beobachten, daß er die größten Schwierigkeiten in der Distanzeinschätzung

Arm - Schläger - Ball hat. Obwohl er die Bewegung als solche auszuführen vermag, gelingt die Adaptionsleistung zu Beginn nicht. Das Schlagen des Balles erfordert eine einmalige innere Orientierungsentscheidung über Länge, Lage und Distanz des Arm-Schlägerverbandes, die zur regelrechten Ausführung des Schlages notwendig ist. Reafferente Rückmeldungen, die zu einer Korrektur der Bewegung führen können, wie es z.B. ein Anfänger im Skilauf bei falscher Beinstellung vermag, sind nicht vorhanden. Im Verlauf des Übungsprozesses kommt es zur Ausbildung spezieller Schemata über die räumliche Ausdehnung Arm - Tennisschläger, die als Erweiterung des bereits vorhandenen Körperschemas aufgefaßt werden können. Das auf diese Weise auf den morphologischen Größen des Körperteils sich ausbildende Körperschema ist die Voraussetzung für die angepaßte Bewegung des Tennisschlages. Der Bewegungsentwurf für die motorische Reaktion entsteht aus der Synthese von Körperschema und sensorischer Information. Als programmierende Größe ist es für die Bewegung von entscheidender Bedeutung, da eine Abstimmung auf reafferentem Weg mit der motorischen Vollzugsleistung nicht erfolgen kann. Erst beim nächsten Versuch ist der Vp durch die gespeicherte Information, die zur Ausbildung der Schemata führt, eine Angleichung des Bewegungsentwurfs an die Bewegungsausführung möglich. Aus dem Dargelegten wird deutlich, daß der Einfluß des Körperschemas auf die Bewegung von den kognitiven Erfordernissen der einzelnen Sportarten abhängt.

Die Bedeutung des Körperschemas steigt mit der Abnahme sensorischer Reafferenz. Dieser Gedanke ist bei methodischen Verfahren zu berücksichtigen. Die Ausschaltung des äußeren Regelkreises bedeutet, daß die Person im Bewegungsvollzug auf einen Teil der sensorischen Information verzichten muß. Der Ausfall der akustischen und visuellen Information hat zur Folge, daß die Bewegungen durch propriozeptive Reizeinflüsse gesteuert und geregelt werden. Kinästhetische und taktile Afferenz und Reafferenz stehen in enger Verbindung mit der Ausbildung des Körperschemas. Der Wegfall visueller und akustischer Information wirkt sich bei sportlichen Bewegungen dahingehend aus, daß die Antizipation der Bewegungen auf früher gemachten Erfahrungen in Form gespeicherter Innervationsmuster beruht. Die Einordnung und Anpassung der Körpergliedmaßen an das situationale Feld erfordert in größerem Maße die Funktion des Körperschemas als strukturell-morphologische Bedingung in Verbindung mit propriozeptiver, kinästhetischer und taktiler Information.

5. Diagnostische Verfahren

Die Frage, welche Bedeutung das Körperschema für die Entwicklung der Persönlichkeit im allgemeinen und auf das menschliche Bewegungsverhalten im besonderen hat, stellt eine Aufforderung dar, Methoden zu erstellen, die Aussagen über das Körperschema oder wenigstens über Teilaspekte des Körperschemas erlauben.
Im folgenden werden einige Methoden aufgezeigt, die bereits praktische Anwendung fanden. Das Problem einer systematischen Einordnung der verschiedenen Ansätze zeigt sich vor allen darin, daß die Autoren unterschiedliche Auffassungen von Inhalt, Struktur und Ausmaß des Körperschemas zu Grunde legen. Persönlichkeitsdiagnostische, motorische und wahrnehmungspsychologische Verfahren werden angewendet, wobei für alle Verfahren die testtheoretischen Interpretationsbedingungen der allgemeinen Psychologie zu berücksichtigen sind. Deshalb werden z.T. auch Verfahren beschrieben, die in den affektiv-personalen Raum hineinreichen, da Art und Weise der Wahrnehmung, d.h. auch der Körperwahrnehmung, von der aktuellen Befindlichkeit des Menschen beeinflußt und verändert wird.

5.1. Wahrnehmungspsychologische, quantitative Verfahren

Körperwahrnehmung nimmt in der Wahrnehmungspsychologie eine besondere Stellung ein, da der Körper gleichzeitig Instrument und Gegenstand der Wahrnehmung darstellt. Der Konflikt, daß sich der Körper von sich selbst distanziert, sich selbst vergegenständlicht, doch untrennbar mit dieser Gegenständlichkeit als Subjekt verbunden bleibt, kommt in den wahrnehmungspsychologischen Verfahren in vielerlei Hinsicht zum Ausdruck. Eine klar zu begründende Differenzierung der Wahrnehmungsgegenstände in der Beziehung Körper-Umwelt wird aus Raumgründen nicht versucht, hier muß auf einschlägige Beiträge verwiesen werden (SHONTZ 1969). Die folgende Systematik bietet lediglich einen Überblick über das vorhandene Diagnosespektrum. Eine Bewertung der jeweils erzielten Ergebnisse kann jedoch nur unter Berücksichtigung der gewählten Methode, der Auffassung des Körperschemabegriffs und der zugrunde liegenden Theorie vorgenommen werden. So wird bei dem Schätzverfahren bspw. versucht, durch motorische, konfigurale oder piktorale Darstellung Größe, Proportionalität oder Lage der Körperteile aus subjektiver Sicht zu ergründen.

5.1.1. Die Linearmethode (SHONTZ; FINK; BAUMANN)

Die Linearmethode zeichnet sich durch hohe objektive Meßgenauigkeit aus. Im wesentlichen besteht diese Art des diagnostischen Vorgehens darin, daß Vpn aufgefordert werden, Teile oder Strecken der Körperoberfläche in ihrer dimensionalen, räumlichen Ausdehnung, Richtung oder Lage zu beurteilen und den geschätzten Wert auf ein Meßinstrument zu übertragen.

FINK (1953) gab gleichzeitig zwei taktile Reize vor und forderte die Versuchsperson auf, die Entfernung zwischen den Reizpunkten zu schätzen. Der Meßwert wurde mit Hilfe eines Lichtstrahls festgestellt. Im Gegensatz zur Methode FINKs konnten die Versuchspersonen bei SHONTZ den umgebenden Raum nicht sehen. Dadurch versuchte er, konstante Wahrnehmungsbedingungen zu schaffen. Er ließ in seinen Versuchen mit Studenten fünf Körperteile (Kopf-Weite, Taille, rechter Arm, Unterarm ohne Hand, rechte Hand) schätzen.
In Anlehnung an die Methode von SHONTZ versuchte BAUMANN (1978), den Einfluß des Körperschemas auf die Bewegungssteuerung zu erfassen. In seiner Versuchsanordnung ging er davon aus, daß sie, um den Einfluß des Körperschemas auf die Bewegung festzustellen, so gestaltet sein muß, daß sie

- die äußere Afferenz ausschaltet,

- die innere Reafferenz auf ein Minimum reduziert,
- die Anzahl der Entscheidungen zur Bewegungssteuerung auf eine möglichst geringe Anzahl beschränkt,
- den Zusammenhang mit den Besonderheiten des Körperschemas erkennen läßt.

Die Vp erhält zunächst die Aufgabe, auf einer linearen Maßskala durch eine einmalige Entscheidung anatomisch definierbare Körperteile hinsichtlich ihrer räumlichen Ausdehnung zu beurteilen. Dadurch werden reafferente Informationen ausgeschaltet, die korrigierend auf die Bewegung einwirken könnten. Wie groß die Körperteile sind, kann in diesem Fall nur durch die Bedeutungsdimensionen beurteilt werden, welche die Vp den einzelnen Gliedmaßen beimißt. Im Anschluß daran wird die reale Abmessung des geschätzten Körperteils festgestellt und der Differenzwert zwischen Beurteilungs- und Realwert ermittelt.

5.1.2. Die konfigurale Methode

Die gebräuchlichste Art der konfiguralen Methode beruht auf der Verwendung verstellbarer Spiegel. Die von TRAUB und ORBACH 1964; ORBACH u.a. 1966 erbrachten Ergebnisse wurden mit Hilfe dieser Methode gewonnen.

> Es handelt sich dabei um rechteckige Spiegel, in denen sich die Vp in voller Körpergröße betrachten kann. Die Spiegel sind derart konstruiert, daß die Möglichkeit gegeben ist, konkave oder konvexe Krümmungen sowohl in der vertikalen als auch in der horizontalen Ebene zu erreichen. Auf diese Weise nimmt die Vp ein verzerrtes Spiegelbild wahr.

ARNHOFF & DAMIANOPOLUS (1962) sprechen ebenfalls in Anlehnung an das Körperbild von SMYTHIES von einem visuellen Gedächtnisbild des eigenen Körpers. In ihrer Untersuchung gingen sie folgendermaßen vor: Studenten hatten die Aufgabe, aus einer Anzahl von Photographien ihren eigenen (vorher photographierten) Körper, und zwar nur den Rumpf, wiederzuerkennen. Insgesamt weisen die Ergebnisse auf dynamische Kriterien hin. Die statischen Körperbildkonstrukte erweisen sich zur Erklärung als nur begrenzt brauchbar.

Neben der Verwendung von Spiegeln oder Photographien kommen auch Silhouetten der Versuchspersonen zur Anwendung. So führten z.B. ROWE & CALDWELL (1963) mit deliquenten schwarzen Jugendlichen eine Untersuchung unter Verwendung von Silhouetten durch. Aus sieben Photographien fertigten sie entsprechende Silhouetten an. Diese wurden in sieben Gruppen eingeteilt, die nach den Merkmalskategorien SHELDONs aufgebaut waren: jeweils dominant endo-, meso-, ectomorph; jeweils ausgeglichen endo-, meso-, ectomorph; ausgeglichene Konstitution. Für jede dieser angefertigten Silhouetten konnte der aktuelle 'Ponderal Index' (PI) (Pi = Größe : Gewicht) bestimmt werden. Im Anschluß daran wurde der Zusammenhang zwischen Wahl-Silhouetten und denjenigen des eigenen Körpers ermittelt.

5.1.3. Die piktorale Methode

Sie beruht auf der zeichnerischen Darstellung der eigenen Körperproportionen. Das Hauptproblem, das bei dieser Art der Untersuchung auftritt, wird durch die Isomorphie-Hypothese erhellt: "... it is that the form or shape of a figure drawing displays at least the most important form or features of the person's actual body, such as its general shape or proportions" (EPSTEIN & SHONTZ 1971, 53).
Diese Hypothese wurde verschiedentlich überprüft. Mc HUGH (1965) ließ im Anschluß an die Zeichnung das Alter der dargestellten Personen schätzen und fand, daß die am Versuch teilnehmenden Kinder die gezeichneten Personen als viel älter einschätzten als sie selbst waren. CRADDICK (1963) und APFELDORF & SMITH (1966) verwendeten bei ihren Arbeiten Vergleichswerte von Zeichnung, Silhouette oder Photographie und kamen nur zu unbefriedigenden Ergebnissen.
Die Untersuchungen zeigten insgesamt keine einheitlichen Erkenntnisse. Als Methode, den Einfluß von Körperproportionen auf die Motorik zu untersuchen, erscheinen sie im Hinblick auf die mangelnde Validität nicht geeignet.
LEBOVITS & LAKIN untersuchten Veränderungen des Körperschemas an paralytischer Polio erkrankten Personen. Die Versuchsgruppe be-

stand aus 15 Poliopatienten, die Kontrollgruppe aus einigen Krankenschwesternschülerinnen. Das dreiteilige Evaluationsverfahren setzte sich folgendermaßen zusammen:

(1) Schätzung verschiedener Körpermaße.

(2) Umstellen einer Reihe ungeordneter Sätze, die als eine passive oder aktive Form der Reaktion interpretiert werden konnten.

(3) Bilden eines Satzes mit einer Reizwortkarte und einer aus vier positiven bis abwertenden ausgewählten Adjektivkarten. Auf den ersten beiden Reizwortkarten standen neutrale Begriffe, auf den anderen vier Karten das Körperschema betreffende Wörter. Es wurde intendiert, mit Hilfe der ersten Methode Störungen oder Überkompensationen der Empfindungen verschiedener Körperbereiche aufzudecken, und anhand der zweiten Methode zu erkennen, in welchem Ausmaß die Versuchspersonen ihren Körper als aktiv oder passiv empfinden.

ALLEBECK/HALLBERG & ESPMARK (1976): " Body Image - An Apparatus for Measuring Disturbances in Estimation of Size and Shape".
Ein technisch relativ aufwendiges, wahrnehmungsbezogenes Verfahren erstellten ALLEBECK u.a., um es der Versuchsperson zu ermöglichen, ein verzerrtes Bild ihres Gesichts oder eines neutralen Objektes ihrer Vorstellung gemäß zu verändern. Eine Gruppe der Versuchspersonen bestand aus gesunden Medizinstudenten und Krankenschwestern, die andere aus fettsüchtigen Patienten, denen eine intestinalen Bypass-Operation bevorstand. Die jeweilige Versuchsperson wurde vor einen Monitor gesetzt, der, mit einer Videokamera verbunden, ein willkürlich verzerrtes Bild der Versuchsperson zeigte. Die Versuchsperson wurde angewiesen, mit Hilfe einer Schalttafel Veränderungen vorzunehmen, um eine genaue Wiedergabe des eigenen Bildes bezüglich der horizontalen und vertikalen Proportionen zu erhalten. Der in einem Nebenraum befindliche Versuchsleiter notierte die auf seinem Meßinstrument gezeigten Werte. Die zweite Anweisung, Veränderungen bezüglich der Körperproportionen vorzunehmen, wurde dreimal wiederholt, um das Mittel der Ergebnisse errechnen zu können.
Das gleiche Verfahren wurde mit einem neutralen Objekt (Plastikwürfel), das vor dem Monitor aufgehängt wurde, durchgeführt.

5.2. Orientierungsverfahren

Orientierung über Lage und Stellung der Körperteile im Raum wird durch Veränderungen des sozialen und gegenständlichen Umfeldes beeinflußt. Die folgenden Verfahren versuchen Einflußfaktoren auf die Körperorientierung im Raum aufzuhellen.

WITKIN (1948; 1949; 1950): Die Stellungswahrnehmung des Körpers im Raum.

Nach WITKINs Ansicht wird die Wahrnehmung des Körpers vom Körperschema geleitet. Seine drei die Stellungswahrnehmung untersuchenden Orientierungstests gleichen sich im Prinzip, eine Inkongruenz herzustellen zwischen einer durch das umgebende Feld und einer durch Körperempfindung angezeigten aufrechten Position des Körpers.

In dem 1948 durchgeführten 'rod and frame test' wurden ein Rahmen und ein Stab mit identischem Zentrum aufgestellt. Beide leuchteten im Dunkeln. Die Versuchsperson erhielt die Anweisung, den Rahmen in die aufrechte Position zu stellen, während der Stab in der ursprünglich geneigten Position verweilte.

In dem 1949 folgenden 'body adjustement test' saß die Versuchsperson auf einem Stuhl, der, ebenso wie der Raum, in dem er sich befand, schräg gestellt werden konnte. Die nach der Anweisung, den Oberkörper senkrecht aufzurichten, ausgeführten Extrempositionen wurden feldunabhängig (bei Einnehmen einer mehr als 35 Grad geneigten Haltung) genannt. Die Mehrheit befand sich jedoch zwischen den Extremen.

In dem 1950 durchgeführten 'rotating room test' konnten der oben beschriebene kippbare Raum und Stuhl zusätzlich in Rotation versetzt werden, so daß die Orientierung bezüglich einer einzunehmenden Position der Versuchperson auch noch durch die Zentrifugalkraft und die Gravitationskraft erschwert wurde. Die Ergebnisse zeigten höchst signifikante Korrelationen zwischen den drei Messungen der Orientierungstests.

WITKIN (1950): 'Embedded Figure Test'

Die Aufgabe der Versuchsperson in diesem Test bestand darin, eine vorher gesehene Gestalt in einer komplexen Figur, der farbigen Version der GOTTSCHALDT-Figur, zu finden. WITKIN zeigte die Ähnlichkeit dieses Tests mit dem 'body adjustement test' auf, indem er den aufzurichtenden Körper mit der zu entdeckenden Figur, sowie den schräggestellten Raum mit der komplexen Figur verglich. Der Vergleich der Resultate beider Tests ergab, daß die Versuchsperson, die die einfache Figur rasch auffand, im 'body adjustement test' die Getrenntheit des Körpers von der Umgebung aufrechterhielt. Vergleichbare Ergebnisse wurden zudem in einem taktilen sowie einem auditiven 'embedded figure test' gefunden, die ebenfalls in ausgeprägter Relation zur Feldabhängigkeit standen.

5.3. Introspektive Verfahren

Verfahren der Introspektion (Selbstbeobachtung) sind darauf ausgerichtet, subjektive Befindlichkeiten in emotionalen und kognitiven Dimensionen anzusprechen. Da die Orientierung am Körper stets von Faktoren der Befindlichkeit beeinflußt wird, haben diese Verfahren mehr eine ergänzende Funktion im Hinblick auf die Untersuchung des Körperschemas. Sie werden deshalb unter der vorliegenden Themenstellung nicht weiter behandelt.

5.4. Projektive Verfahren

ADAMS & CALDWELL (1963): "The Children's Somatic Apperception Test"

Die Autoren betrachteten das Körperschema als das Zentrum der Egostruktur, das einem die Wahrnehmung beurteilenden Modell entspricht und sich aus der Integration der endogenen Zonen entwickelt. Eine objektive, projektive und zugleich quantitative Methode sollte den Unterschied zwischen dem wahrgenommenen und dem erwünschten Körperschema bezüglich des ganzen Körpers sowie einzelner Körperteile darstellen. Exemplarisch für ähnliche Methoden soll eine kurze Darstellung das Vorgehen verdeutlichen.
Die Versuchspersonen, 7-12jährige Buben, wurden, ihrem geistigen und sozialen Verhalten gemäß, den Gruppen 'normal', 'gestört' und 'retardiert' zugeteilt. Das Hilfsmaterial bestand aus 10 verschieden großen, hölzernen Figuren mit abnehmbaren Körperteilen und den Größen entsprechend je 10 einzelnen Körperteilen. Folgende Aufgaben wurden von den Kindern, bzw. vom Versuchsleiter erfüllt:

(1) Wähle aus den 10 Figuren diejenige aus, die dir am ähnlichsten ist!

(2) Wähle aus den 10 Figuren diejenige aus, die du gerne sein würdest!

(3) Baue die zweite Figur mit den einzelnen zur Verfügung stehen-

den Körperteilen neu auf, nachdem Arme, Beine und Kopf entfernt wurden!

(4) Zeichne rasch ein Bild von dir!

(5) Die Länge des Körpers der Versuchsperson, die der Arme und Beine werden gemessen.

(6) Das Verhalten der Versuchsperson während der Aufgaben wird auf der Rückseite der Ergebniskarte notiert.

Im 'draw - a - person test' wiesen die 'retardierten' eine größere Standardabweichung auf als die anderen Gruppen und zeigten damit ihre Unzulänglichkeit, ein Körperschema zu formulieren (einige Körperteile waren verzerrt oder fehlten gänzlich).

GOTTESMANN & CALDWELL (1966): "The Body Image Identification Test"

Die Autoren wandten eine ähnliche projektive, quantitative Methode an, um die Empfindungen der Maskulinität/Femininität bezüglich des Körperschemas zu messen. Sie stimmten der Auffassung der meisten Forscher zu, das Körperschema sei die Vorstellung des eigenen Körpers, die, durch Erfahrungen, Empfindungen und Wahrnehmungen entwickelt und verändert, das Verhalten beeinflußt.
GOTTESMANN & CALDWELL bewerten den 'body image identification test' positiv, da er als quantitatives Verfahren die Empfindungen der Maskulinität/Femininität in Bezug auf das Körperschema objektiv mißt, da er weiter keine zeichnerische Fähigkeit verlangt und neben der bewußten Identifikation mit den Geschlechterrollen unbewußte Motivationen aufdeckt. Ferner wird der Grad der Zufriedenheit bzw. Unzufriedenheit bezüglich des eigenen Körpers deutlich sowie die Integration und Differenziertheit des Körperschemas.
Neben den Aussagen zum Körperschema finden projektive Verfahren weitergehende Anwendung in der Persönlichkeitsdiagnostik.
In einem vergleichenden Überblick der Resultate bezüglich der Barrieren- und Penetrationswerte stellten FISHER & CLEVELAND (1965) fest, Veränderungen der Körperschemagrenzen stünden in Verbindung mit signifikanten Lebenserfahrungen und würden begleitet werden von entsprechenden Veränderungen der sensorischen Eigenschaften in den Grenzbereichen. Da die Penetrationswerte stärker mit dem Änderungsprozeß verknüpft seien als die Barrierenwerte, könnte man folgende Unterscheidung treffen, die Barrierenwerte als "measure of persisting attitudes rather than of short-term variations in state" definieren und Penetrationswerte als "sensitive to immediate situational condition" zu beschreiben (FISHER & CLEVELAND 1965).
Die Resultate der Barrierenwerte zeigten eine signifikante zunehmende Tendenz der Werte der somatischen gegenüber der Imaginationsgruppe sowie eine signifikante Zunahme in der "separateness"-Gruppe und eine beinahe signifikante Zunahme in der Fusionsgruppe. Die minimale Veränderung in der Imaginationsgruppe entsprach ungefähr

der der Kontrollgruppe. Bezüglich der Penetrationswerte wurden in keiner der vier Gruppen signifikante Veränderungen verzeichnet. Die Ergebnisse beweisen somit, daß die Induktion somatischen Bewußtseins - durch sportliche sowie durch Getrenntheits- und Fusionsübungen - die Eindeutigkeit der Körpergrenzen tatsächlich verändern kann. Der Erfolg in den beiden Erfahrungsgruppen des zweiten Teils zeigt, daß sie trotz ihres passiven Charakters dennoch eine Interaktion mit der Außenwelt bewirken. Die Imaginationsübungen erwiesen sich als nicht effektiv. Vermutlich stellt dieser kognitive, nicht-experimentelle Ansatz eine Überforderung für schizophrene Patienten dar.
Einige Fragen blieben offen, bezüglich der Dauer des Effekts, der Wirkung eines konsequenten Programms der Induktion des Körperbewußtseins sowie bezüglich der möglichen Korrelation zwischen der Zunahme des Barrierewertes und des Umfanges der Aktivität. Weiter bestünde die Möglichkeit, daß nicht das somatische Bewußtsein für die Veränderung verantwortlich sei, sondern die Aktivität an sich. Schließlich bliebe noch zu untersuchen, inwieweit die Auswirkungen der Reintegration des Körper-Ichs auch die kognitiven Funktionsstörungen betreffen würden.

6. Zusammenfassung

Das Körperschema stellt einen Teil der gesamten Körpererfahrung dar. Es schließt die morphologische Struktur der Körpergestalt, die Lage und Beziehung der Gliedmaßen zueinander sowie die Orientierung am und im eigenen Körper ein. Es wurde versucht, durch die formale Hervorhebung dieser kognitiven Anteile die Funktion des Körperschemas für Therapie und Bewegungshandeln zu beleuchten. Die Reduzierung des Begriffs Körperschema auf die genannten Bereiche bedeutet nicht, daß es sich hierbei um einen isoliert wirkenden Funktionsmodus handelt. Am Aufbau und an der Veränderung des Körperschemas sind persönlichkeitsabhängige Faktoren beteiligt, die im gesamten Wahrnehmungsgeschehen zu berücksichtigen sind, wie z.B. aktuelle Befindlichkeit, emotionale Verfassung, soziale Umgebung u.a.m.
Die exemplarische Darstellung methodischer Versuche, das Körperschema zu ermitteln, kann nur unter dem Vorbehalt akzeptiert werden, daß die resultierenden Befunde auf der Grundlage weiterer persönlichkeitsdiagnostischer Erkenntnisse interpretiert werden. Eine

allgemein gültige, verbindliche Methode zur Ermittlung des Körperschemas kann nach aktuellem Wissensstand nicht geboten werden.

Literatur

ADAMS, N.M./CALDWELL, W.E.: The Children's Somatic Apperception Test, a Technique for Quantifying Body Image. in: Journal of General Psychology, 68 (1963), 43-57

ARNHOFF, F.H./DAMIANOPULOS, E.: Self-body recognition: An empirical approach to the body image. in: Merrill-Palmer Quarterly, 8 (1962), 143-148

ALLEBECK, P./HALLBERG, D./ESPMARK, S.: Body Image - A Apparatus for Measuring in Estimation of Size and Shape. in: Journal of Psychosomatic Research, 20 (1976) 6, 583-587

APFELDORF, F./SMITH, W.J.: The representation of the body self in human figure drawings. in: Journal of Projektive Technique and Personality Assessment, 30 (1966), 283-289

BAUMANN, S.: Der Einfluß des Körperschemas auf die Qualität der sportmotorischen Gewandtheit. Salzburg: Diss., 1975

BAUMANN, S.: Körperschema, Feldartikulation und individuelle Leistungsbeurteilung. in: Leistungssport, (1975) 5, 494-498

BISCHOF, N.: Stellungs-, Spannungs- und Lagewahrnehmung. in: METZGER, W. (Hrsg.): Handbuch der Psychologie, Bd. 1, Göttingen: Hogrefe, 1966, 422-430

BOTTENBERG, E.: Kognitive Attitüden und Persönlichkeit in: Würzburger psychologische Untersuchungen, Bd. 2, Frankfurt: 1972

BUYTENDIJK, F.J.: Allgemeine Theorie der menschlichen Bewegung. Berlin: Springer, 1956

CARDONE, S.S./OLSON, R.E.: Intercorrelations Between Some Body Image Measures. in: Journal of Personality Assessment, 37 (1973), 122-129

CRADDICK, R.A.: The self image in the Draw-A-Person test and self portrait drawings. in: Journal of Projektive Techniques and Personality Assessment, 27 (1963) 288-291

CENTERS, L./CENTERS, R.: Comparison of body images of amputee and non-amputee children as revealed in figure drawings. in: Journal of Projektive Techniques and Personality Assessment, 27 (1963), 158-165

CORAH, N.L./CORAH, P.L.: A study of body image in children witheleft palate and cleft lip. in: Journal of Genetic Psychology, 103 (1963), 133-137

DARBY, J.A.: Alternation of some Body Image Indexis in: Journal of Consulting and Clinical Psychology, 35 (1970), 116-121

EGGERT, D. / KIPHARD, E.J.: (Hrsg.) Die Bedeutung der Motorik für die Entwicklung normaler und behinderter Kinder. Schorndorf: Hofmann, 1972

FINK, M./BENDER, M.B.: Perception of simultaneons taktile stimuli in normal children. in: Journal of Neurology, 3

(1953), 27-34
FISCHER S. / CLEVELAND, S.E.: Personality, bodyperception and body boundary. in: WAPNER, S. / WERNER, H. (Eds.): The Body Percept. New York: Random House, 1965, 48-67
FISHER, S. / FISHER, R.: Body Image Bounderies and Patterns of Body Perceptions. in: Journal of Abnormal and Social Psychology, 68 (1964), 255-262
GOTTESMANN, E.G./CALDWELL, W.E.: The Body Image Identification Test: A Quantitative Projective Technique to Study an Aspect of Body Image. in: Journal of Genetic Psychology, 108 (1966), 19-33
LEBOVITS, B.Z./LAKIN, M.: Body image and paralytic poliomycilits. in: Journal of Nervous and Mental desease, 125 (1957), 518-523
Mc CONNEL, O.L. / DATSON, P.G.: Body image changes inpregnancy. in: Journal of Projektive Techniques, 125 (1961), 451-456
Mc HUGH, A.: Childrens figure drawings and school achievement, in: Psychology in School, 1 (1964), 51-52
ORBACH, J./TRAUB, A.: Psychophysical studies of the body image. in: Archives of General Psychiatry, 14 (1966), 41-47
PLÜGGE, H.: Über den menschlichen Raum. in: Psyche, 17 (1963/64), 538-555
RIEDER, H.: Sport als Therapie, Sportwiss. Arbeiten, Bd. 4, Berlin: Bartels & Wernitz, 1971
RÖTHIG, P. (Red.): Sportwissenschaftliches Lexikon. Schorndorf: Hofmann, 1973
ROWE, A.S./CALDWELL, W.E.: The Somatic Apperception Test. in: Journal of General Psychology, 68 (1963), 59-69
SCHILDER, P.: Das Körperschema. Berlin: International Universities Press, 1923
SCHILDER, P.: The image and appearance of the human body. New York: International Universities Press, 1950 (Originally published: 1935)
SCHMITZ, J.: Lernen in den Leibesübungen, Schorndorf: Hofmann, 1970
SHONTZ, F.C. Perceptual and Cognitive Aspects of Body Experience. New York: Academic Press, 1969
STOLZE, H.: Selbsterfahrung und Bewegung. in: Praxis der Psychotherapie, 17 (1972), 165
UNGERER, D.: Die Bedeutung des Bewegungsentwurfs für den motorischen Lernprozeß. in: Leibeserziehung, (1958), 245-248
WIEGERSMA, P.H.: Psychomotorik, Körperschema und Körpererleben. in: EGGERT, D./KIPHARD, E.J. (Hrsg.): Die Bedeutung der Motorik für die Entwicklung normaler und behinderter Kinder, Schorndorf: Hofmann, 1972, 98-120
WITKIN, H.A.: Development of the Body Concept and Psychological Differentiation. in: WAPNER, S./WERNER, H. (Eds.): The Body Percept. New York: Random House, 1965, 26-47
WITKIN, H.A./MOORE, C.A./GOODENOUGH, D.R./COX, P.W.: Field-dependent and Field-independent Cognitive Styles and their Educational Implications. in: Review of Educational Research, 47 (1977), 1-64

Fragen

1. Welche Komponenten des Körpererlebens sind am Aufbau des Körperschemas beteiligt?

2. Welche Bedeutung kommt dem Körperschema bei der Programmierung und Ausführung einer Bewegung zu?

3. Wie ist die therapeutische Wirkung des Körperschemas in der Bewegungstherapie zu erklären?

4. Worin besteht die besondere Bedeutung des Körperschemas für die Entwicklung des Bewegungshandelns in der Pubertät?

5. Durch welche Maßnahmen und Medien kann eine Verbesserung des Körperschemas erreicht werden?

6. Bei welchen Sportarten spielt die Ausbildung des Körperschemas eine besonders wichtige Rolle?

7. Nach welchen Kriterien können Methoden zur Feststellung des Körperschemas eingeteilt und beschrieben werden?

Aufgaben

1. Erstellen Sie einen Katalog gymnastischer Übungsformen, die geeignet sind, auch unter Ausschaltung visueller Rückmeldung, das Körperschema zu verbessern!

2. Benennen Sie auf der Grundlage der Studien von SHONTZ (1969) alle Variablen, die bei der experimentellen Untersuchung des Körperschemas berücksichtigt werden sollten!

3. Diskutieren Sie die Problematik des Begriffs 'Körperschema' anhand einer vergleichenden Analyse der verschiedenen Ansätze in angloamerikanischer und deutschsprachiger Literatur!

4. Untersuchen Sie die Entwicklung des Körperschemas in seiner Wirkung auf die Ausbildung struktureller und funktioneller Bewegungsmerkmale!

5. Vergleichen Sie die unterschiedlichen Ergebnisse der Untersuchungen, die sich mit der Genese und der Ausprägung des Amputationsphänomens beschäftigen (u.a. PLÜGGE)!

6. Stellen Sie eine Liste möglicher Veränderungen des Körperschemas zusammen und diskutieren Sie sie!

7. Diskutieren Sie wichtige pädagogische und psychologische Konsequenzen, die sich aus der Kenntnis individueller Besonderheiten des Körperschemas ergeben.

Körperkenntnis

Das faktische Wissen über Bau und Funktion des eigenen Körpers und seiner Teile

Christa & Jürgen Bielefeld

1. Einführung

Der Funktionsbereich der 'Körperkenntnis', auch als 'body knowledge' (GELLERT 1972), 'body concept' (SMYTHIES 1953), 'Körperbegriff' (FROSTIG 1973) o.ä. bezeichnet, wird in der Literatur zur 'Körpererfahrung' nur selten thematisiert. Möglicherweise erscheint es vielen Autoren ganz einfach als selbstverständlich, vielleicht gar als trivial, daß Menschen über Kenntnisse über ihren Körper im Sinne medizinisch-biologischen Basiswissens verfügen.

Eine der wenigen Autoren, die dem Teilbereich 'Körperkenntnis' eigenständige Berücksichtigung widmet, ist Marianne FROSTIG. Im Rahmen der von ihr publizierten und praktizierten 'movement education' untergliedert die Autorin den Gesamtbereich der Körpererfahrung, von ihr als 'Körperbewußtsein' bezeichnet, aufgrund der jeweils unterschiedlichen Störsymptomatik in die drei Funktionen: 'Körperimago' (offensichtlich eine unter Rückgriff auf den FREUDschen Imago-Begriff vorgenommene Übersetzung des 'body image'), 'Körperschema' und 'Körperbegriff'.

"Diese Dreiteilung beruht, obwohl sie bis zu einem gewissen Grad künstlich erscheint, auf klinischer Beobachtung. Ihre Aufgabe ist es, zu einem entwicklungsfördernden und therapeutischen Erziehungsprogramm modellhaft beizutragen" (FROSTIG 1973, 44f).

Der in diesem Programm als 'Körperbegriff' bezeichnete Funktionsbereich

"bezieht sich auf die faktische Kenntnis des Körpers, - auf die Kenntnis, daß ein Mensch zwei Augen hat, zwei Schultern, die die Arme mit dem Körper verbinden, zwei Beine usw." (1973, 49).

Körperkenntnis im so definierten Begriffsverständnis würde sich allerdings nicht prinzipiell vom Faktenwissen bezüglich anderer Objekte unterscheiden, etwa dem durch Auswendiglernen erworbenen Verfügen über Vokabeln, chemische Formeln oder grammatikalische Regeln. Auch eine Begriffserweiterung um das Wissen über physiologisch-funktionelle Zusammenhänge und Prozesse, wie auch bei FROSTIG (1973, 49) offenbar intendiert -

"Während der Jahre in der Grundschule sollten die Kinder die grundlegenden Fakten über die menschliche Physiologie erwerben. Sie sollten etwas über das Verdauungs-, Kreislauf-, Nervensystem und ähnliches erfahren. Dieser Wissensstoff kann leicht im Verlaufe eines Bewegungserziehungsprogramms vermittelt werden, die Lehrkraft sollte jedoch nicht die für die Körpererziehung benötigte Zeit schmälern"

könnte diese Einschätzung nicht grundlegend ändern, da die subjektive Wahrnehmungs- und Erfahrungskomponente ja nach wie vor nicht zwingend beteiligt ist!

Denn erst wenn dieses allgemeine Faktenwissen über 'den menschlichen' Körper auf 'den eigenen' Körper mit seinen individuellen Besonderheiten übertragen wird, wenn die konkrete Veranschaulichung und subjektive Betroffenheit, wenn die Auseinandersetzung mit den Signalen des eigenen Körpers solches Wissen nicht allein wie Vokabeln oder Regeln speichern, sondern 'am eigenen Leibe' (zur LIPPE 1978) 'erfahren' läßt, dann erst erscheint es gerechtfertigt, von Körperkenntnis im Gesamt der 'Körpererfahrung' zu sprechen!

Körperkenntnis mit einem solchen Anteil an Ich-Beteiligung kann dann allerdings nicht mehr allein als Körperschema-Leistung, d.h. als rein perceptiv-kognitiv bezeichnet werden, Überschneidungen mit dem Funktionsbereich 'Körperbild' ('Körpereinstellungen' und vor allem 'Körperbewußtsein') sind dann unumgänglich. Mglw. ist darin auch der Grund dafür zu sehen, daß den wenigen Definitonen (etwa bei POECK & ORGASS 1964; CRATTY 1971; FROSTIG 1973), mehr noch aber den zahlreichen Untersuchungsansätzen ein eher eingeschränktes, dafür aber operationalisierbares Begriffsverständnis unterlegt ist.

Als Basis nachfolgend darzustellender Erhebungsverfahren wie entwicklungspsychologisch relevanter Befunde können u.E. hinsichtlich der 'Körperkenntnis' vier Aspekte unterschieden werden:

(1) Das 'faktische Wissen' über Bau und Funktion generell des menschlichen und speziell des eigenen Körpers und seiner Teile, wobei weiter differenziert werden kann zwischen
- anatomisch-topographischen Kenntnissen der Lage und Zuordnung der Körperteile und -organe, sowohl im Hinblick auf das Körperäußere wie auf das Körperinnere, und

- physiologisch-funktionalen Kenntnissen, ebenfalls bezogen auf die sichtbaren Körperteile wie auf die inneren Organe.

(2) Eng verwandt mit dem Erstgenannnten ist die 'Kenntnis des eigenen Aussehens', weshalb anstelle von Körperkenntnis auch häufig von 'Körperwahrnehmung' oder 'Körpervorstellung' gesprochen wird. Wichtig ist hierbei jedoch allein die realistische Einschätzung des Körperäußeren, einschließlich der Körperproportionen, was jedoch nicht mit der 'Körperzufriedenheit' (body cathexis) verwechselt werden darf. Andererseits ist die Grenzziehung zum Aspekt 'Körperausdehnung' (body size estimation) wohl allein in intentionaler Hinsicht möglich.

(3) Die 'Direktionalität', d.h. den eigenen Körper als einen Raum im Raum zu begreifen und somit auch die Raumachsen und Richtungen wie 'oben - unten', 'vorn - hinten' und 'rechts - links' auf den eigenen Körper zu beziehen, wobei

(4) die 'Rechts-Links-Unterscheidung' wegen ihrer besonderen Bedeutung für die räumlichen Orientierungsleistungen sowie wegen ihrer Nähe zur Seitigkeit (Lateralität) des Individuums meist als eigenständiger Aspekt Berücksichtigung findet.

Wegen der besonderen Bedeutung, die den hier als Körperkenntnis zusammengefaßten Leistungen für fast alle schulischen und viele sonstige Lebensanforderungen zukommt, werden auch in bundesdeutschen Schulen den Kindern schon früh grundlegende Einsichten in die strukturellen und funktionalen Gegebenheiten des menschlichen Körpers vermittelt. So etwa im Lehrplan für die Hamburger Grundschule (Klassen 1 - 4) im Fach 'Sachunterricht: Natur/Biologie':

"Die Schüler sollen die einzelnen Körperteile benennen. Erfahren, daß die Beweglichkeit der Körperteile durch Gelenke und Muskeln ermöglicht wird" (FREIE UND HANSESTADT HAMBURG 1973, 17 33).

Der Forderung FROSTIGs, diese Kenntnisse innerhalb bzw. in Verbindung mit dem Sportunterricht zu vermitteln, entsprechen diese Lehrpläne jedoch nicht. Lediglich in neueren, 'psychomotorisch' orientierten Sonderschul-Lehrplänen wird dieser Themenkomplex als eine Aufgabe der basalen Bewegungsförderung angeführt, so bspw. im Lehrplan Sport der Schule für Lernbehinderte in Schleswig-Holstein, in welchem Aspekte der Körperwahrnehmung sehr detailliert angesprochen werden (vgl. KUMI SH 1984, 23ff).

Aber selbst wenn der Bereich Körperkenntnis in Lehrplänen und Richtlinien nicht eigenständig verankert ist, bietet der stets betonte

Stellenwert des Sportunterrichts für eine umfassende Gesundheitserziehung eine hinreichende Legitimationsbasis, derartige Lernziele und Lerninhalte in allen Klassenstufen zu berücksichtigen. Im Rahmen der Bewegungserziehung erscheint die Vermittlung von Wissen und Kenntnissen über den eigenen Körper allerdings besonders wichtig und effektiv, da die Topographie der einzelnen Körperteile wie auch das Beherrschen der Raumachsen (Direktionalität) unter besonderer Berücksichtigung der Rechts-Links-Unterscheidung eine wichtige Voraussetzung koordinierten Bewegungsverhaltens wie auch des Verständnisses auf Körperhaltungen und -bewegungen bezogener Anweisungen, Korrekturen und Reflexionen ist. Vor allem aber bietet die Bewegungserziehung die einzigartige Möglichkeit, die Funktionalität der Körperorgane unmittelbar kennenzulernen und zu erfahren, m.a.W., die körpereigenen Signale wie Schweißausbruch, Pulsfrequenzsteigerung, Muskelverspannungen, Krämpfe usw. sensibel wahrzunehmen, richtig zu deuten und angemessen zu beantworten.

In diesem umfassenden Begriffsverständnis ist Körperkenntnis sicherlich nicht allein ein Thema für den Elementar- und Primarbereich, auch Jugendliche und Erwachsene, ja selbst Studierende sind - wie empirische Studien belegen - in aller Regel längst nicht ausreichend über Aufbau und Funktion ihres Körpers informiert.

Verläßliche Aussagen über den jeweils 'angemessenen' Kenntnisstand können aber allein aus entwicklungspsychologischen (Längsschnitt-) Untersuchungen gewonnen werden, um nicht voreilig und fälschlicherweise auf pathologische Befunde zu schließen.

Bezüglich der Körperkenntnis sind systematische Untersuchungen an 'gesunden' bzw. 'normalen' Vpn jedoch eher die Ausnahme, da das wissenschaftliche Interesse an diesem Fragenkomplex offenbar erst im klinischen, psychiatrisch-pathologischen Bereich richtig geweckt wird. So etwa, wenn im Gesamt sog. 'Körperschemastörungen' (vgl. etwa JAROSCHKY 1983) bspw. das Unvermögen zur Orientierung am eigenen Körper (Autotopagnosie) oder speziell bezüglich der Fingeridentifikation (Fingeragnosie, sog. GERSTMANN-Syndrom) sehr umfangreich thematisiert wird.

2. Entwicklungspsychologische Aspekte

Wie bei allen kognitiven, perzeptiven, motorischen, etc. Leistungen müssen sich auch Aussagen zum Funktionsbereich 'Körperschema', insbesondere bei einer vermuteten Beeinträchtigung oder gar Störung, am 'normalen' Entwicklungsgang der jeweiligen Funktion orientieren, d.h. Entwicklungsaspekten Rechnung tragen (vgl. REMSCHMIDT & SCHMIDT 1981).

Unter entwicklungspsychologischer Perspektive stellt sich somit die Frage, wann Individuen über eine angemessene, d.h. realitätsgerechte Vorstellung vom eigenen Körper verfügen, welche Besonderheiten dabei mglw. auftreten, und ob diese Entwicklung mit anderen Merkmalen (wie bspw. kognitiver Entwicklungsstand, Sozialstatus, Geschlechtszugehörigkeit, etc.) korreliert.

Unbefriedigend bei allen diesbezüglichen Publikationen ist allerdings die ausschließliche Anbindung an das Lebensalter, obwohl nach TRAUTNER (1978) und anderen Autoren 'das Lebensalter keine erklärende Funktion für den Entwicklungsverlauf hat, d.h. die Entwicklung nicht vom Lebensalter determiniert ist' (siehe ALLMER 1983, 39). Insofern sollten die wiedergegebenen Altersangaben lediglich als eine, allein auf statistischen Mittelwertbildungen beruhende, Groborientierungsbasis angesehen werden, welche der intra- wie interindividuellen Varibilität des Entwicklungsverlaufes allerdings nicht Rechnung trägt!

Ein Interesse am eigenen Körper ist offenbar schon beim Säugling, d.h. in den ersten Lebensmonaten vorhanden, wenn das Kind beginnt, durch das Spiel mit seinen Gliedmaßen den eigenen Körper wahrzunehmen und zu entdecken. Noch vor Ende des ersten Lebensjahres sind Kinder in aller Regel in der Lage, nicht allein Gegenstände ihrer Umwelt, wie etwa Ball, Auto, evtl. auch Katze oder Hund, und natürlich auch Mama und Papa, sondern in prinzipiell gleicher Weise auch die ersten Teile des eigenen Körpers (hauptsächlich Hand und Fuß) durch Blickrichtung oder Berührung zu lokalisieren.

Wann und wie diese wohl eher zufälligen und unstrukturierten Erfahrungen dann zu einem klaren Bild vom eigenen Körper bzw. der eigenen Körperlichkeit führen, erscheint bisher noch nicht gesichert, kann mglw. aufgrund der beschränkten Ausdrucksmöglichkeiten des Kindes und/oder zur Verfügung stehender Untersuchungsansätze auch gar nicht exakt ermittelt werden! Empirische Befunde jedenfalls erlauben erst ab etwa dem vierten Lebensjahr konkrete Aussagen zum hier untersuchten Tatbestand.

POECK & ORGASS (1964) gewannen ihre Ergebnisse an einer Stichprobe von 140 nichtbehinderten Kindern im Alter von 3;6 bis 10;6 Jahren: In ihren umfangreichen Untersuchungen zur 'Entwickung des Körperschemas' bezogen sich folgende Aufgabenkomplexe auf die Körperkenntnis im hier unterlegten Begriffsverständnis:

- Identifizierung von Körperteilen an sich selbst und an einem gegenüber gehaltenen Modell,
- Rechts-Links-Unterscheidungen in unterschiedlichen Versuchsbedingungen mit ansteigendem Schwierigkeitsgrad, und
- Fingerwahl.

Danach kommen die Autoren zu der Überzeugung, daß ein normalentwickeltes Kind mit vier Jahren in der Lage ist, die wichtigsten Teile des Gesichtes, Kopfes, Rumpfes, sowie der Arme und der Beine korrekt zu identifizieren und zu benennen, was mit spätestens sieben Jahren auch für die übrigen Körperteile zutreffen sollte. In der genannten Untersuchung wurde den Kindern jedoch nicht allein die Aufgabe gestellt, die erfragten Körperteile am eigenen Körper zu lokalisieren, vielmehr sollten sie diese Körperteile in einem weiteren Testdurchgang auch an einem Demonstrationsmodell (hier an einer Puppe) identifizieren. Die Autoren stellten dabei fest, daß die Reaktionen beim Zeigen an der Puppe bis in die Einzelheiten den Ergebnissen des Tests am eigenen Körper entsprachen.

Die Ergebnisse widersprachen damit einer Hypothese von BENTON (1959), wonach der Erwerb der 'Fähigkeit zur Orientierung am eigenen Körper' bei Kindern in drei Stadien verläuft:

(1) Unterscheidung von Körperteilen an einem Gegenüber,

(2) Anwendung dieser Differenzierung auf den eigenen Körper, und

(3) Sprachliche Identifizierung der Körperteile.

Allerdings muß man dabei wohl berücksichtigen, daß sich die Annahme BENTONSs auf eine Aufgabe des STANFORD-BINET-Tests bezog, welche schon bei zweijährigen Kindern Anwendung fand. U.E. kann man somit davon ausgehen, was auch durch Alltagserfahrungen mit Kleinkindern hinreichend belegt wird, daß die frühe Identifizierung von Körperteilen in aller Regel mit Hilfe der optischen Wahrnehmung geleistet wird, was hinsichtlich bestimmter Körperteile wie etwa Nase, Auge, Ohrläppchen, etc. sachlogisch an einem Gegenüber eher möglich ist, während dies von Kindern im Alter der von POECK & ORGASS erfaßten und älteren Vpn dann offenbar auch schon ohne konkrete optische Kontrolle geleistet wird.

Analoge nicht-sprachliche Lokalisations- und sprachliche Identifikationsleistungen am eigenen Körper werden vor allem im Rahmen sog. 'Sensory Motor Tests' erfaßt (vgl. die diesbezügliche Sammlung in BARROW & Mc GHEE 1979), Detailergebnisse im Sinne der Körperkenntnis, Körpervorstellung oder Körperwahrnehmung werden in der Literatur jedoch nicht mitgeteilt.

Wesentlich umfangreicher ist demgegenüber die Zahl mitgeteilter Befunde, welche sich auf Untersuchungen unter Anwendung zeichnerischer und gestalterischer Verfahren stützen, wobei insbesondere verschiedene Varianten des Draw-a-Person-Test (DAP) zur Anwendung kommen. Unter Rückgriff auf die bereits von GOODENOUGH (1962) erarbeiteten Kriterien werden derartige Mensch-Zeichnungen hinsichtlich guter Durchgestaltung, realistischer Proportionierung, Geschlechtsdifferenzierung, Alter, Kleidung und Detail-Darstellung ausgewertet, wobei unterschiedliche Untersucher zu relativ übereinstimmenden bzw. sich ergänzenden Befunden kommen:

REMSCHMIDT & SCHMIDT (1981, 39) berichten von Ergebnissen, die auf der Basis von Zeichnungen sehr junger Vpn ermittelt wurden. Danach verfügen Kinder bis zum Alter von drei bis vier Jahren lediglich über eine 'intentionale Form', welche sie aber graphisch noch nicht zum Ausdruck bringen können. Ab drei bis vier Jahre entstehen dann die sog. 'Kopffüßler' bzw. andere unrealistische Figuren. Erst mit etwa fünf Jahren werden die Darstellungen schematisch korrekt, sind in den Details aber noch undifferenziert.

FATERSON & WITKIN (1970) fanden heraus, daß die Körpervorstellungen von Kindern im Alter von acht bis 14 Jahren zunehmend genauer werden, und dann bis ins Erwachsenenalter hinein relativ stabil bleiben. In ähnlicher Weise stellte schon WAPNER (1965) eine zunehmende Stabilisierung der Körpereinschätzungen mit neun bis zehn Jahren fest. Charakteristische Fehlermuster zeigen sich u.a. darin, daß Kinder den Kopf in aller Regel auf Kosten des Rumpfes bzw. der Beine überproportionieren (vgl. NASH & HARRIS 1970), was nach WAPNER (1960) selbst für Ewachsene noch zutrifft, allerdings in wesentlich vermindertem Maße.

Die mit zunehmendem Alter verbesserte Detail-Darstellung und Größenproportionierung von Menschzeichnungen läßt sicherlich den Schluß zu, daß die Körperkenntnis in hohem Maße mit dem allgemeinen und speziell mit dem kognitiven Entwicklungsstand zusammenhängt. Belegt wird dieser Zusammenhang u.a. durch eine Untersuchung von WYSOCKI & WYSOCKI (1973), die bei acht- bis elfjährigen Kindern mit einer starken mentalen Retardierung (IQ = 52 bis 72) die o.a. Wahrnehmungsverzerrungen in generell verstärkter Ausprägung ermittelten.
Auch bei einer dimensionalen Erweiterung der Menschzeichnungen, etwa der räumlichen Darstellung menschlicher Figuren mit Knetmasse (vgl. WISSEL/WISSEL & LANGE-COSACK 1979), bestätigt sich die durchgängig ermittelte Tendenz, daß sich die Körpervorstellung von Kindern um das zehnte Lebensjahr herum deutlich verbessert und stabilisiert.

Aufgrund der offenkundigen Schwächen zeichnerischer und gestalterischer Verfahren hat insbesondere GELLERT in den sechziger und siebziger Jahren einfachere und zugleich bessere Meßinstrumente entwickelt, von denen vor allem die sog. 'Photo-Methode' Grundlage verschiedener Untersuchungen war. In Übereinstimmung mit den bereits dargelegten Untersuchungen konnte GELLERT (1975) bspw. feststellen, daß Kinder im Alter von sechs bis sieben Jahren dazu tendieren, den Kopf überproportioniert darzustellen und Arme, Hände und Füße häufiger wegzulassen. In einer weiteren Untersuchung fanden GELLERT & STERN (1964) heraus, daß schon fünfjährige Kinder ihr eigenes unter sieben vergleichbaren Photos in frontaler Ansicht wiedererkannten. Das Wiedererkennen auf Photos mit abgedecktem Kopf von vorn, hinten und von der Seite hingegen gelang Siebenjährigen noch nicht, während Kinder im Alter zwischen neun und zwölf Jahren sich auch bei abgedecktem Kopf von vorn und hinten identifizieren konnten. Die Autoren folgern daraus, daß Kinder mit etwa zehn Jahren durchaus in der Lage sein sollten, sich auch auf einer Profildarstellung (Photo) wiederzuerkennen. Interessant erscheint auch der Befund, daß dicke Kinder (vornehmlich im Alter von sieben bis zehn Jahren) signifikant schlechter abschnitten als schlanke.

Während in den dargelegten Untersuchungen verschiedentlich von der ermittelten Ausprägung der Körperkenntnis auf den allgemeinen bzw. kognitiven Entwicklungsstand gefolgert wurde (vgl. etwa FATERSON & WITKIN 1970) untersuchten DAURAT-HJELMJAK/STAMBAK & BERGES (1966) Aspekte der Kenntnis des eigenen Körpers und seiner Teile in Abhängigkeit von Erkenntnissen über die intellektuelle Entwicklung des Kindes. Die Autoren griffen dabei auf die Modellvorstellungen von PIAGET zurück, der bekanntlich mit ca. vier bis sieben Jahren eine Periode des 'anschaulichen Denkens' und mit ca. sieben bis elf Jahren eine Periode der 'konkreten Operation' ansetzt. Im Rahmen ihrer Untersuchungen zur Entwicklung des 'Körper-Ich' konstruierten DAURAT-HJELMJAK/STAMBAK & BERGES zwei Puzzle-Tests, bei welchen die Vpn (210 Pariser Grundschüler beiderlei Geschlechts) einen menschlichen Körper aus gezeichneten Gliedern und Körperteilen zusammensetzen sollten, die jüngeren Vpn in Vorderansicht (en face), die älteren in Vorder- und zusätzlich - da schwieriger - auch in Seitenansicht (Profil). In einer differenzierten Ergebnisanalyse wurden die Daten dann im Hinblick auf die Aspekte: Wiedererkennen, Konstruktion und Reproduktion ausgewertet. Die Ergebnisse machen deutlich, daß selbst die jüngsten Vpn (vier bis fünf Jahre) bereits über eine relativ gute Vorstellung vom menschlichen Gesicht verfügen, während der Körper demgegenüber noch sehr unorganisiert wahrgenommen bzw. rekonstruiert wird. Die Sechs- bis Siebenjährigen verwenden demgegenüber den Rumpf schon häufig als Konstruktionszentrum für die vertikale Anordnung und richtige Eingliederung der unteren Körperteile. Bezüglich der Vorderansicht haben diese Kinder kaum noch Schwierigkeiten, während vergleichbare Ergebnisse im Profil-Versuch bei weitem noch nicht erreicht werden. Im Alter von acht bis elf Jahren schließlich ließen die Kinder im en face-Versuch eine zusammenhängende Körpervorstellung erkennen, im Profil-Versuch hingegen wurde dies erst im elften Lebensjahr erreicht.

Einen besonderen Aspekt greift man auf, wenn man sich nicht auf die Erfassung des rein anatomischen Wissens zum Körperäußeren beschränkt, sondern diesbezügliche Untersuchungen auch auf das anatomische und physiologische Wissen um das Körperinnere ausdehnt.

Zwar haben gerade in den letzten Jahren Fortschritte der medizinischen Diagnostik zu einem erheblichen Informationsanstieg breiter Schichten der Bevölkerung geführt, man denke in diesem Zusammenhang allein an die Möglichkeiten etwa der Sonographie und der Endoskopie, deren Erkenntnisse sich nicht allein auf einen kleinen Expertenkreis beschränken, sondern durch z.T. aufsehenerregende Photoberichte in Illustrierten, so etwa die STERN-Reportage zur menschlichen Entwicklung im Mutterleib, weit verbreitet wurden. Insofern ist der Körperinnenraum heute sicherlich nicht mehr in dem Maße als unbekannte 'heavy mass' anzusehen, als welche sie bspw. noch SCHILDER (1935, 90) charakterisierte.

Nach BRUMBACK (1977) können Kenntnisse des Körperinneren erst ab dem zehnten Lebensjahr erwartet werden, wobei zunächst eine Identifizierung der Körperöffnungen, danach der mit der Nahrungsaufnahme in Verbindung stehenden inneren Organe, dann des Herzens und schließlich der übrigen Organe geleistet wird, bevor funktionelle Zusammenhänge erkannt werden. Ähnlich wie BRUMBACK ließen auch REUTER & HÖCHER (1977) alle den Vpn bekannte sichtbare Körperteile wie innere Organe in vorgegebene Schemazeichnungen einordnen. Während bereits acht- bis zehnjährige Grundschüler diese Aufgabe überwiegend richtig lösten, war jedoch nur jeder dritte von ihnen in der Lage, die Abfolge der Organe beim Verdauungvorgang richtig anzugeben. Analoge Fragen, wenngleich auch teilweise auf höherem Schwierigkeitsniveau, zeigten selbst bei Schülern der Sekundarstufe I noch große Lücken bzgl. konstitutioneller und funktionaler Zusammenhänge.

Ebenfalls auf der Grundlage einer Fragebogenerhebung ermittelte GELLERT (1962) bei 96 Vpn im Alter von fünf bis 16 Jahren (fast ausschließlich Krankenhauspatienten), daß Kinder unter neun Jahren noch keine exakte Kenntnis über innere Körperorgane und deren Funktionen haben, während dieses Wissen ab dem neunten Lebensjahr allerdings stark zunimmt. Datailanalysen machen zudem deutlich, daß die Vorstellungen vom Körperinneren entwicklungspsychologisch ähnlich verlaufen wie die zum Körperäußeren, und ebenfalls eine Übertragung der von PIAGET genannten Merkmale des kognitiven Entwicklungsverlaufes zulassen.

Daß der relativ geringe Kenntnisstand zum Körpererinneren jedoch nicht allein auf Kinder und Jugendliche beschränkt bleibt, sondern ebenso auf Erwachsene (hier sogar auf Studierende) zutrifft, machen verschiedene Studien deutlich. So untersuchte bspw. BOYLE (1970) ambulant behandelte erwachsene Krankenhauspatienten, die bzgl. einfachster anatomischer Kenntnisse ebenfalls erhebliche Wissenslücken aufwiesen.

Auch in eigenen Untersuchungen an über 200 Lehramtsstudenten verschiedener Fachrichtungen beiderlei Geschlechts konnten für diese Vpn nur geringfügig bessere Werte ermittelt werden (sowohl bzgl. der Nennhäufigkeit wie auch der anatomisch richtigen Anordnung innerer Organe) als bei einer vergleichsweise herangezogenen Stichprobe zwölf- bis 14jähriger Hauptschüler.

Diese Ergebnisse scheinen einen Befund von FATERSON & WITKIN (1970) zu bestätigen, die im Rahmen einer Längsschnittuntersuchung eine relativ individuelle Stabilität im Artikulationsniveau des 'Körperkonzeptes' von etwa 14 bis 24 Jahren feststellten. Darüber hinaus fanden die Autoren heraus, daß weibliche Vpn über sämtliche Altersstufen hinweg höhere Punktwerte bei der DAP-Auswertung erhielten als männliche Vpn. Diese Befunde decken sich sowohl mit Ergebnissen von KUNITSYNA (1968, zit. n. KIENER 1973, 343), wonach Mädchen in der Adoleszenz ein sowohl quantitativ als auch qualitativ höheres Wissen über ihren Körper aufweisen als Jungen, wie auch mit solchen von LERNER & BRACKNEY (1978), wonach weibliche Studenten sowohl über äußere wie auch über innere Körperorgane umfassender informiert sind als ihre männlichen Kommilitonen.

3. Untersuchungsansätze

Erstaunlicherweise findet der Funktionsbereich 'Körperkenntnis' in Übersichtsdarstellungen von Diagnosemöglichkeiten der Körpererfahrung (so etwa bei SHONTZ 1969 oder FISHER 1970) keine Berücksichtigung. Dennoch lassen sich, wie die oben referierten Untersuchungen eindrucksvoll belegen, zahlreiche Verfahren aufzeigen, die für die Erfassung unterschiedlichster Aspekte der Körperkenntnis Anwendung finden können. Im Sinne eines strukturierenden Überblicks lassen sich jeweils mehrere solcher Instrumente aufgrund übereinstimmender Merkmale einander zuordnen, wobei vor allem Ausführungen von de AJURIAGUERRA & STUCKI (1969) und JORASCHKY (1983) für die Charakterisierung und Benennung unterschiedlicher Ansätze hilfreich sind.

Aufgrund des hier zu thematisierenden Untersuchungsgegenstandes kommen jedoch allein quantitative, wahrnehmungspsychologische Verfahren in Betracht, da andere Ansätze aus dem Bereich der Körpererfahrung, wie etwa Orientierungs- oder Schätzverfahren, introspektive und mehr noch projektive Verfahren, dem Untersuchungsgegenstand im oben definierten Begriffsverständnis nicht gerecht werden.

Grobunterteilt lassen sich danach Identifikations- und Konfigurationsverfahren unterscheiden, wobei die Identifikation von Körperteilen sowohl nicht-sprachlich (üblicherweise durch Hindeuten bzw. Berühren) wie sprachlich erfolgen kann. Die Erfassung nicht-sprachlicher Identifikations-, d.h. Lokalisations-Leistungen, wird häufig auch als topognostisches Verfahren bezeichnet. Konfigurationsverfahren lassen sich ebenfalls weiter unterteilen, und zwar in zeichnerische und gestalterische, sowie in konstruktive Verfahren.

3.1. Identifikations-Verfahren

3.1.1. Topognostische Verfahren

Derartige Verfahren zielen darauf ab, einzelne Körperteile auf sprachliche oder symbolische Aufforderung hin am eigenen Körper oder an einem menschlichen Gegenüber bzw. an einem Modell (bzw. einer Puppe), zu lokalisieren. Mit Ausnahme der in der häufig zitierten Untersuchung von POECK & ORGASS (1964) zur Anwendung gekommenen Aufgabensammlung bzw. dem noch darzustellenden Test von CRATTY (1971) liegen eigenständige Tests dieser Art u.W. nicht vor, jedoch werden derartige Teilleistungen im Rahmen umfassenderer Testbatterien, sog. 'perceptual-motor-tests' bzw. 'sensory-motor-tests' erfaßt, so etwa durch die Untertests 'body image' und 'space and directions' des 'Sensory-Motor-Awareness-Survey' von BRALEY (1970, zit. n. BARROW & Mc GHEE 1979, 363ff):

(1) Body image:
Ask the child to touch the following body parts:
head - ankles - ears - stomach -
toes - nose - legs - chin -
eyes - feet - mouth - waist -
wrists - chest - fingers - shoulders -
back - elbows -

(2) Space and Directions
Ask the child to point to the following direktions:
front - back - up - down - beside you - -
Place two blocks on a table about one inch apart. Ask the child to point:
under - over - to the top - to the bottom - between -

Sehr ähnlich ist auch der sog. 'body image-test' von BETER & CRAGIN (1972) aufgeaut, in welchem die Vpn aufgefordert werden, 13 einzeln vom Versuchsleiter erfragte Körperteile nur durch Berührung zu lokalisieren. Als entscheidender Unterschied zu einer Vorform dieses Tests von KEPHART bzw. dem vorgenannten von BRALEY haben die Vpn in einem zweiten Testdurchgang die erfragten Körperteile jedoch zusätzlich mit geschlossenen Augen zu berühren, wobei dann eben nicht optische (bzw. haptische), sondern allein kinästhetische Wahrnehmungen eingesetzt werden können, d.h. eine Verbindung mit Körperschemaleistungen i.e.S. ('Körperorientierung') vorgenommen wird.
Analoge topognostische Verfahren beziehen sich darüber hinaus auch auf die Rechts-Links-Unterscheidung bzw. auf die nicht-sprachliche Identifikation der einzelnen Finger (vgl. BENTON 1959). Nach REMSCHMIDT & SCHMIDT (1981) kann sich eine Erweiterung topognostischer Verfahren auch noch auf die Fähigkeit beziehen, Bewegungsabläufe zu erkennen (sog. Praktosomatognosie), wobei die Vpn aufgefordert werden, Bewegungen an einem Gegenüber zu erkennen, zu imitieren oder an einer Puppe nachzuvollziehen.

Der umfasssendste Testansatz topognostischer Art zur Körperkenntnis im oben dargelegten Begriffsumfang ist sicherlich der 'Body Image Screening Test for Blind Children' von CRATTY (1971, 219ff), der jedoch nicht allein für Blinde, sondern ebenso für den Einsatz bei Sehenden geeignet scheint. Auch eine deutschsprachige Version dieses Tests liegt inzwischen vor, die bereits in mehreren Untersuchungen bei blinden und normalsichtigen Kindern Anwendung gefunden hat (vgl. etwa WEDEMEIER 1985). Der relativ umfangreiche Test überprüft insgesamt fünf Teilaspekte der Körperkenntnis, und zwar 'Körperaufbau', 'Körperteile', 'Körperbewegungen', 'Rechts-Links-Dimension' und 'Bewegungs-Richtungen', die sämtlich durch bloße Lokalisations- bzw. Demonstrationsleistungen beantwortet werden. Lediglich der Untertest 'Körperbewegungen' scheint keine hinreichende Differenzierungsfähigkeit aufzuweisen, zudem dürfte er wohl auch eher Aspekte der 'Körperorientierung' als der 'Körperkenntnis' überprüfen.

3.1.2. Identifikations-Verfahren

Verfahren der sprachlichen Identifikation von Körperteilen sind den topognostischen Verfahren eng verwandt, u.E. von diesen nur formal zu trennen. Prinzipiell geht es bei ihnen darum, auf eine wiederum verbale und/oder symbolische Aufforderung hin verschiedene Körperteile und/oder 'rechts' und 'links' zu identifizieren. Analog den vorgenannten Verfahren können auch diese Überprüfungen sowohl am eigenen Körper, wie auch an einem menschlichen Gegenüber, einer Puppe oder gar am Spiegelbild der eigenen Person vorgenommen werden.

Verwiesen sei in diesem Zusammenhang auf einen von BENTON (1959) entwickelten Test zur Körperbegriffsentwicklung, welcher nach der von diesem Autor vertretenen Hypothese (s.o.) das dritte Stadium im Erwerb der Fähigkeit zur Orientierung am eigenen Körper (eben die sprachliche Identifizierung von Körperteilen) abprüft. Demgegenüber konnten POECK & ORGASS (1964) anhand ihrer Untersuchungsbefunde nachweisen, daß Fehler bei der Identifizierung von Körperteilen zum Teil allein dadurch zu erklären waren, daß die Benennung bestimmter Körperteile den Kindern sprachlich noch nicht vertraut war. Da die Auswertung derartiger Tests in aller Regel sowohl die Genauigkeit wie auch die Schnelligkeit der Antwort berücksichtigt, andererseits aber eventuelle Sprachstörungen bzw. eine mglw. begrenzte sprachliche Ausdrucksfähigkeit nicht berücksichtigen, fordern sie generell zur Kritik heraus. Dies umsomehr, als sie in aller Regel bei Kleinkindern und Behinderten angewendet werden, bei Vpn also, bei denen derartige Leistungsbeeinträchtigungen geradezu erwartet werden müssen. Diese einschränkenden Anmerkungen machen

bereits deutlich, daß die Überprüfung von Identifikationsleistungen nur von geringem diagnostischen Wert ist, wenn man nicht zugleich auch die Ursachen eines evtl. schlechten Testergebnisses analysiert. So können bspw. bestimmte kortikale Hirnschädigungen wie Agnosie, Apraxie oder Aphasie oder auch Bewußtseinsstörungen eine Orientierung am eigenen Körper verhindern. Da solche neurophysiologischen und psychopathologischen Symptome jedoch mit präziseren, teilweise quantitativen Methoden eindeutig diagnostiziert werden können, hält POECK (1966, 73f) es gar für fraglich,
"ob es überhaupt sinnvoll ... (sei), sie in einer so vieldeutigen Situation nachzuweisen, wie es die Untersuchung der Orientierung am eigenen Körper nicht als Leistung des 'Körperschemas' allein anzusehen sei, sondern das Ergebnis 'integrativer Prozesse' darstelle, zu denen nicht zuletzt auch Bewußtsein, Aufmerksamkeit und intellektuelle Fähigkeiten beitragen (vgl. hierzu auch JORASCHKY 1983).

3.2. Konfigurative Verfahren

3.2.1. Zeichnerische und gestalterische Verfahren

Im Gegensatz zu den vorgenannten zeichnen sich konfigurative Verfahren hauptsächlich durch ihre Sprachfreiheit aus. Unter zeichnerischen Verfahren werden hier die zahlreichen Varianten des Draw-a-Person (DAP) bzw. des Mann-Zeichen-Test (MZT) verstanden (siehe hierzu etwa die Übersicht bei SWENSON 1968), bei welchen die Vp aufgefordert wird, sich selbst, einen Mann, eine Frau oder irgendeinen Menschen zu zeichnen. Mehr noch als bei den o.a. Verfahren der Lokalisation und sprachlichen Identifikation von Körperteilen ist die Interpretation derartiger Testverfahren jedoch außerordentlich vieldeutig.

Neben Aspekten der Körperkenntnis kommen hierbei insbesondere die Ausprägung des Körperbewußtseins, sowie der allgemeine intellektuelle Entwicklungsstand und vor allem zeichnerische Aspekte zum Tragen. Dementsprechend wird der MZT bzw. DAP-Test sowohl zur Erfassung des allgemeinen Entwicklungsstandes (etwa im Rahmen des Sonderschulüberweisungsverfahrens), zur Erfassung des Körperbewußtseins (so etwa bei SIBLIK 1973 und vielen anderen Autoren), und letztlich auch zur Erfassung der Körperwahrnehmung, Körpervorstellung oder Körperkenntnis (vgl. etwa BENTON 1959; SWENSON, 1968; u.a.m.) eingesetzt. Trotz der unterschiedlichen Anwendungsintentionen sind die Auswertungsmodalitäten im Prinzip dieselben, d.h. die erstellten Zeichnungen werden nach verschiedenen Kriterien, wie bspw. richtiger Proportionierung, angemessener Durchgestaltung, Detailliertheit, usw. mit Punkten beurteilt, welche dann im Sinne eines Summenscores oder eines Quotienten die altersunabhängige Vergleichbarkeit herstellen. Grundsätzlich unterschiedlich sind allerdings die an die jeweilige Testanwendung geknüpften Interpretationen, seien sie nun begründet oder nicht.

Auch JORASCHKY (1983, 119) weist darauf hin, daß der DAP zwar zumeist als projektives Verfahren zur Erfassung des Körperbildes bzw. des Körperbewußtseins klinische Anwendung findet, daneben aber ebenso zur Erfassung der Körpervorstellung bzw. der Körperkenntnis herangezogen werden kann. Bei wahrnehmungspsychologischem Einsatz dieses Verfahrens muß jedoch berücksichtigt werden, daß die Testergebnisse im starken Maße noch von anderen Persönlichkeitsvariablen, von der Testsituation (bspw. Anwesenheit bestimmter Personen) und vor allem von den zeichnerischen Fertigkeiten der Vp abhängt. Aufgrund dieser vielfältigen Einflußvariablen fallen die Hauptgütekriterien dieses Tests naturgemäß sehr niedrig aus, weshalb er wohl eher im Sinne eines Screening-Test denn als ein exaktes, d.h. hinreichend zuverlässiges und gültiges Meßinstrument angesehen werden kann.

Gestalterische Verfahren stellen wiederum lediglich eine Variation zeichnerischer Verfahren dar. So erfordert bspw. die flächige Nachbildung des menschlichen Körpers mit Hilfe von Baumwollseilchen, Wäscheleinen oder ähnlichem Material, und mehr noch die plastische Darstellung mit Hilfe von Knetmasse (vgl. etwa WISSEL/WISSEL & LANGE-COSACK 1967) hohe Anforderungen an das gestalterische Vermögen bzw. die manuelle Geschicklichkeit der Vp. Die diagnostische Valenz derartiger Überprüfungen muß deswegen ähnlich umstritten gesehen werden wie die der DAP-Verfahren.

3.2.2. Konstruktions-Verfahren

In seinem Abriß entwicklungspsychologischer Aspekte der 'Körperwahrnehmung' stellt JORASCHKY (1983) der Konfigurationsmethode (von ihm als Sammelbezeichnung für zeichnerische und gestalterische Verfahren verwendet) sog. Konstruktionstests (häufig auch als Puzzle-Tests bezeichnet) gegenüber, wobei die begriffliche Abgrenzung semantisch jedoch nicht befriedigen kann. Im folgenden werden Konstruktionstests als eine Untergruppe konfigurativer Verfahren betrachtet, in denen es darum geht, aus verschiedenen Einzelteilen (Kopf, Rumpf, Arme, Beine, Hände, Füße, etc. bzw. aus jeweils kleineren Teilen davon) eine menschliche Figur zu 'konstruieren'.

Analog den zeichnerischen und gestalterischen Verfahren lassen sich auch die Ergebnisse solcher 'Puzzle-Tests' in unterschiedlicher Weise interpretieren: Die klinisch-psychiatrische Anwendungspraxis vertritt bspw. SIBLIK (1973, 54), welche ihn als eine empirische Methode bezeichnet,

"um festzustellen, wie ein Individuum seinen eigenen Körper empfindet ... Je mehr Teile des Puzzles richtig zusammengesetzt werden, desto größer ist die Fähigkeit, das innere Bild des eigenen Körpers in das Puzzle zu projezieren ..."

Für den wahrnehmungspsychologischen Einsatz dieser Tests, d.h. als Verfahren zur Erfassung der Körperkenntnis sprechen Untersuchungsergebnisse von KEPHART (1960, zit. n. SIBLIK 1973), der feststellte, daß kleine Kinder bei der Zusammensetzung der Einzelteile einer menschlichen Figur in aller Regel den Rumpf auslassen und die Beine direkt am Kopf ansetzen, d.h. sog. 'Kopffüßler' produzieren, die auch für Menschzeichnungen dieser Altersstufe charakteristisch sind. Auch DAURAT-HJELMJAK / STAMBAK & BERGES (1966) verwenden den Puzzle-Test in diesem Sinne und gelangen ebenfalls zu vergleichbaren Ergebnissen mit entsprechenden Menschzeichnungen.

Eine spezielle Variante der dargelegten Puzzle-Tests stellen die Untersuchungsansätze von GELLERT (1964; 1971; 1975; GELLERT & STERN 1962) dar, bei welchen Teile des menschlichen Körpers auf einzelnen Photographien in jeweils unterschiedlichen Größen dargestellt sind, die von der Vp richtig zusammengesetzt werden müssen.

Wie GELLERT (1975) zusammenfassend bestätigt, lassen die Ergebnisse von Konstruktionstests hohe Übereinstimmungen mit den durch andere Konfigurations-Tests ermittelten Befunde erkennen, und zwar sowohl hinsichtlich des entwicklungsabhängigen Gesamtergebnisses wie auch hinsichtlich charakteristischer Fehlermuster in der Körperwahrnehmung. Der Vorteil der Puzzle-Tests ist allerdings darin zu sehen, daß der Einfluß zeichnerischer und gestalterischer Fertigkeiten der Vpn mit Sicherheit ausgeschlossen werden kann, während Einflüsse anderer Persönlichkeitsvariablen wie auch der Testsituation allerdings nach wie vor in Rechnung gestellt werden müssen.

3.3. Kenntnisse vom Körperinneren

Einen spezifischen Aspekt der Körperkenntnis greift man auf, wenn man sich nicht allein auf anatomische Gegebenheiten des Körperäußeren beschränkt, sondern auch das Körperinnere mit einbezieht. Bei Überprüfung und Förderung derartiger Kenntnisse muß jedoch berücksichtigt werden, daß den Vpn diesbezüglich die konkrete Anschauung wie auch die Erlebenskomponente in aller Regel fehlt. Da Kenntnisse über das Körperinnere insofern eine gewisse Abstraktionsfähigkeit des Denkens voraussetzen, sind entsprechende Kenntnisse entwicklungspsychologisch erst später zu erwarten.

Zur Erfassung derartigen Wissens erscheinen zwar prinzipiell auch topognostische und Verfahren der sprachlichen Identifikation möglich, in der Literatur werden jedoch allein Fragebogen- und Zeichentests genannt.

Ein solches auf den Körperinnenraum bezogenes zeichnerisches Verfahren ist der 'Inside of the Body Test' von BRUMBACK (1977), der in der Literatur allerdings zumeist - wie auch die bereits genannten zeichnerischen Verfahren - als Diagnosemöglichkeit des Körperbewußtseins (d.h. der psychischen Repräsentation des eigenen Körpers) herangezogen wird. Bei diesem Verfahren werden die Vpn aufgefordert, in eine vorgegebene oder selbstangefertigte Schemazeichnung (frontale Silhouette) eines menschlichen Körpers, alle ihnen bekannten inneren (und evtl. auch äußeren) Organe sachangemessen anzuordnen. Die Auswertung berücksichtigt dann sowohl die Anzahl eingezeichneter Organe wie auch deren anatomisch richtige Lokalisation.

Während zeichnerische Verfahren allein anatomische Aspekte des Körperinnenraumes ermitteln lassen, kann das Wissen über funktionale Zusammenhänge der Organe demgegenüber nur durch Befragungstechniken überprüft werden. GELLERT (1962) entwickelte dazu einen

Fragebogen mit 41 Items unterschiedlichen Schwierigkeitsgrades, die sich auf vitale Körperprozesse (wie Atmung, Kreislauf, Verdauung, Bewegung, usw.) beziehen (GELLERT - Index of Body Knowledge). Ähnliche Fragebogen setzen auch BOYLE (1970) und LERNER & BRACKNEY (78) ein.

4. Hinweise zur Förderung

Offensichtlich handelt es sich bei dem unter dem Terminus 'Körperkenntnis' thematisierten Sachverhalt um eine ganz und gar unstrittige und einfach strukturierte kognitive Leistung des Individuums, die ohne Rückgriff auf irgendwelche Phänomene oder hypothetischen Konstrukte auskommt. In testtheoretischem Sinne bezeichnet man die Überprüfung solcher Merkmale oder Eigenschaften deshalb auch als 'inhaltsvalide', bzw. spricht ihr 'logische Validität' (face validity) zu, so etwa, wenn man die Leistung einer Schreibkraft dadurch überprüft, daß man sie einen Text tippen läßt, wie man auch umgekehrt die Schreibleistung am sichersten durch Schreibübungen verbessert. Untersuchungsansätze und Förderangebote zur Körperkenntnis unterscheiden sich deshalb auch nur intentional, d.h., daß die oben angeführten empirischen Verfahren zwar modifiziert, prinzipiell aber in gleicher Weise auch für die vorbeugende oder ausgleichende Förderung herangezogen werden können. Zugleich folgt daraus, daß der Übungseffekt jederzeit unmittelbar ersichtlich ist und eine permanente Anpassung des Übungsstoffes an die jeweilige, individuelle Lernsituation ermöglicht wird.

Andererseits erscheint es aber auch relativ schwierig, ein gezieltes Übungsprogramm so abwechslungsreich zu gestalten, daß die Lernmotivation der beteiligten Kinder tatsächlich fortlaufend sichergestellt ist. Diesbezügliche Negativ-Beispiele finden sich zur Genüge vornehmlich in anglo-amerikanischer Literatur, in welcher relativ stereotype Übungssituationen veranschaulicht werden, in denen das übende Kind 'sozusagen aus der Froschperspektive' den ihm gegenüberstehenden Erwachsenen wahrnimmt und dessen Übungsanweisungen bzw. -demonstrationen folgen soll, wie dies vor allem bei topognostischen Verfahren bzw. Übungen zur Lokalisation von Körperteilen der Fall ist. Derartige Situationen sind nicht allein zu statisch, sondern insgesamt kaum als freudvoll und kindgemäß zu bezeichnen und deshalb weder für eine Überprüfung noch für eine bewegungsorientierte Förderung zu empfehlen.

Die augenscheinliche Begrenztheit des Schulungsgegenstandes macht es deshalb erforderlich, durch immer neue Aufgabenvariationen und Verknüpfung mit anderen Schulungsbereichen das Wissen über den eigenen Körper nachhaltig zu fördern. Im Hinblick auf die Förderung der 'Körperkenntnis' wird es deshalb immer zugleich auch Ziel sein müssen, ebenso kinästhetische Wahrnehmungen zu vermitteln (im Sinne des 'Körperschemas' i.e.S.), sowie durch konzentrative Hinwendung auf das jeweils angesprochene Körperteil und Verbalisierung des dadurch ausgelösten emotionalen Zustandes, d.h. durch vielfältige bewußte und möglichst positive emotionale Lernerfahrungen, gleichzeitig zu einer Förderung des 'Körperbildes', insbesondere zu einer Intensivierung des 'Körperbewußtseins' beizutragen.

Die eingehendste Beschäftigung mit dem Funktionsbereich 'Körperkenntnis' findet sich in den Ausführungen von FROSTIG (1973); im entsprechenden Übungsprogramm 'Bewegen-Wachsen-Lernen' der Autorin (FROSTIG 1975) finden innerhalb des Bereichs 'Körperbewußtwerdung' vor allem Übungsvorschläge zur Rechts-Links-Unterscheidung sehr eingehend Berücksichtigung, während die Identifikation und Lokalisation von Körperteilen lediglich in einer einzigen Aufgabe angesprochen wird:

"Körperbewußtwerdung (Finden der Körperteile)

In dieser Übung wird das Erkennen und Lokalisieren der Körperteile geübt. Die Kinder stehen. Der Übungsleiter sagt: Klatscht zweimal in die Hände; legt eure Ellenbogen zusammen; stellt eure Füße auseinander; berührt einen Ellenbogen; berührt beide Ellenbogen; nehmt eure Knie zusammen; berührt das rechte Knie mit der linken Hand; berührt das linke Knie mit der rechten Hand; berührt eure Nase; berührt die Zehen mit verschränkten Armen; berührt die Nase mit der einen Hand, das Knie mit der anderen; legt eure Hände auf den Kopf; berührt ein Knie und einen Fuß; klatscht einmal in die Hände; legt eure Handflächen zusammen; berührt eine Schulter; klatscht hinter eurem Nacken in die Hände; zeichnet ein Quadrat in die Luft; berührt eure Augen; berührt eure Fersen; legt eure linke Hand auf die linken Zehen; legt eure linke Hand auf die rechten Zehen" (FROSTIG 1975, Karte 54).

Sehr eingehende Beachtung finden Schulungsaspekte wie 'body image', 'laterality', 'directionality' usw. auch im Rahmen sog. sensomotorischer Programme, so etwa bei BRALEY / KONICKI & LEEDY

(1968), die ihr gesamtes Übungsangebot im Sinne einer täglichen Bewegungszeit auf die verschiedenen Wochentage verteilen. Wenngleich an dieser Stelle auch allein konkrete Übungsvorschläge zur Verbesserung der Körperkenntnis angesprochen bzw. vorgestellt werden, so muß in der pädagogischen wie therapeutischen Praxis doch darauf geachtet werden, daß solche Übungsformen grundsätzlich nur in einem jeweils begrenzten Zeitumfang, dafür aber mit regelmäßigen Wiederholungen im Rahmen einer umfassenderen (Bewegungs-)Förderung angeboten werden sollten.
Andererseits darf sich die Förderung der Körperkenntnis auf keinen Fall auf eine Art 'Vokabellernen' beschränken ('Das ist mein Arm', 'das ist mein Fuß', etc.), sondern sollte zugleich die Funktionsmöglichkeiten der einzelnen Körperteile über die Bewegungserfahrung vermitteln. In diesem Sinne bietet das Psychomotorische Training von EGGERT und Mitarbeitern (1975) sehr anregende Übungsvorschläge zur (unstrukturierten) Schulung der Körpererfahrung. Unter dem Leitthema 'Kinästhetische Stimulierung' werden auch einige Übungen mitgeteilt, die Kinder ihren Körper besser kennenlernen lassen:

- Federspiel

  Unbedeckte eigene Körperteile werden nach Angabe (z.B. Nase, Arm, linker Daumen, usw.) mit einer Feder gestreichelt.

- Keulen berühren

  Die vor den Kindern stehenden Keulen (je Kind eine Keule) werden mit verschiedenen Körperteilen berührt: Nasenspitze, Ellenbogen, Knie, Ferse.

- 'Magnetische' Körperteile

  Die Kinder laufen frei im Raum. Auf Zuruf bringen sie blitzschnell den aufgerufenen Körperteil, z.B. Bauch (Po, Kopf, Knie usw.) mit dem Fußboden in Berührung, bevor sie dann weiterlaufen.

- 'Komische' Figuren

  Der Übungsleiter oder ein Kind zeigt auf ein Körperteil, z.B. auf das Knie, und sagt: "Das sind meine Lippen". Die Kinder der Gruppe zeigen auf ihre Lippen und antworten: "Das sind unsere Knie".

- Verschiedene Gegenstände verschieden tragen

  Die Kinder sollen Sandsäckchen (Keulen, Ball, Staffelholz) in der Hand tragen (auf dem Handrücken, auf dem Unterarm, auf der

Schulter, auf dem Kopf, im Genick, im Ellenbogen, unter der Achsel, auf dem Knie, auf dem Knöchel).

- Jedem Körperteil eine Bewegung zuordnen

  Die Kinder sollen auf den Namen des betreffenden Körperteils mit der entsprechenden Bewegung reagieren, z.B.: Bein-Kreisen, Arm-Achterschwingen, Kopf-Drehen, Rumpf-Beugen usw.

- Auf welche Weise können wir stehen?

  Die Füße werden nebeneinandergestellt (hintereinander, gekreuzt, auf die Außen-, Innenkanten, auf die Zehenspitzen, gegrätscht, gespreizt).

- Was können wir alles mit unseren Armen anfangen?

  Die Kinder sollen einarmig oder beidarmig, mit offenen oder geschlossenen Augen pendeln (schlenkern, stoßen, schlagen, boxen, kreisen).

Eigenständige und eingehende Berücksichtigung findet der Bereich Körperkenntnis auch im 'motopädagogischen Förderprogramm zur Körpererfahrung' von BIELEFELD & BIELEFELD (1980), in welchem sich die beiden ersten von insgesamt sechs Schulungsbereiche auf diesen Aspekt beziehen:

1. Teile des menschlichen/eigenen Körpers und deren Funktion

1.1. Teile des eigenen/ eines fremden/ eines abstrakten Körpers und deren Funktion lokalisieren und sprachlich identifizieren.

1.2. Einen menschlichen/ den eigenen Körper richtig proportioniert nachbilden.

1.3. Teile des eigenen Körpers willentlich bewegen.

1.4. Funktionen einzelner Körperteile verbalisieren.

2. Rechts-Links-Unterscheidung

2.1. Begriffe 'oben-unten', 'vorne-hinten', 'rechts-links' erwerben und an verschiedenen Objekten anwenden.

2.2. Diese Raumbegriffe, insbesondere rechts und links, am eigenen und fremden Körper erkennen und benennen.

2.3. Rechte und linke Körperhälfte bzw. jeweilige Körperteile wie Hände, Füße, Arme, Beine, willentlich bewegen.

2.4. Den ganzen Körper seitwärts drehen und bewegen.

Der folgende Auszug sollte geeignet sein, dieses Förderprogramm zu veranschaulichen:

Programmpunkt	Aufgabeninhalte	Hinweise zur Durchführung
1.4. Die Funktion einzelner Körperteile kennen und verbalisieren	- Die Bewegungsmöglichkeiten der Arme/Hände ausprobieren, vormachen und nachahmen sowie benennen und erläutern	- L zu S1: Zeig' mal, was Du alles mit Deinen Armen/Händen machen kannst! L zu S2: Sag' doch mal, was S1 alles mit seinen Armen/Händen gemacht hat! (SS sollen möglichst viele unterschiedliche Bewegungsformen ausführen und verbalisieren, z.B. anwinkeln, kreisen, schlenkern, stoßen, heben, drücken, schlagen, boxen, usw.)
	- Die Bewegungsmöglichkeiten der Beine/Füße ausprobieren, vormachen und nachmachen sowie benennen und erläutern	- analog zu oben (SS strampeln, schlenkern, kreisen, machen Kreise, Achten usw.) - L: zeigt doch mal, auf welche Weise Ihr stehen könnt! (SS stellen die Füße nebeneinander, über Kreuz, stehen auf den Innen- bzw. Außenkanten, auf den Zehen bzw. Fersen, usw.)

Abb. 1: Auszug aus dem Förderprogramm zur Körpererfahrung von BIELEFELD & BIELEFELD (1980)

Als Möglichkeit zur 'praktischen und bewußten Auseinandersetzung mit dem eigenen Körper' hat SIEBELS (1982) die Vermittlung und Anwendung von Massage in einer sehr interessanten Pilotstudie untersucht (vgl. auch WIECZOREK u.a. 1976). In einem zehnwöchigen Unterrichtsversuch mit 16 Jungen und 12 Mädchen (im Alter von neun und zehn Jahren) wurden die Kinder mit einigen zentralen Massagegriffen vertraut gemacht, die sie dann zunächst an sich selbst, hauptsächlich aber an (allen!) anderen Kindern ihrer Versuchsgruppe anwendeten, wobei jedes Kind also sowohl als 'Masseur' wie auch als 'zu Massierender' fungierte. Von der Hypothese ausgehend, daß die Grundvoraussetzung physischer und psychischer Gesundheit der 'empfindende' Körper sei, kam es der Autorin vor allem darauf an, die Kinder gezielt auf ihren Körper aufmerksam und dadurch auch für physiologische Zusammenhänge sensibler zu machen. Neben der praktischen Unterrichtsreihe, die als Ergänzung des gewohnten Sportunterrichts durchgeführt wurde, wurden die somatischen Aspekte und Wirkungsweisen der Massage noch in einer gesonderten (Sachkunde-) Einheit behandelt. Da die Kinder entsprechend dem

Lehrplan (vgl. FREIE UND HANSESTADT HAMBURG 1973) schon 'sichtbare Körperteile, das Knochengerüst, die Wirbelsäule, Gelenke, Muskeln und Füße' kennengelernt hatten, waren sie bereits in der Lage,

"die Beweglichkeit des menschlichen Körpers zu problematisieren und Begriffe in diesem Zusammenhang zu nennen, wenn auch nicht immer eindeutig zu erklären" (SIEBELS 1982, 34).

Kürze und sonstige Bedingungsvariablen dieses Unterrichtsversuchs lassen sicherlich keine Verallgemeinerung der durch teilnehmende Beobachtung und Schüler- sowie Eltern-Befragung abgesicherten eindrucksanalytischen Befunde zu, belegen aber die grundsätzliche Eignung und Angemessenheit des gewählten Unterrichtsgegenstandes, was sich sowohl im zunehmenden Interesse wie auch im deutlich erweiterten Wissen der Kinder bezüglich ihres eigenen Körpers niederschlug. Darüber hinaus weist die Autorin auf eine generelle Intensivierung der 'Gefühlsbefindlichkeit' (SCHWOPE 1981, 3) hin, so etwa im Hinblick auf den Sozial- wie den Körperkontakt, was sich vornehmlich im koedukativen Verhalten zeigte.

Auch SCHLEDDE (1983) greift auf eine sehr interessante Möglichkeit zurück, 'die Kenntnis der eigenen Körperteile und deren Funktionen und Bewegungsmöglichkeiten' zu schulen. Im Rahmen eines Unterrichtsversuchs mit sechs lernbehinderten Schülern einer dritten Sonderschulklasse verwendet die Autorin das bereits von RASCHKE (1982) vorgestellte Medium 'Schattenwand'. Dabei handelt es sich um
Auch SCHLEDDE (1983) greift auf eine sehr interessante Möglichkeit zurück, 'die Kenntnis der eigenen Körperteile und deren Funktionen und Bewegungsmöglichkeiten' zu schulen. Im Rahmen eines Unterrichtsversuchs mit sechs lernbehinderten Schülern einer dritten Sonderschulklasse verwendet die Autorin das bereits von RASCHKE (1982) vorgestellte Medium 'Schattenwand'. Dabei handelt es sich um
eine aus mehreren Bettüchern zusammengenähte Ersatz-Leinwand, welche aufgehängt von einem Diaprojektor beleuchtet wird. Während das jeweils übende Kind sich (allein) zwischen Leinwand und Lichtquelle befindet, können die übrigen jenseits der Schattenwand befindlichen Kinder das Schattenbild des übenden beobachten und Körperteile wie Bewegungen identifizieren und benennen.

Von beiden Autorinnen wird vor allem die durch die ungewohnte Übungssituation hervorgerufene Motivation hervorgehoben, darüber hinaus werden aber auch weitere positive Auswirkungen genannt, die etwa in der angstreduzierenden Situation, der Besonderheit der vereinfachten visuellen Rückmeldung und der Begünstigung von Gruppenaktivitäten gesehen werden.

Neben solchen spezifischen Übungsarrangements im Rahmen der Bewegungserziehung muß aber auch noch auf schriftliche Medien hingewiesen werden, die inzwischen recht zahlreich angeboten werden. Zu nennen sind hier in erster Linie dokumentierte Unterrichtsprojekte, welche sich konkret auf den Sportunterricht beziehen, so etwa WIECZOREK/SÖNNICHSEN & NAUMANN (1976), BOHLE (1983) oder HELMS (1983), oder aber in Verbindung mit dem Sachkunde- bzw. Biologieunterricht erstellt wurden, vgl. etwa IPN (1974) oder BAUER (1978). Demgegenüber weist sich die Publikation von BRANDL (1980) als 'ein fächerübergreifendes Projekt für den Deutschunterricht' aus, während weitere Autoren Aspekte der Körperkenntnis in Programme zur Frühförderung (STRASSMEIER 1981), für geistig Behinderte (IRMISCHER u.a. 1982) oder gar der Tanzimprovisation (HASELBACH 1976) integrieren.

Unabhängig von solchen gezielten und zumeist institutionalisierten Vermittlungsbemühungen sind vor allem Publikationen wie etwa 'Mein erstes Buch vom Körper' (KAUFMANN 1976) oder 'Die Reise durch den Körper' (WIPPICH 1978) geeignet, Kinder (und ihre Eltern!) freiwillig und kindgemäß dazu anzuregen, sich frühzeitig mit diesem wichtigen Themenkomplex auseinanderzusetzen.
Wie spielerisch selbst physiologische Kenntnisse des eigenen Körpers vermittelt werden können, macht ein von der Zeitschrift Unterricht Biologie entwickeltes Würfelspiel deutlich, welches (in Analogie zum 'Mensch ärgere dich nicht'-Spiel) den gesamten Blutkreislauf des Menschen als Spielbahn zugrundelegt (DAK 1981).

5. Zusammenfassung und Ausblick

Körperkenntnis im hier unterlegten (weiten) Begriffsverständnis kann als eine wichtige Teilfunktion der Körpererfahrung bezeichnet werden, welche sowohl für das motorische Verhalten (Bewegungslernen und Bewegungsausführung) von Bedeutung ist wie auch Schlußfolgerungen auf den allgemeinen (psychischen und kognitiven) Entwicklungsstand des Individuums zuläßt!

Relativ übereinstimmende Befunde über viele Untersucher und unterschiedlichste Untersuchungsansätze hinweg lassen die Aussage zu, daß Kinder schon ab etwa dem vierten Lebensjahr über gewisse Körpervorstellungen verfügen, die sich dann kontinuierlich ausbauen und sich ab etwa dem zehnten Lebensjahr stabilisieren, mit Ausnahme der Zeiten allerdings, in denen der Körper raschen Veränderungen unterworfen ist (etwa in der Pubertät). Wichtig erscheint hierzu der Hinweis, daß sich das Differenzierungsniveau jedoch (hier allein auf Menschzeichnungen bezogen) von der Kindheit bis ins Erwachsenenalter letztlich nicht verändert. Weiterhin muß man konstatieren, daß Mädchen bzw. Frauen generell (zumindest aber ab der Pubertät) bei diesbezüglichen Auswertungen höhere Punktwerte erreichen als Jungen bzw. Männer. Neben diesen geschlechtsspezifischen Unterschieden variiert das Wissen über Bau und Funktion des eigenen Körpers offensichtlich auch in Abhängigkeit vom Sozialstatus. Darüber hinaus lassen sich, da es sich bei der Körperkenntnis um eine rein perceptiv-kognitive Leistung des Individuums handelt, auch deutliche Parallelen zum kognitiven Entwicklungsverlauf aufzeigen, welche von mehreren Autoren zudem in expliziter Orientierung an diesbezüglichen Erkenntnissen von PIAGET interpretiert werden.
Systematische Fehlerquellen, wie etwa teilweises Weglassen der Arme, Hände und Finger, bzw. die Überschätzung der Kopfgröße gegenüber dem Rumpf, müssen wohl als generelle entwicklungspsychologische Tendenz akzeptiert werden und erlauben somit keine pathologische Interpretation. Sie können vielmehr als ein Beleg dafür gedeutet werden, daß Arme und Hände erst später als Kopf, Rumpf und Beine in die Körpervorstellung integriert werden.

Neben diesen generellen Befunden oder Trends müssen die spezifischen Körperkenntnisleistungen jedoch in Abhängigkeit vom jeweiligen Untersuchungsansatz gesehen werden. So sind sprachliche Identifikationsleistungen ("Wie heißt dieser Körperteil?") unter Entwicklungsaspekten mglw. etwas später zu erwarten als reine Lokalisationsleistungen ("Zeige mit bitte deinen Bauch!"), da bei ihnen über das grundlegende Begriffsverständnis (im Sinne gespeicherten Wissens) hinaus auch der Begriff selbst erinnert und zudem sprachlich ausgedrückt werden muß. Zeichnerische und gestalterische sowie Konstruktionsaufgaben fordern gar noch weitere Voraussetzungen (manuelle Geschicklichkeit, Abstraktionsvermögen, usw.), weshalb sie von den Kindern wiederum erst später bewältigt werden können.

Noch anders sieht es gegenüber all diesen, allein auf das Körperäußere abzielenden Untersuchungsansätzen aus, wenn man sich dem Körperinneren zuwendet. Kenntnisse hierzu bleiben notwendigerweise abstrakter als die zum Körperäußeren und sind deshalb auch erst später ausgebildet, lassen in entwicklungspsychologischer Perspektive allerdings ebenso eindeutige Parallelen zum kognitiven Entwicklungsverlauf sensu PIAGET aufzeigen.

Empirische Befunde sollten jedoch sehr zurückhaltend interpretiert werden, da fast alle Untersuchungsansätze zu mehr oder minder starker Kritik herausfordern, was insbesondere für die konfigurativen Verfahren zutrifft. Analog den verschiedenen Leistungsvoraussetzungen, die insbesondere bei zeichnerischen und gestalterischen Verfahren das Ergebnis determinieren, sind auch die Interpretationsmöglichkeiten der erbrachten Leistung sehr vielschichtig: So dienen insbesondere Menschzeichnungen sowohl zur Überprüfung der Körperkenntnis wie auch des allgemeinen (kognitiven) Entwicklungsstandes, lassen bei projektiver Auswertung aber auch Rückschlüsse auf das Körperbewußtsein zu. Bei dieser Vielschichtigkeit der Leistungsdeterminanten wie Auswertungsintentionen kann es deshalb nicht verwundern, daß die Reliabilität und Validität derartiger Verfahren in aller Regel sehr gering ausfällt.

Dennoch sind mit dem vorhandenen Instrumentarium eine Fülle relativ übereinstimmender Einzelbefunde ermittelt worden, die zwar als Orientierungshilfe für Erziehung und Unterricht hilfreich erscheinen, aber allein den realen (statistisch gemittelten) Wissensstand widerspiegeln, über die möglichen bzw. wünschbaren Kenntnisse der Heranwachsenden und noch weniger über Gesetzmäßigkeiten des Wissens vom eigenen Körper und seinen Funktionen sagen diese Befunde jedoch nichts aus! Zur Beantwortung derartiger Fragen bedarf es spezifischer Erhebungen, die insbesondere auf längsschnittlichen und experimentellen Untersuchungen basieren müßten, solche Untersuchungen sind bisher aber noch die Ausnahme.

Ebenso vielfältig wie das Instrumentarium bzw. die erhobenen empirischen Befunde ist auch die Palette der Möglichkeiten, die Kenntnisse über Bau und Funktion des eigenen Körpers und seiner Teile systematisch zu fördern. Die Wichtigkeit einer solchen Förderung belegt bspw. JORASCHKY (1983, 125), der unter Rückgriff auf verschiedene Entwicklungsuntersuchungen auf die Schwierigkeit von Kindern verweist,

"Körperteile zu identifizieren, zu benennen, ihre räumliche Lage und ihre Abstände zueinander zu erkennen und genaue Detailkenntnisse über den Körper ... zu entwickeln".

Auch eigene Untersuchungen belegen, daß selbst zehnjährige lernbehinderte Sonderschüler häufig noch auffallende Schwächen bei der Lokalisation und sprachlichen Identifikation zentraler Körperteile sowie der Rechts-Links-Unterscheidung aufweisen (vgl. BIELEFELD & BIELEFELD 1980). Beachtet werden muß aber, daß die Vermittlung von Kenntnissen und Wissen über den eigenen Körper nicht als ein rein kognitives Lernen im Rahmen des Biologie- oder Sachkundeunterrichts erfolgt, sondern daß dieses Wissen auf ganz konkrete (Körper-) Erfahrung gestützt wird, da Körperkenntnis ohne Erfahrung den Körper lediglich als Objekt aufgreift und letztlich zur 'Ent-Körperlichung' führt (vgl. etwa FUNKE 1984, 183f).
Im Sinne der hier geforderten erfahrungsgestützten Körperkenntnis hingegen wird der Körper als Objekt und Subjekt dieser Erfahrung zugleich angesprochen. In diesem Zusammenhang kann Körper-Kenntnis eine wertvolle und hilfreiche Voraussetzung der Körper-Erfahrung sein, da durch die Informationen über den eigenen Körper

Anstöße gegeben werden, bestimmte Aspekte des Körpers bzw. der eigenen Körperlichkeit gezielt zur Erfahrungsquelle zu machen.

Literatur

de AJURIAGUERRA, J. / STUCKI, J.-D.: Developmental disorders of the body scheme. in: VINKEN, P.J. / BRUYN, G.W. (Eds.): Handbook of clinical neurology, Vol. IV, Amsterdam: 1969, 393-406

ALLMER, H.: Entwickungspsychologische Grundlagen des Sports. Köln: bps, 1983

BARROW, H.M. /Mc GHEE, R.: A practical approach to measurement in physical education, 3nd ed. Philadelphia: Lea & Febiger, 1979

BAUER, R.: Kinder wachsen (Unterrichtsmodell Primarstufe). in: Unterricht Biologie, 17 (1978), 11-18

BENTON, A.L.: Right-left discrimination and finger localization. New York: Paul B. Hoeber, 1959

BETER, T.R. / CRAGIN, W.E.: The mentally retarded child and his motor behavior. Practical diagnosis and movement experiences. Springfield, Ill.: C.C. Thomas, 1972

BIELEFELD, C. / BIELEFELD, J.: Ein motopädagogisches Förderprogramm zur Körpererfahrung. in: Motorik, 3 (1980) 3, 132-143

BLOOM, B.S. (Hrsg.): Taxonomie von Lernzielen im kognitiven Bereich. 2. Aufl. Weinheim: Beltz, 1973

BOHLE, E.: Unterrichtsentwurf zu psychomotorischen Förder- und Übungsmöglichkeiten im Klassenunterricht - dargestellt am Thema "Beim Arzt". in: Motorik, 6 (1983) 4, 150-157

BOYLE, C.M.: Differences between doctor's and patients interpretation of some common medical terms. in: British Medical Journal, 2 (1970), 286-289

BRALEY, W.T. / KONICKI, G. / LEEDY, C.: Daily sensorimotor training activities. A handbook for teachers and parents of preschool children. New York: Educational Activities Inc., 1968

BRANDL, G.: "Wer bin ich? Körpererlebnis, Sensibilisierung, Interaktion!" Fächerübergreifendes Unterrichtsprojekt. in: TYMISTER, H.J. u.a.: Deutschunterricht Schuljahr 5-10. München: Urban & Schwarzenberg, 1980, 173-91

CRATTY, B.J.: Movement and spatial Awareness in Blind children and Youth. Springfield/Ill.: C.C. Thomas, 1971,

DAK (Hrsg.): Blutkreislauf. Ein Spiel zum Kennenlernen (entwickelt von der Ztschft. Unterricht Biologie). Velber: Friedrich, 1982

DAURAT-HJELMJAK, C. /STAMBAK, M. /BERGES, J.: Une épreuve de schéma corporel. in: Revue de Psychologie Applivque, 16 1966), 141-185

EGGERT, D. (Hrsg.): Psychomotorisches Training. Weinheim: Beltz, 1975

ENGSTFELD, U.: Anwendung und kritische Wertung eines motopädagogischen Programms zur 'Körpererfahrung' in der Eingangsstufe der Sonderschule für Lernbehinderte. Dortmund: unveröff. Exa-

mensarbeit, 1983
FATERSON, H.F. /WITKIN, H.A.: Longitudinal study of development of the body concept. in: Development Psychology, 2 (1979), 429-438
FREIE UND HANSESTADT HAMBURG (Hrsg.): Richtlinien und Lehrpläne der Freien und Hansestadt Hamburg, Bd. 1, Grundschule (Kl. 1-4), Hamburg: Selbstverlag, o.J. (1973)
FROSTIG, M.: Bewegungserziehung. Neue Wege der Heilpädagogik. München: Reinhard, 1973
FROSTIG, M.: BWL, Bewegen-Wachsen-Lernen, Bewegungserziehung. Dortmund: Crüwell, 1975
GELLERT, E.: Childrens's conceptions of the content and functions to the human body. in: Genetic Psychological Monographs, 65 (1962), 293-405
GELLERT, E.: Comparision of children's self drawing with their drawings of other persons. in: Perceptual & Motor Skills, 26 (1968), 123-138
GELLERT, E.: Childrens constructions of their self-images. in: Perceptual & Motor Skills, 40 (1975), 307-324
GELLERT, E. /GIRGENS, J.S. /COHEN, J.: Children's awareness of their bodily appearance: A developmental study of factors associated with the body percept. in: Journal of Genetic Psychological Monographs, 84 (1971), 109-174
GERSTMANN, J.: Fingeragnosie: Eine umschriebene Störung der Orientierung am eigenen Körper. in: Wiener klinische Wochenschrift, 37 (1924), 1010-1012
GOODENOUGH, F.L.: Measurement of intelligence by drawings. New York: Harcourt, Brace & World, 1962
HASELBACH, B.: Improvisaton, Tanz, Bewegung. Stuttgart: Klett, 1976, (darin: Entwicklung des Körperbewußtseins, Bewegungserfahrungen in Zeit, Dynamik und Raum, S. 23-25)
HELMS, E.: Ohne Muskeln könnte ich mich überhaupt nicht bewegen. in: FUNKE, J. (Hrsg.): Sportunterricht als Körpererfahrung. Reinbek: Rowohlt, 1983, 25-31
IPN (Hrsg.): Die Bewegung unseres Körpers (Unterrichtseinheit für die Orientierungsstufe) Köln: Aulis, 1974
IRMISCHER, T.: Bewegungserziehung an der Schule für Geistigbehinderte. Dortmund: Wulff, 1981
IRMISCHER, T. u.a.: Bewegung, Spiel und Sport mit geistig Behinderten. (Schriftenreihe 'Breitensport' des DSB, Bd. 25) Frankfurt: DSB-Selbstverlag, 1982
JORASCHKY, P.: Das Körperschema und das Körper-Selbst als Regulationsprinzipien der Organismus-Umwelt-Interaktion. München: Saur, 1983
KAUFMANN, J.: Mein erstes Buch vom Körper. Ravensburg: Otto Meier, 1976
KIENER, R.: Untersuchungen zum Körperbild (Body Image) in: Ztschft. für Klinische Psychologie und Psychotherapie, 21 (1973) 4, 335-349 (1. Teil) und 22 (1974) 1, 45-66 (2. Teil)
KULTUSMINISTER des Landes SCHLESWIG-HOLSTEIN (Hrsg.): Lehrplan, Schule für Lernbehinderte, Sport, Klassenstufe 1-9. Kiel: Selbstverlag, 1984

LERNER, R. M. /BRACKNEY, B.E.: The importance of inner and outer body parts: Attitudes in the self-concept of late adolescents. in: Adolescence, 11 (1976), 149-151

LIPPE, R. zur: Am eigenen Leib. Zur Ökonomie des Lebens. Frankfurt: Suhrkamp, 1978

NASH, H. /HARRIS, D.: Body proportions in children's drawings of a man. in: Journal of Genetic Psychology, 117 (1970), 85-90

POECK, K.: Über die Orientierung am eigenen Körper. in: Aktuelle Fragen der Psychiatrie und Neurologie, 32 (1964), 538-555

POECK, K.: Der Begriff des Körperschemas und seine Probleme. in: Dt. Gesellschaft für Sprachheilpädagogik in Deutschland e.V. (Hrsg.): Sprachheilpädagogische und hirnpathologische Probleme bei der Rehabilitation von Hirn- und Sprachgeschädigten. Hamburg: Selbstverlag, 1967, 62-75

POECK, K./ORGASS, B.: Die Entwicklung des Körperschemas. in: Fortschritte der Neurologie und Psychiatrie, 32 (1964), 109-130

POECK, K. /ORGASS, B.: Über die Entwicklung des Körperschemas. in: Fortschritte der Neurologie und Psychiatrie, 32 (1964), 538-555

RASCHKE, H.: Bewegung und Tanz mit dem Schattenbild. in: Sportpädagogik, 4 (1981) 4, 34-38

REMSCHMIDT, H. /SCHMIDT, R. (Hrsg.): Neuropsychologie des Kindesalters. Stuttgart: Enke, 1981, 37-39

REUTER, U. /HÖCHER, G.: Schüler und Gesundheit. Verhalten, Einstellungen, Wissen. Stuttgart: Klett, 1977

SCHÄFER, K.H.: Psychomotorische Übungsgeräte, Katalog. Lemgo: Selbstverlag, 1981

SCHWOPE, F.: Massage im Sportunterricht. in: Turnen und Sport, (1981) 1, 2-3; 2, 28-29; 4, 76-77; 6, 121-122; 9, 198-199; (1982) 1, 4-5; 2, 26-27

SIBLIK, E.: Körperbild und motorische Geschicklichkeit. Wien: Diss., 1973

SIEBELS, A.: Biologische Kenntnisse und Körpererfahrung durch Massage - eine Unterrichtseinheit mit 9-10jährigen Kindern. Hamburg: unveröff. Examensarbeit, 1982

STRASSMEIER, W.: Frühförderung konkret. München: Reinhardt, 1981

SWENSON, C.H.: Empirical evaluations of human figure drawings: 1957-1966. in: Psychological Bulletin, 70 (1968), 20-44

TRAUTNER, H.-M.: Lehrbuch der Entwicklungspsychologie. Göttingen: Hogrefe, 1978

WAPNER, S.: An experimental approach to body perception from the organismic-development point of view. in: WAPNER, S. /WERNER, H. (Eds.): The Body Percept. New York: Random House, 1965, 9-25

WEDEMEYER, E.: Haltungserziehung durch Erweiterung der Körpererfahrung bzw. durch Verbesserung des Körperschemas. Köln: unveröff. Dipl. Arbeit, 1985

WIECZOREK, M. /SÖNNICHSEN, G. /NAUMANN, E.: Vorstellung des Projekts: Ich Selbst - mein Körper - mein Verhalten. in: ADL (Hrsg.): Sport lehren und lernen. Schorndorf: Hofmann (1976), 111-115

WIPPICH, U.: Die Reise durch den Körper. (Hrsg. von der Gesellschaft für Verkaufsforschung und Verkaufstraining mbH). Kiel: Stade, 1978

WISSEL, M. /WISSEL, U. /LANGE-COSACK, H.: Plastische Darstellung einer menschlichen Figur. in: Praxis der Kinderpsychologie und Kinderpsychiatrie, 16 (1967), 81-91

WYSOCKI, B. /WYSOCKI, A.: The body-image of normal and retarded children. in: Journal of Clinical Psychology, 29 (1973), 7-10

Fragen

(1) Welche Aspekte sollte eine umfassende Definition des Funktionsbereiches 'Körperkenntnis' beinhalten?

(2) Welche Beziehungen lassen sich zwischen den Funktionsbereichen 'Körperkenntnis' und 'Körperbewußtsein' bzw. 'Körpereinstellungen' aufzeigen?

(3) Was ist unter 'Identifikationsverfahren' zu verstehen und welche Problematik ist mit ihrer Anwendung verbunden?

(4) Was ist unter 'Konfigurationsverfahren' zu verstehen und welche Problematik ist mit ihrer Anwendung verbunden?

(5) Welche Verfahren (mit jeweils welchen Aussagemöglichkeiten?) können zur Überprüfung der Kenntnis des 'Körperinnenraumes' eingesetzt werden?

(6) Welche grundsätzlichen Fördermöglichkeiten lassen sich für den Funktionsbereich 'Körperkenntnis' nutzen?

(7) Was spricht für eine Förderung der 'Körperkenntnis' im Rahmen von Bewegungsprogrammen?

Aufgaben

(1) Erörtern Sie den generellen Stellenwert der 'Körperkenntnis' für das Selbstkonzept und speziell für das Bewegungsverhalten des Individuums!

(2) Erörtern Sie, inwieweit sich die 'Kenntnis des eigenen Körpers' von Kenntnissen sonstiger Wirklichkeitsbereiche unterscheidet, bzw. was den besonderen Charakter der 'Körperkenntnis' ausmacht!

(3) Skizzieren Sie den aus den referierten Befunden abzuleitenden Erwerb der 'Körperkenntnis' in entwicklungspsychologischer Sicht!

(4) Nehmen Sie Stellung zu den verschiedenen Auswertungsintentionen von Menschzeichnungen (etwa im Hinblick auf Körperkenntnis, Körperbild, allgemeiner Entwicklungsstand) und deren Problematik!

(5) Nehmen Sie Stellung zur Aussagekraft von Befunden zur 'Körperkenntnis', die bei Krankenhaus-Patienten erhoben wurden!

(6) Diskutieren Sie die Möglichkeit, 'Körperkenntnis' durch Massage zu erweitern bzw. zu intensivieren!

(7) Skizzieren Sie ein möglichst effektives Konzept zur Vermittlung der 'Körperkenntnis' bei Kindern im Elementar- und Primar-Bereich!

Einstellungen zum eigenen Körper
Grundlagen und Befunde

Joachim Mrazek

1. Körper und Selbst

Das Verhältnis des Einzelnen zu seinem Körper ist einer der fundamentalsten und zugleich problematischsten Aspekte menschlichen Lebens. Fundamental ist dabei im doppelten Sinn zu verstehen, da zum einen der Mensch ohne Körper nicht denkbar ist, der Körper also eine notwendige Bedingung menschlicher Existenz darstellt, und zum anderen die Entwicklung eines jeden Menschen in der Auseinandersetzung des Individuums mit seiner Umwelt erfolgt, wobei der Körper das Bindeglied zwischen Selbst und Umwelt darstellt. Bedingt durch diese Mittlerfunktion ergibt sich das Problem, daß der Körper sowohl als Subjekt wie als Objekt erlebt werden kann, da er zum einen untrennbarer Bestandteil der Persönlichkeit bzw. des Selbst ist, zum anderen als vom Selbst getrennt existierendes Phänomen wie ein Gegenstand der Umwelt manipuliert werden kann. Diese Dichotomie läßt sich vereinfacht durch die Formulierung 'Körper sein und Körper haben' charakterisieren.

Neuere Ansätze in den Sozialwissenschaften gehen davon aus, daß das menschliche Verhalten weniger durch die objektiven Gegebenheiten der physikalischen und sozialen Umwelt sowie der Persönlichkeit bestimmt wird als durch die subjektiv interpretierten und damit vom Individuum konstruierten Realitäten. Denn da Wahrnehmung immer auch Selektion und Interpretation von Realität bedeutet, sind die wahrgenommenen Objekte oder Sachverhalte niemals 'wahre' Abbilder, sondern subjektiv konstruierte Konzepte. So entwickelt jedes Individuum neben einem mehr oder weniger differenzierten Umweltkonzept auch ein Selbstkonzept, das letztlich alles umfaßt, was der Betreffende über sich denkt, welche Eigenschaften und Verhaltensweisen er sich zuschreibt, wie er sich selbst beurteilt usw.. Ein solches Selbstkonzept stellt also nichts anderes dar als eine naive Selbsttheorie, über die jedes Individuum bewußt oder weniger bewußt verfügt und die es ihm erlaubt, Verhalten zu antizipieren, zu erklären und damit Kontrolle über sich und seine Umwelt auszuüben. Daß der Körper im Rahmen des Selbstkonzeptes eine Rolle spielen muß, ist offensichtlich, doch wissen wir bisher nur wenig über das Gewicht, das die Vorstellungen und Einstellungen bezüglich des eigenen Körpers, die man als 'Körperkonzept' bezeichnen könnte, im Rahmen des Selbstkonzeptes spielen (vgl. PAULUS in diesem Band).

Wie bei jeden Konzept lassen sich auch beim Selbst- oder Körperkonzept eher kognitive, sachlich beschreibende Merkmalskomponenten und eher emotional-affektive Bewertungskomponenten unterscheiden. Diese Bewertungskomponenten werden beim Selbstkonzept auch als Selbstwertschätzung bezeichnet. Und so wie ein Mindestmaß an positiver Selbstwertschätzung eine notwendige Voraussetzung für jede menschliche Existenz ist (z.B. NEUBAUER 1976, 58), kann die positive Einstellung zum eigenen Körper als notwendige Voraussetzung für eine positive Selbstwertschätzung angenommen werden.

2. Zur Definition von Einstellungen

Die Einstellungsforschung ist ein zentrales Gebiet der Sozialpsychologie und hat eine Unzahl theoretischer wie empirischer Arbeiten hervorgebracht (vgl. BIELEFELD 1981; 1984; FISHBEIN 1967; PETERMANN 1980; SCHMIDT u.a. 1975; TRIANDIS 1975). Trotzdem - vielleicht auch gerade deshalb - liegt bisher keine allgemein akzeptierte Definition von Einstellung vor. Weitgehende Übereinstimmung besteht zunächst bei der Frage, wozu Individuen eigentlich Einstellungen brauchen.

Nach TRIANDIS (1975, 6f) haben Einstellungen vier Funktionen:

(1.) Sie helfen, sich in der Umwelt zurechtzufinden, indem sie die eigentlich überkomplexe Umwelt strukturieren, vereinfachen und übersichtlich machen.

(2.) Sie schützen das Selbstwertgefühl, indem sie es ermöglichen, unangenehmen Wahrheiten über sich selbst aus dem Weg zu gehen.

(3.) Sie ermöglichen, sich in einer komplexen Umwelt zurechtzufinden, da man mit ihrer Hilfe ein Maximum an Belohnungen von der Umwelt erhält.

(4.) Sie ermöglichen dem Individuum, seine Grundüberzeugungen zu zeigen.

Weit problematischer erscheint eine allgemein akzeptierbare Definition von Einstellungen zu sein (vgl. BIELEFELD 1983b). Bei Durchsicht der Literatur findet man im wesentlichen sechs Punkte, in denen die meisten Autoren übereinstimmen:

(1.) Einstellungen sind relativ dauerhafte Verhaltensdispositionen oder Handlungstendenzen. 'Einstellung' ist also die eher diffuse Erklärung für die Tatsache, daß sich eine Person gegenüber bestimmten Personen, Objekten oder Sachverhalten über einen längeren Zeitraum hinweg relativ konsistent verhält.

(2.) Jedes Individuum verfügt über verschiedene Einstellungen, die andere Personen, Objekte und Sachverhalte seiner sozialen Umwelt betreffen.

(3.) Der Einstellungsbegriff ist ein hypothetisches Konstrukt zur Beschreibung intrapsychischer Prozesse, die nicht direkt beobachtbar sind, sondern aus dem beobachtbaren Verhalten erschlossen werden müssen.

(4.) Einstellungen variieren zwischen Individuen und Kulturen und werden im Verlauf der Sozialisation erworben.

(5.) Einstellungen enthalten zumindest drei Komponenten:
- eine kognitive, d.h. bestimmte Vorstellungen oder Kenntnisse über die Umwelt oder Teile davon
- eine affektive, d.h. bestimmte Emotionen und Wertungen, die mit anderen Personen, Objekten oder Sachverhalten verknüpft sind
- eine konative oder Verhaltenskomponente, d.h. eine Disposition zu bestimmten Handlungen.

Im allgemeinen wird der bewertenden Komponente der Einstellung die größte Bedeutung zugemessen.

(6.) Einstellungen sind Determinanten des Verhaltens, doch zeigen empirische Untersuchungen zumeist nur einen geringen Zusammenhang zwischen Einstellung und tatsächlichem Verhalten. Das bedeutet, daß das konkrete Verhalten in einer bestimmten Situation nicht nur durch Einstellungen gesteuert wird, sondern auch durch verschiedene andere psychische und soziale Faktoren wie Gewohnheiten, soziale Normen, momentane Befindlichkeit usw.

Damit ist zwar der Rahmen für eine Definition von Einstellungen gegeben, doch bleiben zentrale Fragen offen, von denen hier nur zwei angeschnitten seien:

- Einstellungen werden als Determinanten des Verhaltens betrachtet. Sie sind aber nicht direkt beobachtbar, sondern nur über das Verhalten indirekt erschließbar und meßbar. Damit liegt die Gefahr von Zirkelschlüssen nahe.
- Das Drei-Komponenten-Modell der Einstellung wird zwar allgemein akzeptiert, doch scheint eine empirische Trennung der Komponenten nach dem bisherigen Forschungsstand nicht möglich. Weiter stellt sich die Frage, ob dieses Modell, in dem kognitive und konative Aspekte mit eingeschlossen sind, nicht überfrachtet und damit unbrauchbar ist, denn letztlich werden so auch Vorstellungen, Überzeugungen und Handlungspläne als Teile von Einstellungen definiert.

Daher wird in neueren Publikationen dieses Modell zunehmend skeptisch diskutiert (z.B. SIX 1980, 59). Es deutet sich eine Rückbesinnung auf das 'klassische' Modell von THURSTONE (1931) an, wonach Einstellungen lediglich als affektive Bewertung eines Sachverhalts zu verstehen sind.
"Einstellungen beziehen sich dabei auf die positiven oder negativen ... Bewertungen eines Sachverhalts durch eine Person" (SIX 1980, 58, in Anlehnung an FISHBEIN & AJZEN 1975).

3. Einstellung und Körper

Einstellungen werden häufig als 'soziale' Einstellungen bezeichnet.
"Denn die meisten Verhaltensweisen und somit auch Verhaltensbereitschaften und -dispositionen haben doch irgendwie mit sozialen oder quasi-sozialen Gegenständen in der Umgebung des Individuums zu tun" (SCHMIDT u.a. 1975, 15).

Diese Interpretation klammert die selbstbezogenen Einstellungen weitgehend aus. Zweifellos hat aber jedes Individuum eine Reihe von

Einstellungen zu sich selbst, seinen Fähigkeiten, Fertigkeiten, Verhaltensweisen und nicht zuletzt seinem Körper. Auch diese sind 'sozial' in dem Sinn, daß z.B. die Bewertung eigener Fähigkeiten nicht nur anhand bisher erbrachter eigener Leistungen erfolgt, sondern auch anhand der Leistungen anderer. Sie sind aber auch 'sozial' insofern, als wir uns selbst und unseren Körper nur anhand gesellschaftlich vermittelter Normen und Werte überhaupt interpretieren und bewerten können. Unser Aussehen, unsere Gesundheit und Leistungsfähigkeit sind zwar auch biologisch determiniert, aber nur teilweise, wie Kulturvergleiche oder Schicht- und Geschlechtsvergleiche innerhalb einer Kultur oder Epoche belegen.

Welche Bedeutung 'gutes' Aussehen hat und welches Aussehen 'gut' ist, wird jeweils sehr unterschiedlich gesehen. Gleiches gilt, wenn auch weniger offensichtlich, für die Interpretation von Gesundheit und Krankheit, körperlicher Leistungsfähigkeit und anderem. Auch unser Körper ist somit ein soziales Gebilde.

Daraus wird deutlich, daß die Unterscheidung von sozialen und nicht-sozialen (d.h. individuell selbstbezogenen) Einstellungen letztlich nicht getroffen werden kann und prinzipiell sinnlos ist. Alle Einstellungen enthalten soziale Komponenten und beziehen sich nicht ausschließlich auf die Umwelt oder das Selbst, sondern auf die Interaktion von Selbst und Umwelt.

In Anlehnung an FISHBEIN & AJZEN (1975) und SIX (1980) werden im folgenden körperbezogene Einstellungen als positive oder negative Bewertungen des eigenen Körpers und seiner Teile und Funktionen verstanden. Natürlich ist eine Bewertung de facto nicht unabhängig von Vorstellungen und Handlungsplänen denkbar, doch sind Bewertungen eine eigene psychische Operation.

Die Tatsache, daß kognitive, affektive und konative Komponenten auch in Bezug auf den eigenen Körper eng miteinander verknüpft sind, läßt sich wohl besser mit dem Begriff 'Körperkonzept' charakterisieren. Dieses umfaßt dann körperbezogene Vorstellungen (nicht nur Kenntnisse, sondern auch Überzeugungen, die oft wenig mit der

Realität zu tun haben, wie z.B. im Alltag verbreitete Vorstellungen über das Körperinnere, Gesundheit und Krankheit belegen), körperbezogene Einstellungen (positive oder negative Bewertungen) und auf den eigenen Körper bezogene Handlungspläne (z.B. wenn ich Sport treibe, lebe ich gesund).

An dieser Stelle muß noch einmal auf die Dichotomie von Körper-Sein und Körper-Haben verwiesen werden. Im Alltag sind wir uns unseres Körpers zumeist nicht bewußt, zumindest solange er problemlos funktioniert. Erst wenn er krank wird, eine Leistung nicht erbringen kann oder anders unangenehm auffällt, z.B. durch sein Aussehen oder unkontrollierte Reaktionen, richten wir unsere Aufmerksamkeit auf ihn. Solange wir uns seiner nicht bewußt geworden sind, können wir aber kaum differenzierte Einstellungen und Vorstellungen entwickeln. Daher dürfte in gewisser Weise Körper-Sein mit einem undifferenzierten Körperkonzept einhergehen, Körper-Haben dagegen eher mit einem differenzierten. Dies ist sicher keine prinzipiell notwendige und unveränderliche Beziehung, wie Beispiele erfolgreicher Körpertherapien zeigen, die eine Einheit von Körper und Geist - das Körper-Sein - zum Ziel haben (vgl. PETZOLD 1977), oder auch Beispiele aus anderen Kulturen. Aber für die komplexen Industriegesellschaften der Gegenwart scheint es der Normalzustand zu sein. Daraus ergibt sich, daß die empirische Erfassung von Körperkonzept oder Körpereinstellungen, die ja ein Mindestmaß an Bewußtsein voraussetzt, überwiegend Aspekte des Körper-Habens, also ein instrumentelles Körperverhältnis, widerspiegeln muß. Offen bleibt dabei die interessante Frage, ob der Zustand des Körper-Seins sich prinzipiell dem empirischen Zugriff entzieht.

4. Messung körperbezogener Einstellungen

Grundsätzlich sind alle für die allgemeine Einstellungsmessung verwendbaren Verfahren auch zur Erfassung körperbezogener Einstellungen geeignet. COOK & SELLTIZ (1971) unterscheiden fünf Erfassungsmöglichkeiten (vgl. auch BIELEFELD 1981):

a) Selbsteinschätzungen (Fragebögen, Interviews)
b) Erfassung offen sichtbaren Verhaltens
c) Erfassung der Reaktionen auf halbstrukturiertes Material (Bilder und/oder Texte)
d) Erfassung der Leistung bei objektiven Aufgaben
e) Physiologische Messungen

Physiologische Maße wie die Herzfrequenz oder der galvanische Hautwiderstand, in der Einstellungsforschung nur selten verwendet, geben eher Auskunft über die Stärke der autonomen Erregung, d.h. die Intensität einer Einstellung, als über ihre Qualität. Damit sind sie nur für spezifische Fragestellungen geeignet, könnten aber einen Zugang zur Erfassung des 'Körper-Seins' bieten.

Die mit Abstand am häufigsten verwendete Methode sind die Selbsteinschätzungen, vor allem durch Fragebogen, Eigenschaftswörterlisten und Eindrucksdifferentiale. Diese sind besonders ökonomisch, da zum einen die Befragungen keine aufwendige und systematisch kontrollierte Situation wie z.B. beim Laborexperiment voraussetzen und zum anderen mehrere Personen gleichzeitig befragt werden können. Weiter sind sie objektiv, da der Auswerter die Ergebnisse nicht beeinflußt. Ein gravierender Nachteil ist allerdings, daß diese Verfahren von den Befragten leicht durchschaut werden können und daher manipulierbar sind, so daß statt der 'wahren' Einstellungen mitunter eher sozial erwünschte Einstellungen angegeben werden.

Ein Überblick über die bisher entwickelten Skalen (Fragebogen, Eigenschaftswörterlisten und Eindrucksdifferentiale) erfordert zunächst eine präzisere Definition des Untersuchungsgegenstandes, da der Körper unter sehr unterschiedlichen Aspekten beurteilt werden kann. Zumindest fünf Aspekte sind zu unterscheiden.

a) global vs. spezifisch:

   Der Körper kann insgesamt d.h. global beurteilt werden, es können aber auch auf verschiedenen Differenzierungsebenen spezifische Aspekte beurteilt werden:

- Körperteile oder -regionen (z.B. Kopf, Hände, Brust)
- Körperfunktionen (z.B. Verdauung, Schlaf)
- globale Körpermerkmale (z.B. Gewicht, Größe, Aussehen)
- körperliche Fähigkeiten (z.B. Kraft, Geschicklichkeit)

b) stabil vs. variabel:

Der Körper kann als zumindest im Erwachsenenalter relativ stabiles Phänomen gesehen werden. Diese Perspektive ist für jedes Individuum subjektiv sinnvoll, da es nur so ein stabiles Selbstkonzept und Selbstwertgefühl entwickeln und aufrechterhalten kann. Andererseits ist der 'normale' Körper auch situationsspezifisch variabel, d.h. wir nehmen ihn z.B. morgens beim Aufwachen anders wahr als beim Mittagessen oder wir verwenden ihn beim Einkaufen anders als beim gemütlichen Zusammensein mit Freunden.

c) real vs. ideal:

Prinzipiell beziehen sich Einstellungen auf den eigenen Körper in seinem tatsächlichen Zustand. Doch registrieren alle Menschen auch andere Körper, woraus sich eine Körpernorm des statistischen Durchschnitts entwickelt, d.h. wir wissen auch, wie der Körper des typischen Erwachsenen oder Kindes aussieht. Weiter definiert jede Gesellschaft eine Idealnorm, die angibt, wie der ideale Körper auszusehen hat. Der eigene Körper wird nun ständig mit Durchschnittsnorm und Idealnorm verglichen und an diesen Maßstäben gemessen, so daß die Bewertung des eigenen Körpers als Realbild (= Einstellung) relationale Informationen über den Grad der Übereinstimmung von Real- und Idealbild enthält. Dieses Problem, eigentlich relationale Informationen zu erfragen, ist zwar nicht vermeidbar, kann aber kontrolliert werden, indem sowohl nach dem Realbild wie auch nach dem Idealbild gefragt wird.

d) entwicklungsbedingte Unterschiede:

Unabhängig von der kurzfristigen situationsspezifischen Variabilität gibt es auch die langfristigen Veränderungen des Körpers vom

Säugling bis zum Erwachsenen und alten Menschen hin. Obwohl ein Befragter zum Zeitpunkt der Befragung seinen Körper im allgemeinen im aktuellen Entwicklungsstand beurteilen wird, muß doch berücksichtigt werden, daß Ausmaß und Art der Vorerfahrungen und der am eigenen Körper registrierten längerfristigen Veränderungen in dieses Urteil mit eingehen.

e) gruppenspezifische Unterschiede:
Offensichtlich sind nicht nur die Körper von Kindern und Erwachsenen verschieden, sondern bspw. auch die von Männern und Frauen oder Mitteleuropäern und Eskimos. Diese Unterschiede sind nur zu einem geringeren Grad biologisch bedingt und überwiegend die Folgen von im Verlauf einer bestimmten Sozialisation erlernten gruppenspezifischen Werten, Normen und Verhaltensweisen. Daher finden sich solche Unterschiede auch ohne jede biologische Basis z.B. zwischen den Angehörigen verschiedener sozialer Schichten, wenn auch weniger offensichtlich. Diese Tatsache muß bei der Einstellungsmessung berücksichtigt werden, sofern man sich nicht auf wenige globale Aspekte beschränken will, da z.B. das Aussehen des Körpers und damit verbunden die Körperpflege in unserer Gesellschaft für Frauen eine weit größere Bedeutung haben als für Männer. Und diese Unterschiede sind nicht nur quantitativer, sondern auch qualitativer Art.

5. Stand der empirischen Forschung

Einen Überblick über den aktuellen Forschungsstand zu geben ist einfach und schwierig zugleich. Einfach ist das Unterfangen insofern, als nur wenige empirische Untersuchungen durchgeführt wurden, schwierig deshalb, weil sich die meisten Untersuchungen bezüglich Meßinstrument und Untersuchungspopulation voneinander unterscheiden, also unter strengen methodischen Aspekten kaum vergleichbar sind und z.T. auf kleinen Stichproben basieren, was die Zuverlässigkeit der Ergebnisse einschränkt.

Gemeinsam ist den Untersuchungen, daß sie die Bewertungskomponente des stabilen realen Körperkonzepts von Erwachsenen (zumeist Studenten) erfragen. Untersuchungen an Kindern zur Entwicklung der körperbezogenen Einstellungen fehlen ebenso wie ein Vergleich von stabilen und variablen Einstellungskomponenten - unter variablen Körpereinstellungen ist hier die Bewertung der momentanen Befindlichkeit aber nicht mit eingeschlossen (vgl. ABELE & BREHM 1984; JAHNKE & DEBUS 1978), da Einstellungen ja 'relativ dauerhafte Verhaltensdispositionen' sind. Globale Körpereinstellungen werden ebenso wie spezifische erfaßt, z.T. wird die Summe spezifischer Einstellungsratings als Index für die globale Körpereinstellung definiert. Fragebogen vom Likert-Skalen-Typ überwiegen, seltener sind Eindrucksdifferentiale. Die meisten Fragebögen und Untersuchungen stammen aus den USA, erst in den letzten Jahren sind auch in Deutschland Ansätze einer systematischeren Auseinandersetzung mit dem Thema zu erkennen.

5.1. Zur Struktur körperbezogener Einstellungen

Die ältesten Untersuchungen stammen von SECORD & JOURARD (1953), die einen Fragebogen zur Erfassung der 'Body-Cathexis' (Körper-Besetzung) konstruierten, im Deutschen besser mit 'Körperzufriedenheit' übersetzt. Sie definierten Body-Cathexis als "Grad der Zufriedenheit oder Unzufriedenheit mit verschiedenen Teilen oder Prozessen des Körpers" (a.a.O., S. 343). Diese Skala existiert in verschiedenen Versionen, mit 46 bzw. 40 Items, und wurde auch von anderen Autoren eingesetzt und modifiziert (z.B. CLIFFORD 1971; DARDEN 1972; BERSCHEID u.a. 1973; ROGER 1977; TUCKER 1981). Deutsche Varianten stammen von DIEBIG (1973, zit. nach BERGLER 1974), MRAZEK (1983a) und PAULUS (1976). SECORD und JOURARD definierten eine globale Körperzufriedenheit als Summe der Zufriedenheitsratings mit verschiedenen einzelnen Teilen und Prozessen des Körpers. Neuere faktorenanalytische Untersuchungen sprechen aber gegen die Homogenität der Skala und legen mindestens drei unabhängige Dimensionen nahe (vgl. MRAZEK 1983a):

- Zufriedenheit mit Gesundheit und Fitness
- Zufriedenheit mit dem Körperbau (Figur)
- Zufriedenheit mit dem manipulierbaren Aussehen (Gesicht, Haut, etc.)

Bemerkenswert und - soweit nachprüfbar - in allen Untersuchungen übereinstimmend ist die Tatsache, daß die Befragten mit allen Aspekten ihres Körpers zufrieden sind. Dabei sind sie mit Gesundheit und Fitness noch zufriedener als mit Aussehen und Körperbau.

Andere Fragebögen zur Erfassung des 'Body-Image', der Körpererfahrung oder Körperwahrnehmung, wurden z.B. von BERGLER (1979), BERSCHEID u.a. (1972), CORMANN & HOLTSCHOPPEN (1978), vgl. auch STRAUSS & APPELT (1983), MRAZEK (1983b) oder PAULUS (1982) entwickelt. Alle enthalten Skalen zur Beurteilung des eigenen Körpers. Weiter sind hier einige Selbstkonzept-Fragebogen zu nennen, die Skalen zur Erfassung körperbezogener Einstellungen enthalten, z.B. die Tennessee Self-Concept Scale (FITTS 1965) oder die Sears Self-Concept Inventory Scale (SEARS 1972, zit. nach EWERT 1979), von der auch eine deutsche Version vorliegt (EWERT 1978; 1979). Ein Vergleich dieser Skalen ist, bedingt durch unterschiedliche Item- und Personenstichproben, problematisch. Eliminiert man alle Subskalen, die eindeutig nicht-evaluative Komponenten des Körperkonzepts wie z.B. die Körperaufmerksamkeit erfassen, so zeichnet sich aber ab, daß vermutlich folgende Aspekte der Körpereinstellung relativ sicher differenziert und empirisch erfaßt werden können:

- Gesundheit und Fitness
- Figur/Körperbau
- Aussehen
- Sexualität
- Körperkontakt

Die Übereinstimmung der ersten drei Aspekte mit den Faktoren der Körperzufriedenheit ist offensichtlich. Bemerkenswert ist einerseits die Trennung von Aussehen und Figur in relativ unabhängige Komponenten, andererseits die Untrennbarkeit von Gesundheit und körperlicher Leistungsfähigkeit

Eindrucksdifferentiale, d.h. Listen von im allgemeinen mehreren gegensätzlichen Eigenschaftspaaren, fanden zur Beurteilung des ganzen Körpers wie auch verschiedener Körperregionen, -funktionen oder -produkte Verwendung (z.B. KURTZ 1969; MRAZEK 1984a; 1984b; PLUTCHIK u.a. 1973; ROSS u.a. 1968). Im wesentlichen werden die seit OSGOOD (1952) bekannten drei Dimensionen des semantischen Raums 'Evaluation', 'Potency' und 'Activity' (EPA-Struktur) nachgewiesen, wobei streng genommen nur die Evalutions-Dimension als Einstellungsmaß gelten kann.

Eigenschaftswörterlisten, bei denen im Gegensatz zum Eindrucksdifferential jede Eigenschaft ohne Gegenpol vorgegeben wird, wurden von PAULUS (1979) und ZION (1965) eingesetzt. PAULUS (1979, 83) weist anhand seiner Ergebnisse auf die bemerkenswerte Ähnlichkeit zwischen der EPA-Struktur und den inhaltlichen Aspekten Attraktivität, Leistungsfähigkeit und Unruhe/Anspannung hin. Experimentelle Ansätze zur indirekten Erfassung körperbezogener Einstellungen stammen z.B. von BELOFF & BELOFF (1959) oder EPSTEIN (1955) (vgl. auch FISHER 1970).

5.2. Zur Variabilität körperbezogener Einstellungen

Entsprechend der Bedeutung, die in unserer Gesellschaft den Geschlechtsrollen zukommt, gehören Geschlechtsunterschiede zu den besonders ausführlich untersuchten Aspekten körperbezogener Einstellungen. Dabei sind folgende Ergebnisse relativ konsistent nachweisbar:

- Frauen verfügen über differenziertere Körpereinstellungen als Männer (BERSCHEID u.a. 1973; FISHER & CLEVELAND 1968; JOURARD & SECORD 1955; KURTZ 1969; MRAZEK 1983a; 1984a; 1984b).
- Frauen bewerten ihren Körper nicht positiver als Männer (SECORD & JOURARD 1953).

- Bei differenzierterer Analyse verschiedener Einstellungsbereiche sind keine konsistenten Geschlechtsdifferenzen bezüglich der Gesundheit nachweisbar.
- Frauen haben zu ihrem Aussehen überwiegend eine positivere Einstellung als Männer, dafür zu ihrer Figur und körperlichen Leistungsfähigkeit eine weniger positive (PAULUS 1979; MRAZEK 1984a).

Altersdifferenzen im Erwachsenenalter sind bisher kaum untersucht worden. Die Ergebnisse von BERSCHEID u.a. (1973) und MRAZEK (1984a) deuten darauf hin, daß mit zunehmendem Alter die Einstellung zum eigenen Körper positiver wird, obwohl der Körper immer weniger den Idealen von Schönheit und Leistungsfähigkeit entspricht. Sofern es sich nicht um stichprobenspezifische Effekte handelt, ließe sich dieser Befund - ebenso wie die meisten Geschlechtsdifferenzen - zumindest teilweise dadurch erklären, daß der Körperaufmerksamkeit als intervenierender Variablen eine wichtige Rolle zukommt. Danach wächst die Wahrscheinlichkeit, daß man Probleme findet, wenn man auf einen bestimmten Aspekt seines Körpers stark achtet. Wenn man einen anderen Aspekt dagegen nicht beachtet, ist man im allgemeinen mit ihm zufrieden, weil er keine Probleme bereitet. Und ältere Menschen achten insgesamt weniger auf ihren Körper als jüngere bzw. messen ihm weniger Bedeutung zu. Allerdings sind bereichsspezifische Differenzierungen zu vermuten.

Unterschiede zwischen den Angehörigen verschiedener sozialer Schichten sind bisher empirisch kaum untersucht worden. GRASSO (1974) fand keine signifikanten Schichtunterschiede, verschiedene soziologische Indikatoren sprechen jedoch für einen schichtspezifisch unterschiedlichen Umgang mit dem eigenen Körper (z.B. BOLTANSKI 1976; RITTNER 1974; 1983), der sich auch in unterschiedlichen Einstellungen manifestieren müßte. Ähnliches gilt für den Vergleich verschiedener Kulturen, wozu ARKOFF & WEAVER (1966) oder FISHER & CLEVELAND (1968) empirische Vorarbeiten geleistet haben (vgl. auch RITTNER in diesem Band).

Neben diesen soziodemografischen Faktoren, die die Ursachen von unterschiedlichen Körpereinstellungen sein können, müssen auch Persönlichkeitsvariablen als Korrelate der Einstellungen berücksichtigt werden (vgl. PAULUS in diesem Band). Konsistent läßt sich ein enger Zusammenhang zwischen der Selbstwertschätzung und Körpereinstellung nachweisen (BERGLER 1979; BERSCHEID u.a. 1973; FINCH & MAHONEY 1976; MRAZEK 1983a; 1984b; ROSEN & ROSS 1968; SECORD & JOURARD 1953; ZION 1965). Auch zu anderen Persönlichkeitsvariablen lassen sich - allerdings weniger konsistent - einige signifikante Beziehungen nachweisen (PAULUS 1976; 1982). Natürlich beeinflussen auch objektive Körpermerkmale bzw. -eigenschaften die Einstellung. So wird in unserer Gesellschaft ein schlanker Körper grundsätzlich positiver bewertet (PAULUS 1982). Doch gibt es für die Gleichung 'schlanker = positiver' eindeutig eine untere Grenze, da Anorexie nicht mehr als positiv erlebt wird bzw. - wenn doch - zu einem lebensbedrohenden Zustand wird. Zumeist sind beim Zusammenhang von Körpermerkmalen und Einstellungen geschlechtsspezifische Differenzen zu berücksichtigen. Männer sind zufriedener mit breiten Schultern, breiter Brust und überdurchschnittlicher Körpergröße, d.h. mit größerem und muskulöserem Körperbau, Frauen dagegen mit geringeren Körpermaßen (vor allem Gewicht, Taille, Oberschenkel), also einer zierlicheren Figur (vgl. PAULUS & OTTE 1979).

Vorübergehende Veränderungen des Körpers wie Krankheit, Menstruation oder Schwangerschaft können die Einstellungen zum eigenen Körper beeinflussen (HAFT 1975; KURTZ & HIRT 1970; Mc CONNELL & DASTON 1961), ebenso dauerhafte Veränderungen wie Operationen und Amputationen (CLEVELAND 1974; FISHER 1968; SEBEST 1973). Doch sind diese Effekte weniger eindeutig belegt.

Ein Faktor, dessen Einfluß auf die Körpereinstellung noch ausführlicher diskutiert werden muß, weil er im Gegensatz zu den bisher genannten frei manipuliert werden kann, ist sportliche Aktivität oder körperliches Training im weiteren Sinn. FOLKINS & SIME (1981) listen in ihrem Literaturüberblick acht neuere empirische Studien auf, die konsistent belegen, daß körperliches Fitness-Training das Selbstkonzept, genauer die Einstellung zu sich bzw. das Selbstwertgefühl, verbessert. Dies gilt für Grundschulkinder ebenso wie für Studenten und erwachsene Männer und Frauen. Die Einstellung zum eigenen Körper wurde dabei aber nur in zwei Studien explizit berücksichtigt. Eine eigene Analyse von 17 Untersuchungen (zwischen 1969 und 1981 publiziert) zum Zusammenhang zwischen körperlicher Fitness und der Einstellung zum eigenen Körper ergibt kein einheitliches Bild: acht von 17 Ergebnissen sprechen für einen positiven Zusammenhang zwischen Fitness und Körpereinstellung. Dabei muß aber berücksichtigt werden, daß sich die Untersuchungen in der Art der Stichprobe, des Meßinstruments und des Untersuchungsdesigns erheblich unterscheiden.

Auffällig ist zunächst, daß bei Untersuchungen, die die Body-Cathexis-Scale (vgl. 5.1.) verwendeten, nur in drei von zehn Fällen ein signifikanter Effekt nachweisbar war (JOESTING 1981; SCHULTZ 1973; SNYDER & KIVLIN 1975 vs. FOLKINS 1976; FULTON 1968; GUSSIS 1971; READ 1969; SHEPPARD 1972; SHOCHAT 1970; SNYDER & SPREITZER 1976).
Dies mag daran liegen, daß der Body-Cathexis-Gesamtwert als abhängige Variable zu undifferenziert ist. Es könnte aber auch bedeuten, daß nur längerdauernde Trainingsformen, die von den Individuen nicht als etwas Besonderes, sondern als 'normal' wahrgenommen werden, die Einstellung beeinflussen. Eliminiert man diese Studien, so sprechen fünf signifikante Effekte aus sechs Untersuchungen deutlich für den Einfluß des Trainings (COLLINGWOOD 1972; COLLINGWOOD & WILLETT 1971; DOWELL u.a. 1970; GUYOT u.a. 1981; HELLISON 1969 vs. HILYER & MITCHELL 1979). Allerdings ist unklar, warum die anderen Meßinstrumente (z.B. Eindrucksdifferentiale oder körperzentrierte Subskalen aus Selbstkonzept-Fragebogen) sensibler für Fitness-Effekte sein sollen. Eine Trennung der Untersuchungen in experimentelle Studien, bei denen die Personen anhand motorischer Leistungstests in zwei Gruppen (leistungsfähig vs. nicht leistungsfähig) unterteilt werden, ergibt kein klares Bild.

Ein zeitlich begrenztes Training kann, so bleibt zu folgern, die Einstellung beeinflussen, wenn es intensiv genug ist. Aber auch Personen, die anhand objektiver Meßwerte körperlich leistungsfähiger sind, zeigen in der Regel positivere Körpereinstellungen. Beide Befunde können ähnlich interpretiert werden, doch sind auch unabhängige Argumentationsmuster denkbar. So wäre es möglich, die positiven Veränderungen durch Training nicht über die Kausalkette 'gesteigerte Fitness führt zu positiverer Einstellung' zu erklären, sondern über einen Erwartungseffekt: Weil man glaubt, durch das Training seinen Körper in irgendeiner Form zu verbessern, verbessert sich auch die Einstellung (vgl. HANSON 1967). Dabei muß z.Z. offenbleiben, wie dauerhaft dieser Effekt ist. Körperlich leistungsfähigere Personen dagegen sind im Vergleich zu weniger leistungsfähigen sportlich aktiver, und das nicht nur für einen eng begrenzten Zeitraum von Wochen oder Monaten, sondern in der Regel für einige Jahre. Sport und körperliche Aktivität gehören also zu den Grundbausteinen ihres Lebensplans und damit zum Selbst- und Körperkonzept. Und da Sporttreiben eine freiwillige Aktivität ist, den Aktiven also Spaß macht, muß auch der Effekt des Sports auf den eigenen Körper zunächst undifferenziert positiv bewertet werden. Körperliche Aktivität, vielleicht noch allgemeiner jede Form von Bewegungserfahrung, kann also einen positiven Effekt auf die Einstellung zum eigenen Körper haben, wenn sie längerfristig als etwas Selbstverständliches in den Lebensplan eingebettet ist und nicht als etwas Besonderes und Außergewöhnliches erlebt wird. Dies wird in vielen pädagogischen und therapeutischen Programmen explizit oder implizit berücksichtigt - allerdings liegen kaum zuverlässige Daten über Langzeitwirkungen vor. Einen Hinweis darauf, daß differenziertere Untersuchungspläne notwendig sind, liefert HEAPS (1978), dessen Daten zeigen, daß die Körpereinstellung weniger von der objektiv meßbaren körperlichen Leistung beeinflußt wird als von der sozialen Rückmeldung über diese Leistung.

6. Zur Entwicklung körperbezogener Einstellungen

Der Überblick über die bisherigen empirischen Untersuchungen zum Komplex der körperbezogenen Einstellungen zeigt deutlich, wie wenig differenziert der aktuelle Wissensstand ist. Noch drastischer gilt dies für die Entwicklung der Einstellungen vom Kleinkind zum Erwachsenen hin. Wie KIENER (1973) in seinem Überblicksreferat zeigt, steigen Quantität und Differenzierungsgrad der Körperkenntnisse beginnend mit dem 8.-9. Lebensjahr bis zum 14.-15. Lebensjahr stark an, danach verändern sie sich nur noch wenig (vgl. GELLERT 1962; FATERSON & WITKIN 1970). Daraus könnte gefolgert werden, daß sich die Einstellungen parallel zu den Kenntnissen differenzieren müssen und mit zunehmendem Differenzierungsgrad weniger positiv werden. Die einzige explizit zu dieser Frage vorliegende Studie von CLIFFORD (1971) läßt aber - bei einigen methodischen Problemen - für 11-19jährige keinen linearen Zusammenhang zwischen dem Alter und der Ausprägung der Einstellungen zum Körper erkennen.
Da Informationen über die Entwicklung körperbezogener Einstellungen also weitgehend fehlen, seien im Folgenden einige Ergebnisse aus einer eigenen Untersuchung dargestellt (vgl. auch ROY 1983). Untersucht wurden 404 Kinder und Jugendliche aus 5. und 10. Klassen, die im Durchschnitt 10 und 16 Jahre alt waren. Ein solcher Extremgruppenvergleich zur Analyse der Körpereinstellungen vor Beginn und gegen Ende der Pubertät ist insofern von Bedeutung, als sich der Körper in dieser Zeit besonders stark verändert und demgemäß hier besonders auffällige Veränderungen in den Körpereinstellungen zu finden sein müßten. Als Meßinstrument wurde die KSZ-Skala zur Erfassung von Körper- und Selbstzufriedenheit (MRAZEK 1983a) verwendet, die 51 Items enthält, davon 40 Items zur Zufriedenheit mit bestimmten Teilen, Funktionen, Eigenschaften und Attributen des eigenen Körpers.

Folgende Hypothesen wurden überprüft:

- Die Körpereinstellungen sind bei Kindern und Jugendlichen nicht homogen, sondern quantitativ und qualitativ differenziert.

- Mit zunehmendem Alter werden die Körpereinstellungen differenzierter.
- Es existieren geschlechtsspezifische Unterschiede in den Körpereinstellungen, die nach der Pubertät größer sind als vorher.
- Sportlich aktive Kinder und Jugendliche haben positivere Körpereinstellungen als nichtaktive.

Ergebnisse:

(1.) Eine Faktorenanalyse nach der Hauptachsenmethode mit anschließender Varimax-Rotation ergab eine 5-Faktoren-Lösung, die 42.6 % der Varianz aufklärt. Vier dieser Faktoren sind eindeutig interpretierbar und entsprechen weitgehend den in Kap. 5.1 dargestellten Faktoren bei Erwachsenen: 1. Körperbau/Figur, 2. manipulierbares Äußeres, 3. Selbst und 4. körperliche Leistungsfähigkeit. Faktor 5 ist inhaltlich unklar und aufgrund der vorliegenden Daten nicht interpretierbar - er enthält Items zu Aspekten wie Alter, Schulleistungen, Gesundheit, Zähne etc. Eine qualitative Differenzierung der Einstellungen ist also möglich.

Quantitative Differenzierungen werden ebenfalls vorgenommen, doch überwiegend in Abhängigkeit von Alter und Geschlecht (vgl. Ergebnisse 2). Global sind zwei Befunde von Interesse: Zum einen sind die Kinder und Jugendlichen mit allen Aspekten ihres Körpers relativ bis sehr zufrieden. Auf der fünfstufigen Zufriedenheitsskala (Codierung von 1 = 'sehr unzufrieden' bis 5 = 'sehr zufrieden') liegt kein Mittelwert unter 2.5, d.h. im Bereich 'unzufrieden'. Zum anderen sind, unabhängig von Alter und Geschlecht, alle zufrieden bis sehr zufrieden mit Herz, Augen, Schlaf, Gesundheit und dem eigenen Geschlecht, d.h. mit Aspekten, die wenig beeinflußbar sind bzw. in diesem Alter wenig Probleme bereiten.

(2.) Die Körpereinstellungen unterliegen einem deutlichen Alterseffekt. Bei fast allen Items sinkt die Zufriedenheit von der 5. zur 10. Klasse signifikant ab. Während sie in der 5. Klasse noch extrem hoch ist, erreicht sie in der 10. Klasse weitgehend das Niveau, das noch bei Erwachsenen zu finden ist. Allerdings erlauben die Daten keine eindeutigen Rückschlüsse über den Verlauf der Veränderung. Der Extremgruppenvergleich suggeriert hier zwar ein kontinuierliches Sinken der Zufriedenheit von der 5. zur 10. Klasse, doch sind auch kurvilineare Veränderungen oder sogar wellenförmige Verläufe möglich. Neben diesen quantitativen Altersunterschieden existieren vermutlich auch qualitative. Diese sind aber anhand der vorliegenden Daten nicht sicher nachweisbar, da die extrem hohen Mittelwerte der 5. Klasse eine sinnvoll interpretierbare Faktorenstruktur verhindern.

(3.) Geschlechtsunterschiede sind nur bei den beiden Aspekten 'Figur' und 'körperliche Leistungsfähigkeit' zu finden. Mädchen sind mit ihrer Figur wesentlich weniger zufrieden als Jungen, und zwar unabhängig vom Alter. Daraus läßt sich schließen, daß das Schönheitsideal unserer Gesellschaft, das eine schlanke Figur bei Frauen weit stärker betont als bei Männern, bereits mit 10 Jahren fest verankert ist. Mit ihrer körperlichen Leistungsfähigkeit dagegen sind Jungen und Mädchen in der 5. Klasse noch gleich zufrieden - Jungen bleiben aber bis in die 10. Klasse zufrieden, während bei den Mädchen die Zufriedenheit deutlich sinkt. Hierfür dürfte das Stereotyp 'Mann = stark, Frau = schwach' verantwortlich sein, das in der Selbstwahrnehmung offenbar erst nach der Pubertät, d.h. für Erwachsene, gilt und zur Folge hat, daß die bei 10jährigen tatsächlich kaum nachweisbare größere körperliche Leistungsfähigkeit der Jungen aufgrund einer unterschiedlichen Sozialisation bei 16jährigen in der Regel nachweisbar ist, zumindest was Kraft und Schnelligkeit betrifft.

(4.) Kinder und Jugendliche, die Mitglied in einem Sportverein sind, sind nur mit einigen Aspekten ihres Körpers zufriedener als Nichtmitglieder, vor allem mit ihrer Ausdauer und Leistungsfähigkeit, aber auch mit ihren Waden, Oberschenkeln, Zukunftsaussichten und ihrer Beliebtheit bei anderen. Erwartungsgemäß sind also diejenigen, die sportlich (und damit körperlich) aktiver sind, zufriedener mit ihrer Leistungsfähigkeit und ihrer Figur. Darüber hinaus sind sie aber auch optimistischer und geselliger oder nehmen sich zumindest so wahr - Effekte, die genauso bei Erwachsenen zu finden sind. Diese Unterschiede zwischen Sportvereinsmitgliedern und Nichtmitgliedern werden von Alter und Geschlecht kaum beeinflußt.

Zusammenfassend läßt sich also feststellen, daß die Einstellung zum eigenen Körper bei Kindern und Jugendlichen
- ein mehrdimensionales Konstrukt ist, das mindestens die unabhängigen Komponenten Figur, Aussehen und Leistungsfähigkeit umfaßt
- generell sehr positiv ist, vom 10. bis zum 16. Lebensjahr aber deutlich absinkt und differenzierter wird
- geschlechtsspezifische Unterschiede bei den Aspekten Figur und Leistungsfähigkeit aufweist, die mit 16 Jahren deutlicher ausgeprägt sind als mit zehn Jahren
- im Bereich der körperlichen Leistungsfähigkeit und Figur bei sportlichen Aktiven positiver ist als bei Nicht-Aktiven.

7. Die Bedeutung körperbezogener Einstellungen für pädagogische und therapeutische Maßnahmen

Da die bisher vorliegenden empirischen Daten kaum zuverlässige Schlußfolgerungen erlauben, können die folgenden Gedanken nur Anregungen für die pädagogische und therapeutische Praxis mit dem Wert von Arbeitshypothesen sein. Wichtig und empirisch gut belegt ist die Annahme, daß eine positive Selbstwertschätzung eine notwendige Voraussetzung jeder menschlichen Existenz ist und daß angstfreies Leben eine positive Selbstwertschätzung erfordert. Ebenso wichtig und gut belegt ist die zweite Annahme, daß Selbstwertschätzung und die Einstellung zum eigenen Körper eng zusammenhängen. Daraus kann nun gefolgert werden, daß ein zufriedenes und angstfreies Leben eine positive Einstellung zum eigenen Körper voraussetzt bzw. daß umgekehrt eine negative Körpereinstellung viele Probleme schafft, die weit über den Körper hinaus in alle Bereiche des Lebens reichen.

Jeder Säugling erfährt sich und seine Umwelt zunächst durch den eigenen Körper. Identität, Selbstkonzept und Selbstwertgefühl entwickeln sich also vor allem über den Körper, d.h. seine Bewertung ist die Basis für die Selbstwertschätzung. Daraus ergibt sich, daß eine optimale Förderung der kindlichen Entwicklung auch Förderung der körperlichen Entwicklung sein muß, vor allem der motorischen Entwicklung. Aber die körperlichen Fähigkeiten und Fertigkeiten werden vom Kind nicht unmittelbar und objektiv erlebt, sondern auf der Basis vorheriger Erfahrungen selektiv wahrgenommen und interpretiert. Dabei spielt die persönliche Erfahrung des eigenen Körpers ebenso eine Rolle wie die Wahrnehmung der Körper anderer Menschen und deren Reaktion auf den eigenen Körper. So kann ein Kind eigene gute körperliche Fähigkeiten oder Eigenschaften trotzdem negativ bewerten, ein anderes geringe Fähigkeiten noch positiv. Daher sind objektive anatomische und physiologische Merkmale zwar eine wichtige Voraussetzung des Selbstwertgefühls, wichtiger aber ist die Einstellung zu ihnen. Nur so ist zu erklären, daß körperbehinderte Kinder trotz ihrer Handicaps eine positive Körpereinstellung und ein positives Selbstwertgefühl entwickeln können - wenn es ihnen die soziale Umgebung auch nicht immer leicht macht.

Motorische oder besser gesagt psychomotorische Lern- und Übungsmöglichkeiten sind also eine wichtige Grundlage nicht nur für die Entwicklung motorischer Fertigkeiten, sondern für die Entwicklung der gesamten Persönlichkeit. Motopädagogik und Mototherapie haben hier als die in den ersten Lebensjahren vermutlich wichtigsten Varianten von Pädagogik und Therapie ihre Chance. Hinweise und Hilfen für die Erziehung im Elternhaus, wo optimale Entwicklung sozusagen nebenbei - quasi 'natürlich' - erfolgt, sind ebenso von Bedeutung wie differenzierte Programme, die in Institutionen zur Rehabilitation, Therapie oder Förderung kranker und behinderter Kinder eingesetzt werden können.

Aber auch Skepsis ist angebracht. Es existiert bereits eine Unzahl solcher Programme, deren Autoren teilweise recht naiv die Meinung vertreten, Bewegungslernen fördere 'die Gesamtpersönlichkeit'. Obwohl, wie schon mehrfach angemerkt, kaum empirische Belege vorhanden sind, läßt sich vermuten, daß einige Programme wenig nützen oder sogar schaden können. Denn dieses Lernen wird z.T. mit sportlichem Training verwechselt, wo motorische Leistung im Vordergrund steht und - immer noch - mechanisches Üben. Ein gutes psychomotorisches Programm muß vor allem Spaß machen, spielerisch und abwechslungsreich sein. Weiter darf motorisches Lernen nicht Selbstzweck sein, es ist vielmehr Mittel zum Zweck, da letztlich psychische und motorische Entwicklung als Einheit gefördert werden soll. Und selbst wenn all das gewährleistet ist, kann der Erfolg noch nicht garantiert werden: wir wissen, daß zuwenig Üben wirkungslos bleiben muß, daß zuviel Üben negative Wirkungen haben kann, aber wir wissen noch viel zuwenig darüber, welche Quantität und Qualität von Übungen für welche Gruppen von Kindern und Jugendlichen angemessen oder optimal ist.

Strukturell ähnlich stellt sich das Problem bei Erwachsenen dar. Wir vernachlässigen heute unseren Körper im Alltag weitgehend, da wir zumeist am Schreibtisch, im Auto oder vor dem Fernseher sitzen und der Körper dabei überflüssig ist. Bewegungsmangel, ungesunde Ernährung, Rauchen, Alkohol, Umweltverschmutzung sowie der in den komplexen Industriegesellschaften immer größer werdende psychosoziale Stress kumulieren sich zu einer für den Körper immer bedrohlicheren Gesamtsituation. Der drastische Anstieg von Herz-Kreislauf- und Krebs-Erkrankungen belegt dies deutlich (vgl. RITTNER in diesem Band). Zusätzlich droht jedem in den komplexen Industriegesellschaften aufgrund der zunehmenden Differenzierung und Spezialisierung ein Verlust an Identität. Auch hier bietet Bewegung - im weiteren Sinn Sport - die Möglichkeit, eine positivere Einstellung zum Körper und damit ein höheres Selbstwertgefühl zu erreichen. Körperliche und psychische Gesundheit sind in der Regel miteinander verknüpft und können gemeinsam, besser als durch jede andere

Übung oder Therapie, durch Bewegung erreicht und aufrechterhalten werden. Sport als Bewegungstherapie kann also somatische und Psychotherapie gleichzeitig sein (vgl. auch die Diskussion über die psychotherapeutische Wirkung des Sports, z.B. KNOBLOCH 1979). Aber auch hier stecken Probleme und Gefahren: Gesundheit, körperliche Leistungsfähigkeit und Sport sind bei uns eng miteinander assoziiert. Viele, die Sport treiben, neigen dazu, den Leistungsaspekt, der uns im Alltag beherrscht, auf den Sport zu übertragen. Damit aber wird der Weg zur Gesundheit selbst zu einer Leistung und letztlich ungesund - ein absurder Prozeß, dem sich dennoch viele nicht entziehen können, wie etwa das Beispiel Jogging zeigt. Wiederum sind Motopädagogik und Mototherapie gefordert, das Optimum zwischen zuwenig und zuviel Bewegung zu lokalisieren, Wege zu einer Harmonie von Körper und Seele zu finden anstatt zur maximalen körperlichen Leistungsfähigkeit, und Aufklärung zu betreiben, d.h. diese Lernziele in der Öffentlichkeit zu propagieren.

Literatur

ABELE, A./BREHM, W.: Befindlichkeitsveränderung im Sport. in: Psychologie heute, 11 (1984) 3, 42-45
ARKOFF, A./WEAVER, H.B.: Body Image and Body Dissatisfaction in Japanese-Americans. in: Journal of Social Psychology, 68 (1966), 323-330
BELOFF,H. /BELOFF, J.: Unconscious self-evaluation using a stereoscope. in: Journal of Abnormal and Social Psychology, 59 (1959), 275-278
BERGLER, R.: Sauberkeit. Bern: Huber, 1974
BERGLER, R.: Körperpflege und Persönlichkeit. in: Zbl.Bakt. Hyg., I. Abt. Orig. B 168 (1979), 192-237
BERSCHEID, E./ WALSTER, E./ BOHRNSTEDT, G.: Body Image - a Psychology Today Questionaire. in: Psychology Today, 6 (1972) 2, 57-66
BERSCHEID, E./ WALSTER, E./ BOHRNSTEDT, G.: Body Image. The happy American body: a survey report. in: Psychology Today, 7 (1973), 119-237
BIELEFELD, J.: Einstellung zum Sport. Schorndorf: Hofmann, 1981
BIELEFELD, J.: Einstellung. in: RÖTHIG, P. (Red.): Sportwissenschaftliches Lexikon. 5. Aufl. Schorndorf: Hofmann, 1983, 114-115
BIELEFELD, J.: Soziale Einstellungen zum Sport. in: CARL, K. u.a.

(Hrsg.): Handbuch Sport. Bd. 2. Düsseldorf: Schwann, 1984, 515-533
BOLTANSKI, L.: Die soziale Verwendung des Körpers. in: KAMPER, D./ RITTNER, V. (Hrsg.): Zur Geschichte des Körpers. München: Hanser, 1976, 138-184
CHRISTIAN, Q.A.: Relationship between physical fitness and self concept. in: Diss. Abstr. Intern., 2827-A (1969)
CLEVELAND, S.E.: Personality characteristics, body image and social attitudes of organ transplant donors vs. nondonors. in: Newsletter for Research in Psychology, 16 (1974), 3-5
CLIFFORD, E.: Body satisfaction in adolescence. in: Perceptual & Motor Skills, 33 (1971), 119-125
COLLINGWOOD, T.R.: The effects of physical training upon behavior and self attitudes. in: Journal of Clinical Psychology, 28 (1972), 583-585
COLLINGWOOD, T.R./ WILLETT, L.: The effects of physical fitness training upon self-concept and body attitude. in: Journal of Clinical Psychology, 27 (1971), 411-412
COOK, S./ SELLTIZ, C. A multiple-indicator approach to attitude measurement. in : SUMMERS, G.F. (Ed.): Attitude measurement. Chicago: 1971, 23-41
CORMANN, G./ HOLTSCHOPPEN, U.: Dimensionen des subjektiven Körpererlebens. Unveröff. Dipl. Arbeit, Psych. Inst. der Universität Marburg, 1978
DARDEN, E.: A comparison of body-image and self-concept variables among various sport groups. in: Research Quarterly, 43 (1972), 7-15
DOWELL, L.J./BADGETT, J.L./LANDISS, C.W.: A study of the relationship between selected physical attributes and the self-concept. in: KENYON, G.S./GREGG, T. (Eds.): Contemporary Psychology of Sport - Proc. 2nd Int. Congr. Sport Psychol., Chicago: 1970, 657-672
EPSTEIN, S.: Unconscious self-evaluation in a normal and schizophrenic group. in: Journal of Abnormal and Social Psychology, 50 (1955), 65-70
EWERT, O.: Selbstkonzepte und Erklärung von Verhalten. in: OERTER, R. (Hrsg.):Entwicklung als lebenslanger Prozeß, Hamburg: Hoffmann & Campe, 1978, 136-146
EWERT, O.: Eine deutsche Version der Sears Self-Concept Inventory Scale (SSCI). in: FILIPP, S.-H. (Hrsg.): Selbstkonzept-Forschung, Stuttgart: Klett-Cotta, 1979, 191-202
FATERSON, H.F./ WITKIN, H.A.:Longitudinal study of development of the body concept. in: Developmental Psychology, 2 (1970), 429-438
FISHBEIN, M. (Ed.): Readings in attitude theory and measurement. New York: Wiley, 1967
FISHBEIN, M./ AJZEN, I.: Belief, attitude, intention, and behavior. New York: Addison-Wesley, 1975
FISHER, S.: Body experience in fantasy and behavior. New York: Appleton-Century-Crofts, 1970
FISHER, S./ CLEVELAND, E.: Body Image and Personality. New

York: Dover Publ, 1968
FITTS, W.H.: The Tennessee Self-Concept Scale Manual. Nashville, Tennessee: Counselor Recordings and Tests, 1965
FOLKINS, C.H.: Effects of physical training on mood. in: Journal of Clinical Psychology, 32 (1976), 385-388
FOLKINS, C.H./ SIME, W.E.: Physical Fitness Training and Mental Health. in: American Psychologist, 36 (1981), 373-389
FULTON, G.B.: A study of the relationship of body image to selected physical abilities: a phenomenological approach. in: Diss. Abstr. Internat., 28 (9-A) (1968), 3486-3487
GELLERT, E.: Children's conceptions of the content and functions of the human body. in: Genetic Psychology Monographs, 65 (1962), 293-405
GUSSIS, C.: The influence of selected sport skills oriented programs of physical education on the self-concept and body-image of boys. in: Diss. Abstr. Internat., 32 (4-A) (1971), 1902
GUYOT, G.W./ FAIRCHILD, L./HILL, M.: Physical fitness, sport participation, body build, and self-concept of elementary school children. in: International Journal of Sport Psychology, 12 (1981), 105-116
HAFT, M.S.: An exploratory study of early adolescent girls: Body image, self-acceptance, acceptance of "traditional female role". in: Diss. Abstr. Internat., 35 (8-B) (1975), 4173-4174
HANSON, D.L.: Influence of the Hawthorne effect upon physical education research. in: Research Quarterly, 38 (1967), 723-724
HEAPS, R.A.: Relating physical and psychological fitness: a psychological point of view. in: Journal of Sports Medicine, 18 (1978), 399-408
HELLISON, D.R.: The effect of physical conditioning on selective attitudes toward the self, the body, and physical fitness. in: Diss. Abstr. Internat., 30 (7-A) (1969), 2831
HILYER, J.C./ MITCHELL, W.: Effect of systematic fitness training combined with counseling on the self-concept of college students. in: Journal of Counseling Psychology, 26 (1979), 427-436
JANKE, W.L/ DEBUS, G.: Die Eigenschaftswörterliste (EWL). Göttingen: Hogrefe, 1978
JOESTING, J.: Comparison of students who exercise with those who do not. in: Perceptual & Motor Skills, 53 (1981), 426
JOESTING, J./ CLANCE, P.: Comparison of runners and nonrunners on the Body-Cathexis and Self-Cathexis Scales. in: Perceptual & Motor Skills, 48 (1979), 1046
JOHNSTON, B.L. A study of the relationship among self-concept, movement concept, and physical fitness. in: Diss. Abstr. Internat., 5270-A (1969)
JOURARD, S.M./ SECORD, P.F.: Body cathexis and personality. in: British Journal of Psychology, 46 (1955), 130-138
KIENER, F.: Untersuchungen zum Körperbild: 1.Teil. in: Zeitschrift für Klinische Psychologie und Psychotherapie, 21 (1973), 335-351
KNOBLOCH, J.: Überlegungen zur Entwicklung einer durch Sport vermittelten Psychotherapie. in: NITSCH, J.R. (Hrsg.): Bericht über die 10-Jahres-Tagung der ASP. Köln: bps-Verlag, 1979, 146-162

KURTZ, R.M.: Sex differences and variations in body attitudes. in: Journal of Consulting and Clinical Psychology, 33 (1969), 625-629
KURTZ, R.M./HIRT, M.: Body attitude and physical health. in: Journal of Clinical Psychology, 26 (1970), 149-151
LEONARDSON, G.R./ GARGIULO, R.M.: Self perception and physical fitness. in: Perceptual & Motor Skills, 46 (1978), 338
MAHONEY, E.R./ FINCH, M.D.: The dimensionality of body-cathexis. in: Journal of Psychology, 92 (1976), 277-279
Mc CONNELL, O.L. / DASTON, P.G.: Body image changes in pregnancy. in: Journal of Projective Techniques, 25 (1961), 451-456
MRAZEK, J.: Zufriedenheit mit dem eigenen Körper. in: DECKER, W./ LÄMMER, M. (Red.): Kölner Beiträge zur Sportwissenschaft, Bd. 12, St. Augustin: Richarz, 1983a, 155-174
MRAZEK, J.: Die Wahrnehmung des eigenen Körpers: Psychologie heute - Leserumfrage, in: Psychologie heute, 10 (1983b) 6, 43-46
MRAZEK, J.: Die Ver-Körperung des Selbst: Ergebnisse der Psychologie heute-Umfrage. in Psychologie heute, 11 (1984a) 2, 50-58
MRAZEK, J.: Selbstkonzept und Körperkonzept. in: DECKER, W./ LÄMMER, M. (Red.): Kölner Beiträge zur Sportwissenschaft, Bd. 13, St. Augustin: Richarz, 1984b (im Druck)
NEUBAUER, W.F.: Selbstkonzept und Identität im Kindes- und Jugendalter. München: Reinhardt, 1976
OSGOOD, Ch.E.: The nature and measurement of meaning. in: Psychological Bulletin, 49 (1952), 197-237
PAULUS, P.: Dimensionsanalyse einer erweiterten deutschsprachigen Adaptation der "Body-Cathexis-Scale" von SECORD und JOURARD. Unveröffentl. Manuskript, Braunschweig, 1976
PAULUS, P.: Selbstbeurteilung des eigenen Körpers. in: Neurol. Psychiatrie, 5 (1979), 49-56
PAULUS, P.: Zur Erfahrung des eigenen Körpers. Weinheim: Beltz, 1982
PAULUS, P./ OTTE, R.: Zur Erfassung der Zufriedenheit mit dem Aussehen des eigenen Körpers. in: Psychotherapie und Medizinische Psychologie, 29 (1979), 128-141
PETERMANN, F.: Einstellungsmessung - Einstellungsforschung. Göttingen: Hogrefe, 1980
PETZOLD, H.: Die neuen Körpertherapien. Paderborn: Junfermann, 1977
PLUTCHIK, R./CONTE, H./WEINER, M.B.: Studies of body image III: Body feelings as measured by the semantic differential. in: International Journal of Aging and Human Development, 4 (1973), 375-380
READ, D.A.: The influence of competitive and non-competitive programs of physical education on body-image and self-concept. in: Diss. Abstr. Internat., 29 (12-A) (1969), 4312-4313
RITTNER, V.: Zur Konstitutionsproblematik der Sportwissenschaft. in: Sportwissenschaft, 4 (1974), 357-371
RITTNER, V.: Zur Soziologie körperbetonter sozialer Systeme. in: NEIDHARDT, F. (Hrsg.): Gruppensoziologie. Kölner Zeitschrift für Soziologie und Sozialpsychologie, Sonderheft 25, 1983, 233-255
ROGER, D.B.: The Body-Cathexis Scale: Parallel Forms. in: Percep-

tual & Motor Skills, 44 (1977), 258
ROSEN, G.M./ ROSS, A.O.: Relationship of body-image to selfconcept. in: Journal of Consulting and Clinical Psychology, 32 (1968), 100
ROSS, W.D./ HIRT, M./KURTZ, R.: The fantasy of dirt and attitudes toward body products. in: Journal of Nervous and Mental Disease, 146 (1968), 303-309
ROY, M.: Entwicklung körperbezogener Einstellungen - ein empirischer Vergleich von Schülern aus 5. und 10. Klassen. Unveröffentl. Diplomarbeit, Deutsche Sporthochschule Köln, 1983
SCHMIDT, H.D./ BRUNNER, E.J./SCHMIDT-MUMMENDEY, A.: Soziale Einstellungen. München: Juventa, 1975
SCHULTZ, L.E.: The effects of body-concept and self-concept on the performance of a gross motor task. in: Diss. Abstr. Internat., 34 (5-A) (1973), 2372
SEARS, P.S.: Effective reinforcement for achieving behavior in disadvantaged children: The first year. Stanford: Stanford Center of Research and Development in Teaching, Technical Report No. 30, 1972
SEBEST, E.: A study of the effects of major surgery on the body image. in: Diss. Abstr. Internat., 34 (3-B) (1973), 1286
SECORD, P.F./JOURARD, S.M.: The appraisal of body cathexis: Body-cathexis and the self. in: Journal of Consulting Psychology, 17 (1953), 343-347
SHEPPARD, S.: Changes in body concept and self-concept among college students who learn to swim. in: Diss. Abstr. Internat., 32 (10-A) (1972), 5599
SHOCHAT, E.: A study of the relationship between specified personality traits and body-cathexis of male participants and non-participants. in: Diss. Abstr. Intern., 31 (3-A) (1970), 2079
SIX, B.: Das Konzept der Einstellung und seine Relevanz für die Vorhersage des Verhaltens. in: PETERMANN, F. (Hrsg.): Einstellungsmessung - Einstellungsforschung. Göttingen: Hogrefe, 1980, 55-84
SNYDER, E.E./ KIVLIN, J.E.: Women athlets and aspects of psychological well-being and body-image. in: Research Quarterly, 46 (1975), 191-199
SNYDER, E.E./ SPREITZER, E. Correlates of Sport Participation among Adolescent Girls. in: Research Quarterly, 47 (1976), 804-809
STRAUß, B./ APPELT, H.: Ein Fragebogen zur Beurteilung des eigenen Körpers. in: Diagnostica, 29 (1983), 145-164
THURSTONE, L.L.: The measurement of social attitudes. in: Journal of Abnormal and Social Psychology, 26 (1931), 249-269
TRIANDIS, H.C.: Einstellung und Einstellungsänderungen. Weinheim: Beltz, 1975
TUCKER, L.A.: Internal structure, factor satisfaction, and reliability of the body-cathexis scale. in: Perceptual and Motor Skills, 53 (1981), 891-896
ZION, L.C.: Body concept as it relates to self-concept. in: Research Quarterly, 36 (1965), 490-495

Fragen

1. Welche Funktionen haben Einstellungen im allgemeinen?

2. Welche Aspekte sind bei der Definition von Einstellungen wichtig?

3. Was besagt die Dichotomie Körper-Sein und Körper-Haben?

4. Zu welchen verschiedenen Bereichen des eigenen Körpers sind differenzierte Einstellungen empirisch nachgewiesen?

5. Welche Geschlechtsunterschiede bestehen bei den körperbezogenen Einstellungen?

6. Welchen Einfluß hat körperliche Aktivität auf die körperbezogenen Einstellungen?

Aufgaben

1. Erstellen Sie eine Liste von Begriffen, die im vorwissenschaftlichen Sprachgebrauch mit 'Einstellung' verwandt sind. Versuchen Sie, diese Begriffe von 'Einstellung' abzugrenzen.

2. Erstellen Sie eine Liste von Aspekten des eigenen Körpers (Teile, Fähigkeiten, Eigenschaften usw.), zu denen ein Individuum Einstellungen entwickeln kann. Versuchen Sie, diese Aspekte inhaltlich zu systematisieren, d.h. in Kategorien zu ordnen.

3. Überlegen Sie, welche der unter 2. aufgeführten Fähigkeiten und Eigenschaften des eigenen Körpers in unserer Gesellschaft besonders erwünscht oder unerwünscht sind. Versuchen Sie, Erklärungen dafür zu finden.

4. Überprüfen Sie anhand der unter 2. erstellten Liste, auf welche Aspekte Ihres eigenen Körpers Sie besonders achten und auf welche nicht. Besteht ein Zusammenhang zwischen dem Grad Ihrer Aufmerksamkeit und Ihrer persönlichen Bewertung?

5. Welche Möglichkeiten gibt es Ihrer Meinung nach, die Entwicklung positiver Körpereinstellungen in den ersten Lebensjahren zu fördern?

Förderung von Körperbewußtheit und Körperbewußtsein durch Tanzimprovisation

Martina Peter-Bolaender

1. Problemstellung und Begriffsbestimmung

Definitionen von Körpererfahrung umfassen meist kognitive und affektive Aspekte, erfassen Prozesse der Informationsaufnahme und -verarbeitung körperlicher Erfahrungen, wie auch gefühlsmäßig bewertende Prozesse (vgl. PAULUS 1982, 16).

Die Körpererfahrung beinhaltet einerseits kontinuierlich gesammelte und gespeicherte Erfahrungen der zurückliegenden Persönlichkeitsentwicklung und andererseits auch spontane, in der Hier-und-Jetzt-Situation geprägte, situative Anteile.

In diesem Beitrag werden die letztgenannten Anteile, die situationsspezifischen und emotional geprägten Erfahrungen im Vordergrund stehen: Erfahrungen, die 'durch' und 'mit' dem Körper und 'in Bezug auf' den eigenen Körper gesammelt werden.

Es wird der Frage nachgegangen, wie die im Laufe der Lebensgeschichte entwickelten emotional-affektiven Leistungen des Individuums bezüglich des eigenen Körpers durch Lern- und Erfahrungsbereiche im Rahmen einer Körper- und Bewegungserziehung im Sportunterricht bzw. Sportstudium entwickelt und gefördert werden können.

Um diese Frage nach Förderungsmaßnahmen für die hier in den Blick genommenen Lernzielbereiche 'Körperbewußtheit' und 'Körperbewußtsein' bearbeiten zu können, ist es zunächst dringend erforderlich, diese Begriffe, die in der sportwissenschaftlichen Literatur, und nicht nur dort, teilweise unkritisch synonym benutzt werden, zu bestimmen und deutlich voneinander zu unterscheiden.

Die 'Bewußtheit' ist, wie der Begriff 'awareness' im angloamerikanischen Sprachgebrauch, als eine Fähigkeit der Wahrnehmung, Achtsamkeit, des Gewahr-Seins in bezug auf Verhalten, Denken, Fühlen und Handeln zu verstehen. Die Wachheit gegenüber inneren und äußeren Wahrnehmungen und Geschehnissen hat ein prozeßhaftes Moment und bezieht sich auf eine Hier-und-Jetzt-Situation. Das 'Bewußtsein' (engl.: consciousness) bezeichnet sowohl ein Wissen des Menschen, als auch einen Zustand im Gegensatz zu 'bewußtlos' oder 'unbewußt'.

Am prägnantesten grenzt FELDENKRAIS (1978, 78) die Begriffe voneinander ab.

"Bewußtheit ist Bewußtsein und das Erkennen dessen, was im Bewußtsein vor sich geht, oder dessen, was in uns vor sich geht, während wir bei Bewußtsein sind."

So wie FELDENKRAIS die menschliche Entwicklung und Entfaltung im Dienste der Selbstverwirklichung durch ein Training der Bewußtheit fördern will, definieren auch die Gestaltpädagogen und -therapeuten ihre Therapie als Bewußtheitstraining.

"Diese Definition basiert auf dem existenzialistischen Ansatz der Gestalttherapie, der Wichtigkeit, den Hier-und-Jetzt-Zustand zu erleben, die Realität des Augenblicks zu erfahren und jede Flucht in die Vergangenheit oder Zukunft zu vermeiden, durch die die Bewußtheit der Gegenwart ersetzt oder gestört werden könnte" (BROWN 1978, 41).

Die Bewußtheit wird als Energie des Bewußtseins gedeutet, die willentlich auf etwas gerichtet und (vgl. YEOMANS 1978) wie ein psychologischer Scheinwerfer in der Persönlichkeit hin und her wandert:

"Bewußtheit ist das Vorfeld zum Bewußtsein, Bewußtsein das Feld, in dem sie existiert" (YEOMANS 1978, 73).

Zusammenfassend wird bei der Verwendung der Begriffe Bewußtheit und Bewußtsein folgendes zu beachten sein:

Bewußtheit ist Mittel und Weg, ist Fähigkeit zu menschlicher Entfaltung. Bewußtheit ist nicht allein als ein Denkprozeß, sondern als ein Beobachtungsprozeß, als ein waches, nicht kontrollierendes, sondern urteilaufschiebendes Da-Sein zu verstehen. Bewußtsein ist das Feld, in dem Bewußtheit existiert, das Feld, das sich über Bewußtheitsförderung erweitert.

Überträgt man diese Feststellungen auf unsere Körperthematik, dann kann eine zentrale These aufgestellt werden:

Wenn im Rahmen einer Körper- und Bewegungserziehung Körperbewußtheit, aufgefaßt als Teil der Selbstbewußtheit, gefördert wird, so erweitern sich damit die Grenzen des Selbstbewußtseins bzw. Ich-Bewußtseins!

Um den Begriff Körperbewußtheit inhaltlich zu füllen, sei MAIER zitiert, der explizit die Verbindung von Körper- und Selbstbewußtheit herstellt und der Körperbewußtheit eine entscheidene Bedeutung für die Ausbildung personaler Identität zuspricht.

"Damit (d.h. mit Körperbewußtheit) ist die Fähigkeit gemeint, innenkörperliche Prozesse, Empfindungen usw. im Vollzug einer motorischen Aktion wahrzunehmen, das heißt, zu spüren, daß, und in welcher Weise etwa eine Bewegung mit mir als ganzer Person zu tun hat, nach außen und nach innen wirkt, meine Empfindungen, Gefühle und Gedanken wiedergibt und beeinflußt, usw." (MAIER 1982, 15).

MAIER benennt drei Bewußtheitsfelder, nämlich Wahrnehmung, Empfindung bzw. Gefühl und Gedanke. Nach FEUERBACH(1980, 16) lebt und verhält sich ein Mensch in Übereinstimmung mit sich selbst (Kongruenz), wenn er sich in der Hier-und-JetztSituation aller (bei ihm fünf) Bewußtheitsfelder gewahr ist: Wahrnehmung, Gefühl, Gedanke, Absicht/Wunsch und Handlung.

Zur Schulung der Körperbewußtheit müssen die Körpersinne als Hauptinformationsquellen für Körpererfahrung sensibilisiert werden. Die über die Körpersinne vermittelten Wahrnehmungen, Empfindungen und Gefühle und die damit einhergehenden oder mit- und nachvollziehenden Gedanken, handlungsweisenden Absichten und Handlungen werden im folgenden als 'Körperbewußtheit' bezeichnet. Diese durch und über den Körper angesprochenen Bewußtheitsfelder erweitern das Bewußtsein, das Feld innerhalb dessen sie als Teilfelder existieren.

2. Förderung von Körperbewußtheit und Körperbewußtsein in einer körper- und bewegungsorientierten Sportdidaktik

Befürworter einer Körper- und Bewegungserziehung in der Sportdidaktik stehen dem vorherrschenden Sportverständnis, welches eng mit Sinnorientierungen wie Leistungsoptimierung und Überbietung verknüpft ist und dessen Inhaltsbereiche an gesellschaftlich anerkannten, normierten Sportarten ausgerichtet ist, kritisch gegenüber. Diese Kritik beruht auf der Erkenntnis, daß Leistungsorientierung vorrangig als Produktorientierung und -optimierung gedeutet wird, dabei aber der Körper und die Bewegung, vor allem die sportartungebundenen Formen des Sich-Bewegens als zentrale Kategorien vernachlässigt worden sind. Einseitig verstandene Leistungsforderung und -förderung, die nur am Endprodukt und an Meßbarkeit und Vergleichbarkeit orientiert ist, verselbständigt den instrumentellen Gebrauch des Körpers und verstellt den Blick für das prozessuale Erfahren und Erleben.

Eine Hinwendung zum erfahrungs- und erlebnisorientierten Bewegen und zum Körper zeichnet sich hingegen im Freizeitsport ab. Eine Interessenverschiebung zeigt sich in der großen Nachfrage im Bereich außereuropäischer Tanz- und Bewegungskulturen (z.B. Yoga, Tai Chi, Aikido, ...) und freier, kreativer Bewegung (z.B. Pantomime, Tanzimprovisation, Bewegungstheater, ...). Sie entwickelt sich allerdings im Rahmen einer am Profit orientierten Freizeitindustire und unterstützt u.a. den Boom an Privatschulen, die dieses Bedürfnis marktgerecht auswerten.

Für die Sportvermittlung in Schule und Hochschule hat sich die Rückbesinnung auf den Körper und die Erfahrungsbereiche Körper-Erleben, Körper-Ausdruck und Körper-Kommunikation bisher erst in bescheidenem Maß ausgewirkt (vgl. FUNKE 1983):

- durch Addition neuer Bausteine in den Inhaltskatalog des Sportunterrichts (z.B. Saunabaden, Massage, Körperkontaktspiele, ...) und
- durch methodische Varianten, die trotz Produktorientiertheit, einen Weg des Körper-Erfahrens und -Erlebens bahnen.

Die Entwicklung weitergefaßter Konzepte und Reformen des Sportunterrichts stehen jedoch noch aus. Sie könnte sich vollziehen, wenn der Versuch unternommen wird, das Prinzip der Ästhetischen Erziehung unter Beachtung fachlicher Bezugspunkte (u.a.: "Bewegung als Erkundung und Erfahrung von Raum- und Zeitdimensionen" und "Körperlichkeit als Gegenstand und Ort von Empfindungen und Emotionen" (BECKERS 1979/80, 37)) im Sportunterricht zu verwirklichen.

Hartmut von HENTIGs Bestimmung des Lebens mit der Aistesis als "Fähigkeit, die Wahrnehmung zu genießen, zu kritisieren und zu ändern" (von HENTIG 1969) ist jedoch bisher innerhalb der Sportdidaktik nur im Bereich der Tanzdidaktik aufgegriffen und zur Leitdimension erhoben worden. Da Tanz eine der psycho-physischen Ausdrucksformen des Menschen ist, bestehen hier die günstigsten Voraussetzungen, ästhetische Erziehungsziele zu vermitteln.

"Tanz ist unter den Möglichkeiten zur Schulung der Wahrnehmung und zur Entwicklung der Genußfähigkeit, der Gestaltungs- und Kritikfähigkeit (Hentig) diejenige, die am stärksten vom Körper ausgeht und so diesen gefährlich vernachlässigten Bereich in die ästhetische Erziehung einbezieht" (HASELBACH 1976 c, 80).

Die Tanzdidaktik heutiger Prägung (vgl. 3.1.) weist wie keine andere Bereichsdidaktik auf den engen Zusammenhang von Emotion und Körperbewußtheit und auf die Sensibilisierung des Körperbewußtseins hin. Sie knüpft an eine alte Tradition an und besinnt sich auf die ursprünglichen Funktionen von Tanz: der Tanz als Lebensäußerung zum Ausdruck von Freude, Lebenslust und Genußfähigkeit der eigenen Körperlichkeit, als Bedürfnis nach Ausdruck, Kommunikation und Spannungsbalance.

In unserer körperfeindlichen, körperkontrollierten Gesellschaft hat jedoch der Tanz viel von seiner ursprünglichen Kraft eingebüßt. Er wird in vielfältigsten Formen domestiziert (z.B. Turniertanz als Tanzsport unter den Prämissen von Leistung und Überbietung, Aerobic-Dancing als Konditionstraining und Modetrend, Mode- und Discotänze als subkulturell geprägt, aber dennoch genormt und - wie am Beispiel des Break-Dance - 'gesellschaftsfähig' gemacht durch private Tanzschulen, ...), so daß die Ausdrucksfähigkeit rudimentär erscheint.

Tanzerziehung als Hinführung zur Improvisationsfähigkeit kann individuelle und gesellschaftliche Defizite, z.B. im Körper- und Gefühlsausdruck, aufdecken; gesellschaftlich und subkulturell genormte Muster, z.B. der Körpersprache und des Körper'gebrauchs', aufbrechen und die Erlebnisfähigkeit des Individuums fördern und damit einen wesentlichen Beitrag zur Förderung des Körperbewußtseins und der Körperbewußtheit leisten. Aus diesen eben genannten Gründen soll die Tanzimprovisation als besonders geeigneter Erfahrungsbereich zur Bewußtheitsschulung im Sinne von Körpererfahrung vorgestellt und behandelt werden!

3. Tanz als Teilbereich einer körper- und bewegungsorientierten Sportdidaktik

3.1. Tanzdidaktische Theoriebildung

In den letzten zehn Jahren entwickelte sich eine Richtung der Tanzdidaktik, die als Teilbereich einer Ästhetischen Erziehung verstanden wird. Sie hat sich bereits in weiten Kreisen der Tanzpädagogik etabiliert und sich u.a. in den Richtlinien für Sport im Lande NRW niedergeschlagen. Diese tanzdidaktische Konzeption will mehr als nur eine Vermittlung von Tanztechniken und genormten Tanzstilen sein. Letztere dienen im Hinblick auf Ziele wie Handlungsfähigkeit (d.h. Kreativität, Kommunikation, Gestaltungs- und Reflexionsfähigkeit) nur als Mittel zur Förderung der Ausdrucksfähigkeit, als 'Handwerkszeug' des durch den Körper und die Bewegung sich ausdrückenden Menschen.
Die Zielbereiche einer Tanzerziehung als Teilbereich der Ästhetischen Erziehung lassen sich bei den Hauptvertreterinnen dieser Richtung (DREFKE 1976; FRITSCH 1976; HASELBACH 1976a; u.a.m.), unter Berücksichtigung ihres jeweils spezifischen Ansatzes und der dadurch bedingten konzeptionellen Variationen, wiederfinden. Sie lassen sich in ihrer grundsätzlichen Ausformung in die vier Bereiche untergliedern, wie sie bei DREFKE (1976) benannt werden:
- Wahrnehmungsschulung (Sensibilisierung der Perzeption),
- Differenzierung der Handlungsfähigkeit (motorisch und sozial),
- Reflexions- und Kritikfähigkeit, sowie
- Erlebnisfähigkeit.

Für die praktisch-methodische Umsetzung und Vermittlung des Tanzes auf der Basis dieser Theorie im Tanzunterricht hat die Tanzimprovisation eine zentrale Bedeutung gewonnen. Die Improvisation wird verstanden als Exploration und Spontangestaltung, als spielerisches Suchen, Ausprobieren, Erfinden, Verwerfen, Neu-Finden.

Die Tanzimprovisation soll in diesem Beitrag primär thematisiert werden. Diese Schwerpunktsetzung legitimiert sich durch die fundamentale Bedeutung der Improvisation für die Sensibilisierung der Wahrnehmungssinne und zur Förderung der Körper- und Bewegungserfahrung. Letztere ermöglichen eine differenziertere Selbstwahrnehmung, welche die Grundlage für individuellen Körper- und Bewegungsausdruck und für Selbstdarstellung/Selbstausdruck durch Tanz ist. Mit differenzierter Körpererfahrung wird hier im besonderen der Bereich des Körperbewußtseins und der Körperbewußtheit angesprochen.

3.2. Tanzimprovisation in Tanzdidaktik und Tanztherapie

Das tanzdidaktische Ziel, Körperbewußtheit und -bewußtsein über den Weg der Tanzimprovisation zu fördern, ist nicht eigentlich als neu und traditionslos zu sehen. Historische Entwicklungen in der Tanzpädagogik und Tanztherapie sind ebenso verantwortlich und wegweisend gewesen, wie die Einflüsse der Ästhetischen Erziehung. Dies erläutert ein Exkurs in die Geschichte des Tanzes und der Tanztherapie.

Als Begründerinnen der Tanztherapie in Amerika müssen fünf Persönlichkeiten genannt werden: Franziska BOAS, Marion CHACE, Lilyan ESPENAK, Mary WHITEHOUSE und Trudi SCHOOP. Durch ihre Erfahrungen im künstlerischen Tanz und in ihrer Leitung von Tanzstudios einerseits, und ihren Kontakt mit tiefenpsychologischen Therapeuten und psychiatrischen Institutionen andererseits, 'entdeckten' sie den Tanz als therapeutisches Medium und nutzten zugleich die Möglichkeit, ihn in den verschiedensten Institutionen zu erproben. Die hier angesprochene Entdeckung der Tanztherapie kann durch Aussagen von SCHOOP belegt und bekräftigt werden. Sie erkannte am eigenen Leib, daß ihre Art, Gefühle und Ideen im Tanz und in der Pantomime auszudrücken und auszuleben, eine heilsame Wirkung hatte:

"Those first pantomimes had acted as 'danced psychoanalisis' for me ... I disvovered conflicts deeply embedded, that I'd never been aware before. And many of my basic problems disappeared actually" (SCHOOP 1974, 36).

Sie ging davon aus, daß Bewegung, Tanz als Ausdruck von Gefühlen, Ängsten und Konflikten auch bei anderen Menschen eine heilsame Wirkung auf die Gesamtpersönlichkeit erzielen könne. An dieser Stelle muß zunächst das Verständnis von Tanz in jener Zeit erläutert werden, denn ohne diesen Wandel in der Auffassung von Tanz wäre die Tanztherapie nicht denkbar. SCHOOP selbst erklärt ihren großen Erfolg als Tänzerin und die sich daran anschließende Möglichkeit, in einer Klinik mit psychisch Kranken zu arbeiten, mit dem Zeitgeist und einer revolutionären Wende im Tanz. Tänzerinnen wie Isadora DUNCAN und die WEISENTHAL Schwestern brachen mit der Tradition, mit Spitzenschuh und Tutu und ebneten den Weg für den experimentellen Tanz. Es war die Gründerzeit des Ausdruckstanzes, die man mit Persönlichkeiten wie Rudolf von LABAN, Mary WIGMAN und Valeska GERT verbinden kann. In den Jahren zwischen 1890 und 1940, Jahren des Jugendstils und des frühen Expressionismus wurden Körper und Rhythmus, Bewegung und Tanz als existentielle Möglichkeiten entdeckt, um der freiheitshemmenden Macht der modernen technisch-industriellen Zivilisation entgegenzuwirken (vgl. GÜNTHER 1980, 569).

Isadora DUNCAN (1981), oft als Symbol des Jugendstil bezeichnet, haßte die Technik des klassischen Balletts als Instrument des Zwangs und der Unnatur und forderte die Rückkehr des Tanzes zur natürlichen Bewegung. So wurden Bewegungen der Natur, wie Wind und Wellen, und instinktive Bewegungen von Kindern und Tieren zu Vorbildern für ihre Tänze. Für sie bedeutet Tanz die Wiedererlangung von Natürlichkeit, Harmonie und Einklang von Körper, Seele und Geist und Ausdruck von Freiheit, besonders als Erringung von Freiheit für die Frau aus der patriarchalischen Herrschaft des Mannes (vgl. GÜNTHER 1980, 584).

Diese Ideale schlugen sich - und nicht nur bei Isadora DUNCAN - in der pädagogischen Arbeit nieder. Nicht allein Technikvermittlung, Erlernen von tänzerischen Fertigkeiten stand im Vordergrund der Tanzerziehung, sondern die Suche nach spontanem, individuellem Ausdruck durch den Körper und die Bewegung.

DUNCAN war auch Wegbereiterin für den Ausdruckstanz, der durch Mary WIGMAN in der ganzen Welt bekannt wurde, und für Martha GRAHAM und deren Modern Dance. Rudolf von LABAN betrieb in Zusammenarbeit mit Mary WIGMAN kinetische Studien und erarbeitete darauf aufbauend seine Pädagogik des 'modernen erzieherischen Tanzes'. In diesem Konzept geht es um die Entwicklung eines Bewegungsgefühls, um das kognitive Verstehen von Bewegungsstrukturen und das Miteinander in der Gruppe. LABANs pädagogisches Anliegen war der freie Tanz. Er bahnte den Weg für die heutige Tanzerziehung, den experimentellen und kreativen Tanz, der durch die

Betonung der Improvisation, als Mittel und Ziel, die Freiheit zum individuellen Ausdruck fördert.

In Anlehnung an WILLKE, (vgl. 1978, 14-25) können drei wichtige Bedingungen genannt werden, die zur Entwicklung der Tanztherapie beitrugen:

- die Auffassung von Tanz als expressives und kommunikatives Medium mit jeweils individuellen Möglichkeiten des SichBewegens und damit verbunden die Intention, die Totalität der menschlichen Erfahrung durch Bewegung auszudrücken,
- die Wiederbesinnung auf die uralte heilende Kraft des Tanzes, wie sie in primitiven Gesellschaften selbstverständliches Wissen war,
- die zunehmende Betonung der interpersonellen Interaktion und Kommunikation auch in herkömmlichen Psychotherapieformen.

Nach diesem kurz umrissenen historischen Hintergrund muß jedoch erwähnt werden, daß es 'die' Tanztherapie nicht gibt. Unter dem Begriff Tanztherapie kann man eine Vielzahl von Konzepten annehmen, die koexistieren und in der Entwicklung, das heißt, der Theoriebildung und Evaluation begriffen sind. Das verbindende und allen Ansätzen gemeinsame Ziel definiert die 1966 gegründete Dachorganisation der Tanztherapeuten in Amerika, American Dance Therapy Association (ADTA), wie folgt:

> Die Tanztherapie ist eine psychotherapeutische Verwendung von Bewegung als Prozeß, der die emotionale und physische Integration des Individuums zum Ziel hat.

Der Begriff Integration verweist auf das ganzheitliche Menschenbild der Tanztherapeuten. Das Axiom der 'Körper-Seele-Geist-Einheit' des Menschen verbindet die Tanztherapie auch mit der Gestalttherapie, der Integrativen Bewegungstherapie und anderen körperorientierten Verfahren, wie Bioenergetik, Atemtherapie, Expression Corporelle, Lomi und andere. In der Gesamt-Gestalt kommen körperliche und geistige, psychische und soziale Elemente zum Tragen. Störungen in einem Bereich haben desintegrative Tendenzen in der Gesamtpersönlichkeit zur Folge.

Einige Beispiele dienen zur Erläuterung:

"Auf der körperlichen Ebene könnte man als Beispiel den Verlust von Sensibilität, Bewegungsfähigkeit, physischer Kraft und Geschmeidigkeit nennen, auf der psychischen Ebene Realitätsverlust, Abspaltung von Emotionen und Phantasien, auf der sozialen Ebene Beziehungsstörungen, Kontaktarmut, Bindungsunfähigkeit, auf der geistigen Ebene Fehlen des Lebenssinnes, Verlust der geistigen Heimat, Fehlen von Idealen" (PETZOLD 1974, 289).

Demzufolge versucht die Tanztherapie wie die Integrative Bewegungstherapie, den Menschen in seiner Körperlichkeit, seinen emotionalen Regungen, seinen sozialen Interaktionen und seinen geistigen Bestrebungen zu erreichen und über positive Veränderungen in einem Bereich, heilende Wirkung auf den ganzen Menschen zu erzielen.

Der Tanztherapie liegt ein auf Integration ausgerichtetes Wachstumsmodell (personal growth, holistic growth model) zugrunde. WALLOCK (1981, 46), die Koordinatorin des Tanztherapeuten-Ausbildungsprogramms an der 'John F. Kennedy-University of Berkley' drückt dies wie folgt aus:

"Dance Therapy is the use of movement and the movement process to aid in psychological and physical integration. Both movement and verbalisation are essential to discharge suppressed emotions and release energy from psychic and somatic blocks. The release of energy leads to new levels of perception and expanded ways of behaving in the world, allowing for integration of body and mind."

Statt der Bezeichnung 'Dance Therapy' wird in Amerika oft die Verbindung 'Dance/Movement Therapy' benutzt. Diese Begriffskombination entstand zu der Zeit, als der Name Tanztherapie wegen eines zu eng gefaßten Verständnisses von Tanz oft zu Mißverständnissen führte. Ein offeneres Verständnis von Tanz und das Wissen, daß unter Tanz mehr als ein System von Bewegungsfertigkeiten und genormten Tanzstilen zu verstehen ist, hat sich in den letzten zehn bis zwanzig Jahren in weiten Kreisen durchgesetzt. Der Begriff Tanztherapie wird eindeutig von den Therapeuten bevorzugt, die vom Tanz, das heißt, vom selbst ausgeübten künstlerischen Tanz kommend, tänzerische Elemente benutzen und viel mit Musik arbeiten. Therapeuten, die weniger Musik einsetzen und sich deutlicher vom Tanz als Kunstform abheben wollen, bevorzugen den Begriff 'Movement-Therapy'. Auch wenn keine Musik verwandt wird und sich die Therapeuten mehr auf den internen, inneren Rhythmus, der aus den Patienten selbst entwickelt wird, stützen, hat Bewegung eine rhythmische Qualität, vor allem im Gruppenrhythmus oder in der konzeptionellen Arbeit mit Raum, Zeit, Kraft und Balance.

Als zwei Hauptmethoden oder tanztherapeutische Maßnahmen sind die Improvisation und Imitation zu unterscheiden. Die Improvisation (hier verstanden als authentischer Ausdruck, vgl. "authentic response" bei CHODOROW SMALLWOOD, 1974) vermittelt neue Erfahrungen mit dem Körper und der Bewegung und schafft eine Verbindung zu verdrängten Anteilen der Psyche, zum Unbewußten. Die Imitation (verstanden als geplante Bewegung, vgl. |structuring' bei CHODOROW SMALLWOOD, 1974) dient dazu, vorhandene Bewegungs- und Ausdrucksmuster deutlich zu machen, zu spiegeln, um dann über die Imitation möglichst vielfältiger, teils polarer Bewegungs- und Ausdrucksmöglichkeiten die einschränkenden Muster aufzubrechen und die Fähigkeit zur Differenzierung des individuellen Da-Seins zu erweitern. Der tanztherapeutische Prozeß ist als erfahrungs- und erlebniszentriert zu sehen und beeinflußt die Gesamtpersönlichkeit gerade über das Verhältnis von Motion und Emotion.
Die Körper- und Bewegungsanalyse setzt an bestimmten Elementen wie Rhythmus, Haltung, Spannungsgraden und Verhalten im Raum an, welche den menschlichen Ausdruck und die Körpersprache ausmachen. Als Maßstab ihrer Diagnose und ihrer Messung von Therapieerfolgen bezeichnet SCHOOP (vgl. 1974, 47) den gesunden

Mensch, dessen psychische Gesundheit ihre physische Repräsentation findet:
Bei einem Menschen in seiner organischen Einheit verschmelzen Körper und Geist, indem der Gedanke der Handlung und die Handlung dem Gedanken entspricht. Dieser Mensch hat seine Mitte gefunden ('the optimal center of gravity'). Er bewegt sich im ausgeglichenen Verhältnis von Spannung und Lösung, seine Atmung fließt rhythmisch, seine Haltung ist harmonisch, zentriert und immer flexibel, bewegungsbereit. Sein Muskeltonus ist funktionell angepaßt, seine Bewegungen und sein Energie-, Kraftaufwand ökonomisch und sein Verhalten im Raum spontan und situationsangemessen.

Schwankungen bezüglich dieser Basiselemente sind menschlich, jedoch weisen Beschränkungen, Abweichungen, die manifest werden und keine Handlungs- und Wahlfreiheiten mehr zulassen, auf abnorme und gesundheitsbeeinträchtigende Störfaktoren hin. An diesen Elementen der Körper- und Bewegungsanalyse setzen auch die Verfahren der Tanztherapie an. Ziel der Improvisations- und auch Imitationsaufgaben ist es, im Hinblick auf die genannten Aspekte Körpererfahrung, speziell Körperbewußtheit zu vermitteln, Möglichkeiten zur Differenzierung zu eröffnen.

Tanztherapeutische Maßnahmen werden durch folgende Prinzipien und Grundannahmen bestimmt:

- das humanistische Menschen- und Weltbild (Mensch als Körper-Seele-Geist-Einheit),
- die Prozeßorientierung, statt Gegenstands- und Produktorientiertheit,
- die Überzeugung, daß die Bewegung den Menschen wiederspiegelt,
- die Überzeugung, daß Bewegung, in und mit Bewußtheit vollzogen, psychische Wandlungen, Veränderungen, Heilungs- und Wachstumsprozesse auslösen kann,
- (vor allem bei tiefenpsychologisch, speziell auf C.G. JUNG ausgerichteten Therapeuten) der Glaube daran, daß der Mensch durch Bewegung zu seinem Unbewußten vordringen kann und daß dieser Prozeß selbst heilsame Wirkung hat.

Drei Stufen des tanztherapeutisch-methodischen Weges lassen sich hier beschreiben (vgl. WHITEHOUSE 1977):
Die erste Stufe, die bewußte Wahrnehmung des Körpers und der Bewegung und die subjektive Verbindung, innere Einstellung zur Bewegung im Gegensatz zum mechanischen Tun ist die Voraussetzung für die zweite Stufe. Letztere ermöglicht die Erfahrung des 'authentic movement', des 'being moved' als Gegensatz von 'I move'. Den inneren Impulsen folgend vollzieht sich ein 'aktive Imagination' in und durch Bewegung. Wie in der Traumarbeit und der Technik der 'aktiven Imagination' von C.G. JUNG gewinnt der Mensch Aufmerksamkeit gegenüber Prozessen, die in ihm ohne Kontrolle ablaufen dürfen. Hier wird der Klient ermutigt, sich mit einem Problem (einer

Person, einer angstbesetzten Situation, einen Teil des kollektiven Unbewußten...) in und durch Bewegung zu identifizieren, es zu verkörpern und einen 'Dialog' zu führen. Diese 'Movement-in-Depth' - Phase wird zum Beispiel durch Meditation oder Tiefenentspannung, meditative Musik oder leitende Vorstellungsbilder eingeleitet. Auf der dritten Stufe erfolgt die Verbindung des innen, intrapsychisch Erlebten und Erfahrenen mit der Außenwelt. Jede Phantasie, jedes Bild und jeder Traum liefert Material für Selbsterfahrung und Selbstverständins. Das durch 'authentic movement' Erlebte und Erfahrene setzte neue Energie frei, die auf der neuen Stufe der Bewußtheit auch neuen Antrieb für das Erleben des Alltags, der Außenwelt freisetzt.

Kennzeichnend für die Tanztherapie ist, daß der Prozeß emotionszentriert abläuft, darauf bedacht, zu entdecken, welche Bilder sich hinter den Emotionen und umgekehrt, welche Emotionen sich hinter den Bildern verbergen. Die Verarbeitung der Emotionen und Erlebnisse kann im Gespräch mit dem Therapeuten, in der Gruppe oder als Zwischenschritt in der kreativen Umformung in Gedichte, Tonarbeit und gemalte Bilder geschehen. Der Therapeut deutet nicht, liefert nicht 'seine' Interpretationen, sondern fördert den eigenen Erkenntnis- und Deutungsprozeß des Klienten.

3.3. Das Konzept 'Körperbewußtheit' in der Tanzerziehung

Die Berührungspunkte zwischen Tanztherapie und Tanzerziehung kulminieren im Konzept der Körperbewußtheit.

Wenn - wie im Kap. 1 herausgearbeitet wurde - mit Bewußtheit ein Beobachtungsprozeß bezeichnet wird, dann erhält der Mensch in seiner Aufmerksamkeit auf sich/seinen Körper Informationen über sich und sein Da-Sein in der Welt. Diese Informationen beziehen sich auf seinen Körper in Ruhe und Bewegung und damit auf ihm verfügbare Da-Seins-Formen und Verhaltensmuster. Der Mensch entfaltet die Fähigkeit, bei sich und im nächsten Schritt auch bei anderen, Verhaltensmuster, die Ausdruck der Persönlichkeit sind, als Muster oder 'patterns' zu erkennen. Es gilt, mechanische, unbewußt ablaufende Reaktionsmuster im Verhalten zu sich selbst und zu anderen, in Gruppen, ungewohnter und gewohnter Umgebung, in sozialen Situationen, bei Gefühlen von Angst, Trauer, Schmerz, Freude aufzudecken, weil dadurch auch die Rollen, die man im Umgang mit Menschen spielt, beleuchtet werden.

Diese Prozesse fördern die Selbstwahrnehmung, steigern die Kraft zur Selbstannahme und werden ein erster Schritt des individuellen Integrationsprozesses. Da es nicht um Beurteilung, Bewertung, sondern um das Kennenlernen und Akzeptieren geht, erweitert der Mensch für sich die Möglichkeit der Entscheidung, der Wahl zwischen Rollen, die er spielt, zwischen Verhaltensweisen und Qualitäten, die er kultiviert.

Für ein tanzdidaktisches Modell, wie es hier im folgenden dargestellt wird, stellt Körperbewußtheit die zentrale Kategorie dar, die im engen Zusammenhang mit der Erfahrung des Körpers in Ruhe und vor allem in Bewegung gefördert wird.

In Anlehnung an den Lernzielkatalog, den BIELEFELD & BIELEFELD (1980, 136) in ihrem Bericht über ein motopädagogisches Förderprogramm zur Körpererfahrung erläutert haben, läßt sich folgendes Groblernziel formulieren: Körperbewußtheit, das heißt, sich und seinen Körper zunehmend besser wahrnehmen, diese Informationen verstandes- und erlebnismäßig verarbeiten und situationsangemessen handelnd einsetzen können.

Die Zielbereiche, auf die die Aufmerksamkeit gelenkt und gerichtet wird, sind:

(1.) die Teile des menschlichen Körpers und deren Bewegungsmöglichkeiten,

(2.) der Körper in Ruhe und Bewegung zwischen Anspannung und Entspannung,

(3.) der Körper und seine Bewegung im Raum,

(4.) der Körper und seine Bewegung in der Zeit,

(5.) der Körper und seine Bewegung als Kontaktmedium und Kommunikationsmittel mit Partner und Gruppe,

(6.) der Körper und die Bewegung als Medium der Selbstwahrnehmung in Grundsituationen menschlicher Interaktion.

Der Lernzielkatalog hat rein analytischen, systematisierenden Charakter. In der Unterrichtspraxis sind die Lernzielbereiche nicht scharf voneinander trennbar. Es existieren Überschneidungen und fließende Übergänge. Allerdings sind sie Leitfaden einer Unterrichtsplanung und werden mit unterschiedlicher Gewichtung thematisiert und in den Blickpunkt der Reflexionsphasen, also des Erfahrungsaustausches und der gedanklichen Verarbeitung einbezogen.

Leitlernziel

Körperbewußtheit, d.h. sich und seinen Körper zunehmend besser wahrnehmen, diese Wahrnehmungen verstandesmäßig und erlebnismäßig verarbeiten und situationsangemessen handelnd einsetzen können.

Bereiche der Wahrnehmung

1. Die Teile des menschlichen Körpers und deren Bewegungsmöglichkeiten	2. Der Körper in Ruhe und Bewegung zwischen An- und Entspannung	3. Der Körper und seine Bewegung im Raum	4. Der Körper und seine Bewegung in der Zeit	5. Körperkontakt und Körpersprache mit Partner/Gruppe	6. Körper und Bewegung als Medium der Selbstwahrnehmung in Grundsituationen menschlicher Interaktion
1.1. Körper- und Bewegungszentren und Unterzentren	2.1. Körperteile und Ganzkörper in maximale An- und Entspannung und wechselnden Spannungsgraden	3.1. Ausmaße des menschlichen Körpers und seiner Kinesphäre	4.1. Bewegungstempi zwischen Zeitraffer und Slow-motion bend	5.1. Partner/Gruppe als helfend, unterstützend, impulsgebend	6.1. Aktivität und Passivität, Führen und Folgen
1.2. Bewegungsmöglichkeiten in allen Gelenken	2.2. Aktives und passives An- und Entspannen	3.2. Körper im Raum (Raumrichtungen, -dimensionen, -ebenen)	4.2. Bewegung in rhythmischer Form und Gliederung	5.2. Partner/Gruppe als imitierend, kontrastierend	6.2. Geben und Nehmen
1.3. Isolations- und Ganzkörperbewegungen	2.3. Statische und dynamische Spannung	3.3. Körperformen und -lagen im Raum	4.3. Bewegung in rhythmisch-dynamischer Variation	5.3. Körperkontakt mit wechselnden Körperteilen	6.3. Öffnen und Schließen
1.4. Impulsübertragung von Körpermittel auf Ganzkörper und von Extremitäten auf andere Körperteile oder Ganzkörper	2.4. Dynamische Akzente	3.4. Körper und Bewegung in Einklang/Auseinandersetzung mit räumlichen Aspekten (Innen- und Außenraum)	4.4. Bewegung in mono- und polyrhythmischer Form	5.4. Körperausdruck und Bewegung als nonverbales Kommunikationsmedium	6.4. Ja- und Nein-Sagen, Zustimmung und Ablehnung
			4.5. Individuelle zeitliche und rhythmisch-dynamische Muster		6.5. Tragen und Sich-Fallen-lassen
			4.6. Subjektive (z.B. Puls- und Atemrhythmus) und objektive Zeit		6.6. Einsamkeit und Zweisamkeit/Gemeinsamkeit

Abb. 1: Zielbereiche des tanzdidaktischen Programms zur Körperbewußtheit

Die Kategorie "Körperteile und ihre Bewegungsmöglichkeiten" ist als basal und durchgängig zu bezeichnen und bedarf in diesem Zusammenhang keiner weiteren Erklärung (vgl. etwa den Beitrag von BIELEFELD zur 'Körperkenntnis' in diesem Band). Die Kategorien "Anspannung und Entspannung (Kraft, Dynamik)", "Raum", "Zeit", "Körperkontakt und Körpersprache" und "Grundsituationen menschlicher Interaktion" sollen im folgenden jedoch erläutert und begründet werden:

Menschliches/körperliches Leben und menschliche Bewegung ist nicht zu trennen von den Aspekten Raum, Zeit und Kraft/Dynamik. Der Mensch lebt und verhält sich in und zum Raum, in einer Zeit und mit einem, dem jeweiligen Raum- und Zeiterleben korrespondierenden Energiepotential.

"Jede Bewegung, was immer ihr Zweck oder Ziel sein mag, vollzieht sich in einem Kontinuum von Raum, Zeit und Energie" (DROPSY 1982, 144).

Dieser Bezugsrahmen des menschlichen Körpers, des menschlichen Lebens und Sich-Bewegens bleibt jedoch im Alltag oft unbewußt, wird nicht be- und geachtet und nicht spürbar. Ein Bewußtheits-Training lenkt gerade deshalb die Aufmerksamkeit dorthin und fördert das Erspüren in diese Bezogenheit. Die körperbezogene pädagogische Arbeit hat dabei zu beachten, daß die Schüler in den Beziehungen zu den drei Aspekten des Raum-Zeit-Energie-Kontinuums nicht notwendig ähnliche Schwierigkeiten haben.
"Der eine kann sich räumlich nicht orientieren, kommt aber mit der Zeit gut zurecht, während ein anderer, der nie zu einem Rhythmus finden kann, räumlich keine großen Schwierigkeiten hat" (DROSPY 1982, 144). Wie in Kap. 3.2. schon ausgeführt, wird der menschliche Ausdruck gerade durch die Komponenten Raum, Zeit, Dynamik bestimmt. Die Analyse des menschlichen Körperausdrucks und die damit einhergehende Bewegungsanalyse setzt an diesen Elementen an. Der Tanztherapeut erkennt die individuellen Muster und krankhaften Beschränkungen oder integrationsstörenden Faktoren und entscheidet sich dann für Übungen, die den Klienten die Möglichkeiten bieten,

diese selbst zu erfahren und neue Erfahrungs- und Handlungsspielräume zu entdecken.

> Für die Tanzerziehung gilt: Zu bewußt einsetzbaren Mitteln des Ausdrucks können die Elemente Raum, Zeit, Dynamik erst werden, wenn sie im Körper und in und durch Bewegung und vor allem in ihrer subjektiven Relativität in Bewußtheit erspürt und zu einer sinnlichen Erfahrung geworden sind (vgl. DROPSY 1982, 44). Deshalb muß neben dem subjektiven oder inneren Raum-Zeit-Dynamik-Kontinuum ebenso erfahren werden, welche Beziehungen zum äußeren Raum, zur äußeren Zeit und den äußeren Kräften bestehen.

Rudolf von LABAN hat ein System der Bewegungsanalyse entwickelt, mit dem es möglich ist, sowohl alltägliche als auch tänzerische Bewegungen unter den Aspekten Raum, Zeit, Dynamik zu beschreiben und in einem Schriftsystem zu fixieren. Diese sogenannte LABAN-notation oder "EFFORT - SHAPE - Theorie" ist eine der bedeutsamsten Notationssysteme, die auch in der Tanztherapie als Mittel zur Diagnose und der Erstellung von Behandlungsplänen verwendet wird. Folgende Beobachtungspunkte konstituieren die "EFFORT - SHAPE - Theorie" (vgl. CHAIKLIN 1975, 157:

- EFFORT - flow: der Gebrauch des Energieflusses, das Kräftespiel der muskulären Spannung zwischen gebunden und frei. Im Gegensatz zur freien Bewegung kann die gebundene jederzeit kontrolliert und gestoppt werden.
- SHAPE - flow: Bewegung, die vom Körper weg (extravertiert) und Bewegung, die zum Körper hinfließt (introvertiert).
- Gebrauch von 'body - planes': Bewegungen auf der horizontalen Körperebene, wie öffnen, weiten und schließen, verengen und Bewegungen auf der vertikalen, wie aufsteigen und senken.
- Die 'efforts': Verhalten im Raum (direkt gegenüber indirekt), Verhalten in der Zeit (plötzlich gegenüber allmählich) und Verhalten bezüglich der Kraft (kraftvoll gegenüber zart).
- 'shaping-qualities': Richtungs- und Formqualitäten.
- Das Verhältnis zwischen Gestik (Gebrauch einzelner Körperteile) und Haltung (Aktivität vieler Teile in Relation zueinander).

Jeder Tanzstil wird geprägt durch bestimmte Muster innerhalb dieses Kategoriensystems. Betrachten wir vergleichsweise den Klassischen

Tanz und den Modern Dance: Im Gegensatz zum Modern Dance, bei dem zeitweilig bewußt das Gleichgewicht zugunsten eines Wechsels von stabiler und labiler Gleichgewichtslage aufgegeben wird, ist der Klassische Tanz durch sichere Balance und Standfestigkeit charakterisiert. Die Bodenberührung wird auf ein Mindestmaß reduziert, Sprünge und Hebefiguren haben eine große Bedeutung, um den Ausdruck schwebender Leichtigkeit zu erzielen, um den Eindruck zu vermitteln, der Schwerkraft trotzen zu können (vgl. VENT & DREFKE 1981, 36-45). Demgegenüber hat der Modern Dance den Boden wieder stärker als Bewegungsraum einbezogen und verweist auf die Traditionen des indischen, japanischen und indonesischen Theaters und des afrikanischen Tanzes, die eine Erdbezogenheit und Verwurzelung mit dem Boden zum Ausdruck bringen (vgl. DROPSY 1982, 149). Wenn im Klassischen Tanz die aufrechte, ungebrochene Haltung des Rumpfes betont und die Bewegungsdynamik, die Tempounterschiede, große und kleine Bewegungsamplituden grundsätzlich fließend und weich miteinander verbunden sind, dann wird durch das spezifische Bewegungsideal auch ein impliziertes Schönheitsideal verkörpert.

Im Modern Dance, vor allem bei Martha GRAHAM, ergeben sich andere prägende Muster, weil sich das Bewegungssystem an den Eigengesetzlichkeiten des Körpers orientiert:

- Das Grundprinzip 'contraction and release', das auf dem Atemrhythmus basiert (contraction/Muskelanspannung verbunden mit der Ausatmung, release/Lösung verbunden mit der Einatmung),
- Spiel mit dem Gleichgewicht, das neben dem Sprung auch gerade den Fall einbezieht,
- Auflösung der aufrechten, ungebrochenen und durch höchste Anspannung charakterisierten Haltung zu Gunsten vielfältiger Anspannungs- und Entspannungszustände in verschiedensten Körperzentren (Becken, Brust, Schultergürtel, Kopf, Arme, Beine) (vgl. VENT & DREFKE 1981 43f).

Eine Tanzerziehung muß demnach die Aufmerksamkeit lenken auf:

- die Eigengesetzlichkeiten des Körpers, d.h.

  (1.) Bewegungsmöglichkeiten des Gesamtkörpers und seiner Körperzentren (bestimmt durch biomechanisch-anatomische Gesetze; Beugen-Strecken-Drehen als Grundformen der Bewegung),

(2.) innerer Rhythmus (z.B. Atemrhythmus) als Ausgangspunkt für rhythmische Bewegen,

(3.) Kräfte, die auf den Körper und die Bewegung wirken (z.B. Schwerkraft und Zentrifugalkraft).

- Muster des individuellen Bewegungsverhaltens im Raum-ZeitDynamik-Kontinuum,
- Muster der Körperhaltung, des Körperausdrucks und des Bewegungsverhaltens in verschiedenen Tanzstilrichtungen.

"Welcher Körperausdruck ist im Disco-Dancing, welcher im höfischen Tanzen (Beispiel Menuett), welcher im Jazz, welcher in einem Tango festgehalten? Kann ich mir diesen Ausdruck mit meinem Körper zu eigen machen? Läßt sich mit ihm spielen, z.B. in Form von Collagen, Verfremdungen?

Welche Ausdrucksweisen entsprechen mir selbst am meisten? Hier kann der Lehrer helfen, die den Stilen zugrundeliegende Haltung und deren Lebensgefühl wieder aufzuspüren, damit die Schüler sie für sich selbst erproben können" Fritsch 1981, 13).

Eine Definition von Tanz als Ausdruck von Gefühlen, als Darstellung und Kommunikation verweist auf die letzten zwei Zieldimensionen des Lernzielkatalogs.

Wenn psychophysische Spannungen unterschiedlicher Art Grundlage jeder tänzerischen Bewegung waren und sind (vgl. HASELBACH 1976, 158), dann ist damit eine emotionale Komponente angesprochen, die in der gestalteten Bewegung des Tanzes zum Ausdruck gebracht wird. In der Tanzimprovisation können Gefühle Impuls zum Tanzen sein, oder aber sie entstehen durch das Tanzerlebnis. Nach HASELBACHs idealtypischem Modell des Improvisationsprozesses (vgl. 1976b, 6f) kann der Weg von innen nach außen oder von außen nach innen ablaufen. Bei der Improvisation als spontaner und individueller Auseinandersetzung und Kontaktaufnahme, z.B. mit dem Partner oder der Gruppe, können Eindrücke der Außenwelt (z.B. zwischenmenschliche Beziehungen) über Wahrnehmung, Erfahrung, Bewußtwerdung zur Innenwelt durchdringen. Bei der Improvisation als Gestaltung führt der Weg von der Innenwelt (von Emotionen, Gedanken, Bedürfnissen, usw.) über das Ausdrucksbedürfnis und den

Gestaltungswillen zur inhaltlichen und formalen Spontangestaltung als neuerlich beeindruckendes Produkt der Außenwelt.

In der tänzerischen Bewegung stellt sich ein Mensch seinem Partner dar. Er eröffnet ihm Teile seiner Gefühlswelt und übermittelt Botschaften über den Körper und/oder den Körperkontakt.

Dem Tanz liegen immer Ausdrucks- und Darstellungsintentionen zugrunde, die sich mit Mitteilungsabsichten verbinden lassen (vgl. VENT & DREFKE 1981, 11).

"Tanz als Bewegungshandlung wird von der Intention der personalen Selbst- und/oder Gruppendarstellung geleitet; d.h. das Mitteilungsbedürfnis und die Mitteilungsabsicht werden körperlich transformiert. Tanz hat also immer starke intendierte Ausdrucksqualität und damit von vornherein kommunikative Valenzen (KRAMER-LAUFF 1978,28).

Ein auf Bewußtheit ausgerichtetes tanzdidaktisches Modell schließt die Partner- und Gruppenarbeit nicht nur als methodisches Mittel, zur Motivation durch häufigen Wechsel der Sozialform des Unterrichts ein, sondern der Partner/die Gruppe wird zum Zentrum des Erfahrungsprozesses.

Wie menschliche Beziehungsgefüge thematisiert werden können, zeigt die Tabelle 1. Grundsituationen menschlicher Interaktion werden mit ihrer implizierten Rollenzuweisung im Rahmen von Improvisationsaufgaben erfahren. Die Bewußtheit wird hier direkt auf das Empfinden, Einfühlen in die Rolle des über den Körper und die Bewegung

- Führenden und Folgenden, Aktiven und Passiven
- Gebenden und Nehmenden,
- Ja- und Nein-Sagenden gelenkt.

Die Themen 'Öffnen und Schließen', 'Tragen und Sich-fallenlassen', 'Einsamkeit und Zweisamkeit/Gemeinsamkeit' verweisen über das körperliche Erleben auf tiefere Erlebnisschichten im Kontakt zum Partner oder zur Gruppe. Dies soll im Folgenden an einem Beispiel näher erläutert werden.

4. Ein tanzdidaktisches Unterrichtsmodell zur Förderung von Körperbewußtheit und Körperbewußtsein

Ein exemplarisch vorgestelltes Unterrichtsmodell aus der Sportlehrerausbildung im Bereich Tanz konkretisiert die zuvor abgehandelten und theoretisch gefaßten Überlegungen zur Förderung von Körperbewußtheit und -bewußtsein:

Für einen freiwilligen Projektkurs 'Tanz' im Rahmen der Sportlehrerausbildung standen zwölf Unterrichtsblöcke (à zwei Zeitstunden) zur Verfügung. Die Themenauswahl für die Kursplanung orientierte sich vorrangig an dem Wahrnehmungsbereich 6 (vgl. Tab. 1). Die in dieser Tabelle aufgelisteten Erfahrungsfelder (6.1. - 6.6.) wurden zu Themen der Unterrichtsstunden erklärt, wobei für jedes Thema zwei Unterrichtsblöcke angesetzt waren. Am Anfang einer jeden Einheit (zwei Unterrichtsblöcke) erfolgte die Themenvorstellung, so daß die Gruppe ihre Erwartungen und Assoziationen dazu äußern konnte. In den Reflexionsphasen nach einzelnen Übungen und am Ende jeder Stunde wurde der Bezug zum eingangs geführten 'brainstorming' hergestellt. Ebenso wurde ein Erfahrungsaustausch und eine möglichst offene und ehrliche Äußerung/Mitteilung über Erlebnisse und emotionale Prozesse angeregt.

Am Beispiel des Themas 'Öffnen und Schließen' wird gezeigt, wie in den einzelnen Unterrichtsphasen und den entsprechend gewählten Sozialformen Lernziele aus den sechs Wahrnehmungsbereichen des Lernzielkatalogs (vgl. Tab. 1) verknüpft werden können. Die Bewußtheit wird durch 'Beobachtungsaufgaben' des Gruppenleiters gelenkt auf:

- den eigenen Körper (zunächst nur ein Körperteil: Hand, anschließend auf den Ganzkörper) in der Phase der Einzelarbeit,
- den Körper eines Partners, bzw. auf sich gemeinsam bewegende Körper in der Phase der Partnerschaft,
- den 'Gruppenkörper' in der Gruppenarbeit.

Die Gruppenteilnehmer werden nach einer Übung zur psychophysischen Einstimmung gebeten, sich in einer angenehmen, entspannten

Haltung auf den Hallenboden zu setzen, die Augen zu schließen und sich zunächst auf sich selbst, ihre Atmung und jetzige Befindlichkeit zu konzentrieren. Nach diesem Einstieg werden Bewußtheitsaufgaben gestellt, die hier chronologisch aufgeführt werden. Die in Klammern gesetzten Zahlen bezeichnen das jeweils angesprochene Lernziel dieser Übung.

Für den individuellen Erfahrungsprozeß innerhalb der Gruppe ist es besonders wichtig, daß sich jedes Gruppenmitglied durch die Aufgabenformulierung ganz direkt angesprochen fühlt und daß es sich für die Aufgabenerfüllung genügend Zeit nehmen kann, ohne sich gedrängt zu fühlen.

"Gehe mit deiner Aufmerksamkeit ganz in die linke oder rechte Hand." (1.1.)

"Nehme die Form und Haltung deiner Hand in der jetzigen Position ganz intensiv wahr. Fühle dich langsam in alle Teile deiner Hand hinein." (1.1.)

"Lenke nun deine Aufmerksamkeit auf den Spannungsgrad in deiner Hand. Spürst du unterschiedliche Spannungen in Teilen deiner Hand?" (2.1.)

"Ist deine Hand warm oder kalt?")

"Sind dir während der Übung andere Körperteile ins Bewußtsein gelangt? Was haben Sie dir gesagt? Spürst du eine Verbindung zwischen der Hand und dem übrigen Körper? Hat deine Atmung dabei eine Bedeutung gehabt?"

"Du hast nun lange deine Hand bewegungslos gehalten. Frage dich, ob du dich in deiner Hand bewegen willst, in Teilen oder im Ganzen. Wenn ja, gebe dem Bedürfnis nach." (1.3.)

"Vielleicht möchte die eine Hand die andere oder weitere Körperteile berühren. Wenn ja, dann gebe dem Bedürfnis nach." (1.3.)

"Bewege dich nun ganz intensiv in deiner Hand. Spüre alle Bewegungen, die in den Gelenken möglich sind. Bewege abwechselnd einzelne Finger und die ganze Hand. Laß sie spielen, vielleicht zu einer inneren Musik tanzen." (1.2.)

"Nachdem du sehr verschiedene Bewegungen erprobt hast, konzentriere dich nun auf ein wechselweise Öffnen und Schließen der Hand auf unterschiedliche Arten." (1.3.)

"Lasse deine Hand zur Ruhe kommen und versuche dich zu erinnern, welche Empfindungen du wahrgenommen, welche Erlebnisse und Erfahrungen du gemacht oder welche Bilder du gesehen hast. Hast du dich mehr auf das Erspüren des Öffnens und Schließens und den Prozeß des Bewegens konzentriert oder hast du Bilder gesehen, z.B. Gegenstände, die du ergriffen, umschlossen, einen Menschen, den du festgehalten oder die du aus der geöffneten Hand freigegeben hast?" (3.4./6.3.)

"Hast du während der Übung Veränderungen gespürt: Hast du die Bewegung mal schneller, mal langsamer, mal kraftvoller, mal weicher, mal größer oder kleiner ausgeführt?" (2.1./3.2./4.5./4.6.)

"Frage dich, wieso du gerade deine linke oder rechte Hand ausgewählt hast?" (1.1.)

"Frage dich nun, ob du dieselbe oder die andere oder beide Hände bewegen möchtest." (1.1.)

"Wenn du dich entschieden hast, dann bewege die Hand oder beide Hände im Einklang mit deiner Atmung: öffne sie, wenn du einatmest und schließe sie, wenn du ausatmest. Was verändert sich, wenn du es umgekehrt machst?" (4.6.)

"Erweitere nun die Bewegung des Öffnens und Schließens im Atemrhythmus, indem du den ganzen Körper einbeziehst. (1.3./4.6.)
Dadurch kannst du aus der Sitzhaltung in ganz unterschiedliche Stellungen und Lagen, z.B. Rückenlage, Seitenlage, Bauchlage, Kniestand, ... gelangen." (3.3.)

"Du hast dich nun eine lange Zeit im Atemrhythmus bewegt und du hast vielleicht das Bedürfnis nach Ruhe oder nach Bewegung in anderem Zeitmaß, anderem Rhythmus. Gebe diesem Bedürfnis nach!" (4.3.)

"Wenn ich diesen Satz zu Ende gesprochen habe, führst du langsam deine Bewegung zum Ende, zu einer Endposition, die dir im jetzigen Moment angenehm erscheint."

"Ich werde nun durch den Raum gehen und der Hälfte der Gruppenteilnehmer durch ein Berühren der Schulter das Zeichen dafür geben, sich langsam zu recken und zu strecken, um dann die Augen zu öffnen und langsam hellwach zu werden. Ich bitte diese 'Erwachten', 'Aktiven', sich einen liegenden Partner, 'Passiven', zu wählen, sich zu ihm zu setzen und die Hand zu halten."

"Die Partner erspüren sich durch ihre Handbegegnung und beobachten ihre Empfindungen dabei!" (5.3./6.6.)

"Ich bitte nun die aktiven Partner, die Haltung des passiven Partners genau wahrzunehmen und dann zu versuchen, den Partner auf verschiedene Arten zu bewegen: zu öffnen und zu schließen, das heißt, die Körperform zwischen den Polen 'geöffnet' und 'geschlossen' zu verändern. (5.1.)
Gehe möglichst einfühlsam auf deinen Partner ein und beobachte seine Reaktionen auf das Bewegt-Werden." (5.4./6.1./6.3.)

"Wenn ich diesen Satz zu Ende gesprochen habe, beende langsam deine Übung mit dem Partner. Finde eine Endposition für deinen Partner, die nach deiner Einschätzung nun angenehm für ihn sein wird." (6.3.)

"Ich bitte nun die 'Passiven', sich zu recken und zu strecken, dann langsam die Augen zu öffnen und sich mit dem 'aktiven' Partner über die Erlebnisse, Erfahrungen und Gefühle auszusprechen." (6.3.)

"Ich bitte euch nun, in einen gemeinsamen Kreis zu kommen und frage euch, wer sich innerhalb dieser Runde mitteilen möchte."

"Ich bitte nun die Paare, aufgrund der bisher gesammelten Erfahrungen eine gemeinsame Improvisation zum Thema 'Öffnen und Schließen' zu beginnen. Versucht bitte, ganz ohne verbale Absprache zu improvisieren und bei der Übung wechselweise die Augen zu öffnen und zu schließen und euch mit und ohne Parter-/Körperkontakt zu bewegen." (5.3./6.3.)

"Ich möchte nun anregen, daß wir als Gesamtgruppe oder in Kleingruppen eine Improvisation versuchen, die ebenfalls unter dem Thema 'Öffnen und Schließen' steht". (6.3.)
Wer von euch hat eine Idee, ein Vorstellungsbild, das uns helfen kann, uns miteinander, aber ohne weitere verbale Absprachen zu bewegen?"

Es werden verschiedene Vorschläge gemacht. Wir entscheiden uns für arbeitsteilige Kleingruppenarbeit und berichten nach der Improvisation über die abgelaufenen Prozesse.

Im abschließenden Kreisgespräch stellt sich heraus, daß die Erfahrungs- und Erlebensprozesse, v.a. der Abschlußübung starke emotionale Betroffenheit ausgelöst haben. Die meisten Teilnehmer haben über längere Zeitspannen die Augen geschlossen gehalten, um intensiver den 'Gruppenkörper' zu spüren.
Es wird die Frage thematisiert, inwieweit das 'Öffnen und Schließen' in den Phasen der Einzel-, Partner- und Kleingruppenarbeit als 'Körpererfahrung im engen Sinne' oder als 'Körperefahrung als Selbsterfahrung' im Kontakt zur Außenwelt, zu Partner und Gruppe erlebt wurde.

Die Gruppenteilnehmer äußern sich sehr unterschiedlich, jedoch kristallisiert sich heraus, daß im Laufe der Stunde die Erlebnistiefe und -dichte zunahm und sich damit ein Übergang von 'body-sensations' (Körperempfindungen) zu 'symbolhaften' Erfahrungen einstellte.
Ein reger Austausch zwischen den Partnern wird durch die Frage ausgelöst, ob die 'aktiven' Partner der Partnerarbeit eine subjektiv stimmige Endposition für den 'passiven' Partner gewählt haben:
"Du hast mich wieder in die geschlossene Körperhaltung gebracht,

aber ich wollte in dem Moment viel lieber weit ausgebreitet am Boden liegen."

"Du hast genau das richtige mit mir gemacht. Du hast mich in meine typische Einschlafposition, in gemütliche Seitenlage gebracht. Das war toll."

"Ja, am Anfang hast du in Rückenlage gelegen, aber du sahst da gar nicht entspannt aus. Deine Beine waren gekreuzt und deine Arme lagen eng am Körper. Deine Augen bewegten sich sehr nervös unter den Augenlidern. Als ich dich bewegte, habe ich in deinem Gesicht langsam weichere Züge und manchmal ein Schmunzeln entdeckt. In der Endposition hast du einen sehr friedlichen und genießenden Eindruck gemacht."

"Ich habe mich sehr verletztlich und ungeschützt empfunden am Anfang der Partnerarbeit. Während der Übung habe ich immer mehr Vertrauen zu meinem Partner gefunden, so daß ich es immer mehr genießen konnte von ihm 'geöffnet' zu werden. Aber am Ende der Übung hatte ich ein Bild vor Augen: Ich bin eine Muschel, die sich schließt und eine kostbare Perle in sich birgt."

Literatur

ADLER-BOETTIGER, J.: Integrity of body and psyche: Some notes on work in process. in: GOVINE, B./ SMALLWOOD, J. (Eds.): What is dance therapy, really?. Columbia: American Dance Therapy Association, 1972, 42-53

BECKERS, E.: Kunst und Ästhetische Erziehung - eine Möglichkeit zur Neuorientierung des Sportunterrichts? in: Kölner Beiträge zur Sportwissenschaft. Jahrbuch der Deutschen Sporthochschule, Bd. 8/9, St. Augustin: Richarz, 1979/1980, 7-43

BIELEFELD, C./ BIELEFELD, J.: Ein motopädagogisches Förderprogramm zur Körpererfahrung. in: Motorik, 3 (1980) 3, 132-143

BROWN, G.J.: Bewußtheitstraining und Kreativität. in: BROWN, G.J. (Hrsg.): Gefühl und Aktion - Gestaltmethoden im integrativen Unterricht. Frankfurt: Werner Flach, 1978, 41-50

CHAIKLIN, S.: Dance Therapy. in: ARIETI, S. (Ed.): American Handbook of Psychiatry. Vol. V. New York: Basic Books, 1975, 701-720

CHODOROW SMALLWOOD, J.: Philosophy and Methods of Individual Work. in: Dance Therapy: Focus on Dance VII, Copyright, 1974, by the American Association for Health, Physical Education, and Recreation, National Education Assocation.

CHODOROW SMALLWOOD, J.: Dance therapy and the transcendent function. in: American Journal of Dance Therapy, 2 (1978) 1, 16-23

CHODOROW SMALLWOOD, J.: Dance/Movement and Body Experience in Analysis, La Salle: Open Court Publ., 1982,

DREFKE, H.: Tanz als Teilbereich einer ästhetischen Erziehung. in: Arbeitskreis für Tanz im Bundesgebiet (Hrsg.): Tanzdidaktische Konzeptionen. Berlin: Selbstverlag, 1976, 44-54

DROPSY, J.: Lebe in deinem Körper - Kreativität und menschliche Beziehungen durch Expression Corporelle. München: Kösel, 1982

DUNCAN, I.: Mein Leben, meine Zeit. Wien: Amalthea, 1981

FELDENKRAIS, M.: Bewußtheit durch Bewegung, Der aufrechte Gang. Frankfurt: Suhrkamp, 1978.

FEUERBACH, J.: Körperbewußtheit, Bewegung und Tanz. Informationen aus dem Modellversuch Freizeitsport, Bd. 7, Oldenburg: Selbstverlag, 1980

FRANTZ, G.: An approach to the center: an interview with Mary Whitehouse. in: Psychological Perspectives, 3 (1972) 3, 37-46

FRITSCH, U.: Aspekte einer ästhetisch- kommunikativen Tanzerziehung. in: ARBEITSKREIS für Tanz im Bundesgebiet (Hrsg.): Tanzdidaktische Konzeptionen, Berlin: Selbstverlag, 1976, 55-64

FRITSCH, U.: Tanzen - auch im Sportunterricht? in: Sportpädagogik, 5 (1981) 4, 7-15

FUNKE, J. (Hrsg.): Sportunterricht als Körpererfahrung. Reinbek: Rowohlt, 1983

GÜNTHER, H.: Gymnastik- und Tanzbestrebungen vom Ende des 19. Jahrhunderts bis zum Ersten Weltkrieg. in: UEBERHORST, H. (Hrsg.): Geschichte der Leibesübungen, Bd. 3/1, Berlin: Bartels & Wernitz, 1980, 569-593

HASELBACH, B.: Tanz und ästehtische Erziehung. in: HAHN, E./PREISING, W. (Hrsg.): Die menschliche Bewegung. Schorndorf: Hofmann, 1976a, 158-167

HASELBACH, B.: Improvisation, Tanz, Bewegung. Stuttgart: Klett, 1976b

HASELBACH, B.: Didaktische Konzeption für den Bereich "Tanz" im Schul- und Vorschulalter. in: Arbeitskreis für Tanz im Bundesgebiet (Hrsg.): Didaktische Konzeptionen Tanz, Berlin: Selbstverlag, 1976c, 79-84

HENTIG, H.: Allgemeine Lernziele der Gesamtschule. in: DEUTSCHER BILDUNGSRAT (Hrsg.): Gutachten und Studien der Bildungskommission, Bd. 12, Stuttgart: Klett, 1969, 13-43

KRAMER-LAUFF, D.: Tanzdidaktik: Modell kommunikativen Handelns. Schorndorf: Hofmann, 1978

MAIER, H.: Neue Wege der Körper- und Bewegungserziehung. Plädoyer für die Einführung des Subjekts in den Sport in Thesen. in: Universität Oldenburg (Hrsg.): Informationen aus dem Modellversuch Freizeitsport, Bd. 5, Oldenburg: Selbstverlag, 1980, 7-19

MAIER, H.: Bewegungsdefizite als persönliche und soziale Risikofaktoren-Konsequenzen für Unterricht und Schulgestaltung. Informationen aus dem Modellversuch Freizeitsport, Bd. 10, Oldenburg: Selbstverlag, 1982

PAULUS, P.: Zur Erfahrung des eigenen Körpers. Theoretische Ansätze, therapeutische und erziehungswissenschaftliche Aspekte sowie ein empirischer Bericht. Weinheim: Beltz, 1982

PETZOLD, H. (Hrsg.): Psychotherapie und Körperdynamik. Paderborn: Junfermann, 1974

SCHERLER, K.: Bewegung und Erfahrung. in: HAHN, E./PREISING, W. (Hrsg.): Die menschliche Bewegung. Schorndorf: Hofmann, 1976, 93-104

SCHOOP, T.: Won't you join the dance? Palo Alto: National Press Books, 1974

VENT, H./DREFKE, H.: Gymnastik/Tanz, Sport - Sekundarstufe II. Düsseldorf: Bagel 1981

WALLOCK, S.: Refelctions on Mary Whitehouse. in: American Journal of Dance Therapy, 4 (1981) 2, 46-56

WHITEHOUSE, M.: Creative Expression in Physical Movement is language without words. Los Angeles: unpubl. Manuscript, o.J.

WHITEHOUSE, M.: Physical Movement and Personality. Lecture for the Analytical Psychology Club, Los Angeles: unpubl. Manuscript, 1963

WHITEHOUSE, M.: The Transference and Dance-Therapy. in: American Journal of Dance Therapy, 1 (1977) 1, 3-7

WILLKE, E.: Psychotherapie durch Bewegung. in: Sportunterricht, 35 (1976) 3, 72-77

WILLKE, E.: Tanz - Erfahrung jenseits der Sprache. in: Psychologie heute, 5 (1978) 7, 14-25

WILLKE, E.: Körper - Bewegung - Psyche. Überlegungen zur Einheit des Menschen. in: Motorik, 4 (1981) 2, 40-49

YEOMANS, T.: Gestalt, Psychosynthese und Integrative Erziehung. in: BROWN, G.J. (Hrsg.): Gefühl und Aktion - Gestaltmethoden im integrativen Unterricht. Frankfurt: Werner Flach, 61-82

Fragen

1. Wie lassen sich die Begriffe 'Bewußtheit' und 'Bewußtsein' definitorisch voneinander abgrenzen?

2. Welche Bedeutung hat der Tanz im Rahmen eines auf Körpererfahrung zielenden Körper- und Bewegungsunterrichts?

3. Welche Erziehungsziele werden im Tanz als einem Teilbereich der ästhetischen Erziehung angestrebt?

4. Auf welche Bereiche der Wahrnehmung sollte die Aufmerksamkeit durch die Tanzimprovisation gelenkt werden?

5. Welche Bedeutung hat die 'Körperbewußtheit' für die Erweiterung des 'Körperbewußtseins'?

6. Welches Menschenbild liegt dem hier skizzierten Körper- und Bewegungsunterricht, am Beispiel Tanz, zugrunde?

Aufgaben

1. Beobachten Sie sich selbst bei einer alltäglichen Bewegungshandlung, z.B. beim Gehen, zu verschiedenen Tageszeiten und in unterschiedlichen Situationen. Welche Tempoveränderungen nehmen Sie bei dieser Alltagshandlung wahr? Welche inneren und äußeren Anlässe erfahren Sie als tempobestimmend? Welche Zusammenhänge erkennen Sie zwischen der objektiven Zeit (z.B. Tageszeit, Uhrzeit) und Ihrer subjektiven Zeit (z.B. Zeitempfinden, emotionale Befindlichkeit bei der Bewegung in unterschiedlichem Tempo)?

2. Beobachten Sie sich in folgender Situation: Sie betreten einen Raum, z.B. einen Seminarraum, ein Büro oder ein Restaurant. Lenken Sie Ihre Bewußtheit auf die äußeren und inneren Bedingungen, die Ihre Platzwahl im Raum bestimmen.

3. Beobachten Sie sich beim Sitzen: am Boden, auf einem Stuhl, in einem Sessel, im Auto, im Bus und in der Begegnung mit anderen Menschen. Nehmen Sie Veränderungen in Ihrer Körperhaltung wahr? Erspüren Sie unterschiedliche Spannungs- und Entspannungsmuster.

4. Beobachten Sie die Körpersprache von zwei Menschen im Gespräch. Wie bewegen sie sich (vgl. LABAN-Analyse) bezüglich Zeit (plötzlich oder allmählich), Raum (direkt oder indirekt), Kraft (kraftvoll oder zart), Bewegungsfluß (frei oder gebunden) und Haltung (introvertiert oder extravertiert)?

5. Stellen Sie Gemeinsamkeiten und Unterschiede von Tanzpädagogik und Tanztherapie gegenüber.

6. Entwerfen Sie eine Gegenüberstellung von objektivem und subjektivem Raum-Zeit-Dynamik-Kontinuum und füllen Sie diese mit Beispielen.

Kapitel IV

Anhang

Körpererfahrung

Eine ausgewählte Bibliographie aus bewegungswissenschaftlicher Sicht

Jürgen Bielefeld

1. Einführung

Körpererfahrung - oder welche Termini in diesem Zusammenhang auch immer Verwendung gefunden haben - ist bisher vornehmlich aus psychopathologischer und psychotherapeutischer Sicht thematisiert worden, wobei sich die diesbezügliche Forschungs- und Publikationslage sehr breit und vielschichtig darstellt, wenngleich terminologische und definitorische Uneinheitlichkeit die Informationsmöglichkeiten auch sehr einschränken oder doch zumindest erschweren!

Im Hinblick auf eine Analyse des menschlichen Bewegungsverhaltens hat Körpererfahrung demgegenüber erst sehr geringes Interesse gefunden. Sofern diese Thematik überhaupt aufgegriffen wurde, war Bewegung in aller Regel allein Medium, um den Menschen seinen Körper, bzw. seine Körperlichkeit erfahren zu lassen, so etwa als Basis der verschiedensten Körpertherapien. Der umgekehrte Weg jedoch, nämlich Körpererfahrung als Basis eines angemessenen, ökonomischen, effektiven, kurzum koordinierten Bewegungsverhaltens zu thematisieren, ist bisher noch nicht systematisch angegangen worden. Zwar haben vornehmlich in jüngster Zeit einige Autoren bspw. den Sportunterrricht als Feld der Körpererfahrung entdeckt, doch liegen diese Arbeiten eher in dem didaktisch-methodischen Interesse begründet, Alternativen zum üblichen fertigkeitsorientierten Sportunterricht aufzuzeigen, als in einer Analyse des Bewegungsverhalten, dessen Funktions- und Leistungsfähigkeit ganz entscheidend auch von der Intaktheit der Körpererfahrung abhängt und dessen

Beeinträchtigung oder gar Störung möglicherweise in einer Beeinträchtigung oder Störung im Bereich 'Körpererfahrung' verursacht liegen könnte!
Um diesen Forschungsansatz, dessen bisheriger Erkenntnisstand mit dem vorliegenden Sammelband systematisch zusammengefaßt und dokumentiert wird, nun voranzutreiben, ist die nachfolgende Bibliographie zusammengestellt worden.

Sicherlich ist ein Teil der nachfolgend aufgelisteten Publikationen auch schon bei den Einzeltexten dieses Readers aufgeführt, einerseits ist sie dort aber mit weiterer psychologischer, sportwissenschaftlicher, methodologischer und anderer Fachliteratur vermischt, andererseits ist die vorn bereits genannte Literatur zur Körpererfahrung im Hinblick auf den bewegungswissenschaftlichen, bspw. den motopädagogischen oder sportwissenschaftlichen Untersuchungsansatz nicht unbedingt repräsentativ und vor allem auch nicht vollständig erfaßt! Aus den dargelegten Gründen werden nachfolgend - sozusagen als Service an den Leser dieses Buches - all die Publikationen zusammengestellt, die für den dargestellten Untersuchungsansatz einen wichtigen Beitrag leisten und von daher für eine systematische Auseinandersetzung mit diesem Themenkreis unverzichtbar erscheinen.

Bei der systematischen Literatursuche wurde vornehmlich auf die Literatur-Dokumentation des Bundesinstituts für Sportwissenschaft (BISp) in Köln zurückgegriffen, Ergänzungen brachten Rückgriffe auf weitere Literatur-Dateien (etwa des DIMDI) und insbesondere das sog. Schneeball-System, d.h. die Sichtung und Auswertung der Literaturangaben bereits erfaßter Publikationen! Auf diesem Wege wurden insgesamt über 280 Titel erfaßt, die im Sinne jeweils einer der folgenden vier Kategorien Berücksichtigung fanden:

(1) Zunächst wurden all diejenigen Publikationen erfaßt, die im Titel und/oder Text eine Thematisierung der Körpererfahrung in Zusammenhang mit Bewegungsverhalten, Sportunterricht, Motopädagogik, Psychomotorik, etc. erkennen ließen, unabhängig von der Qualität des jeweiligen Textes (bspw. JESSEN & WURL 1976; FUNKE 1980ff; etc.).

(2) Weiterhin wurden Publikationen erfaßt, die sich speziell mit körpereigenen oder kinästhetischen Wahrnehmungen auseinandersetzen und somit eine Übertragung auf bewegungsorientierte Fragestellungen nahelegen (so bspw. BISCHOFF 1966; DOBIAS 1978; etc.).

(3) Im Sinne einer wissenschaftlich fundierten Themenaufarbeitung wurden darüber hinaus weitere Publikationen berücksichtigt, die als Grundlagentext unverzichtbar erscheinen, selbst wenn in ihm kein konkreter Bezug zum bewegungsorientierten Untersuchungsansatz gegeben ist (bspw. PAULUS 1982; JORASCHKY 1983; etc.).

(4) In ähnlicher Weise wurden letztlich auch solche Publikationen aufgenommen, die Körpererfahrung zwar explizit in anderer, zumeist psychotherapeutischer, Hinsicht thematisieren, deren Texte aber zumindest im Sinne der Kriterien 1-3 für eine fundierte Themenbearbeitung tragfähig erschienen (bspw. KIENER 1973; PETZOLD 1974; etc.).

Trotz einer intensiven und umfangreichen Literatursuche, welche, sofern möglich, eine Überprüfung an den Originaltexten erfuhr, konnte sicherlich nicht verhindert werden, daß einerseits Publikationen keine Berücksichtigung gefunden haben, die nach den oben dargelegten Kriterien durchaus hätten berücksichtigt werden sollen, wie auch andererseits Publikationen aufgenommen wurden, die hinsichtlich des Erkenntnisinteresses des jeweiligen Lesers mglw. keinen nennenswerten Beitrag zur Themenbearbeitung leisten.
Insofern stellt die folgende Bibliographie letztlich zwar eine an konkret fixierten, aber eben nicht objektivierbaren Kriterien orientierte Literaturliste dar, welche die subjektive Themensicht des Verfassers nicht verleugnen kann und will.

2. Bibliographie

ADAMS, N.M./ CALDWELL, W.E.: The Children's Somatic Apperception, a Technique for Quantifying Body Image. in: Journal of General Psychology, 68 (1963), 43-57

AJURIAGUERRA de, J.: Discussion. in WAPNER, S./ WERNER, H. (Eds.): The Body Percept, New York: Random House, 1965, 82-106

ALLEBECK, P./ HALLBERG, D./ ESPMARK, S.: Body Image - A Apparatus for Measuring Disturbances in Estimation of Size and Shape. in: Journal of Psychosomatic Research, 20 (1976), 6, 583-587

ALLEN, D.J./ FAHEY, B.W.: Being Human in Sport. Philadelphia: Lea & Febiger, 1977

ARMSTRONG, C.W.: Skill Analysis and Kinesthetic Experience. in: STADULIS, R.E. (Ed.): Research and Practice in Physical Education, Champaign, Ill.: Human Kinetics, Publ., 1977, 13-18

AUERSPERG, A.: Körperbild und Körperschema. in: Der Nervenarzt, 31 (1960), 19-24

BALL, T.S./ EDGAR, C.L.: The Effectiveness of Sensory-Motor Training Promoting Generelized Body Image Development. in: Journal of Special Education, (1967) 1, 19-24

BALL, T.S./ EDGAR, C.L.: Perceptial Training of Retardates with Basic Body Image Deficits. in: California Mental Health Research Digest, (1963) 1, 21-22

BAUMANN, C./ GRÖSSING, S. (Red.): Ganzheitlichkeit und Körpererfahrung in der Sporterziehung (Salzburger Beiträge zum Sport unserer Zeit, Bd. 10), Salzburg: ISSW-Selbstverlag, 1984

BAUMANN, S.: Das Körperschema. in: Sportwissenschaft, 4 (1974) 4, 299-313

BAUMANN, S.: Der Einfluß des Körperschemas auf die Qualität der sportmotorischen Gewandtheit. Salzburg: Diss., 1975

BAUMANN, S.: Körperschema, Feldartikulation und individuelle Leistungsbeurteilung. in: Leistungssport, 5 (1975) 5, 494-498

BAUMANN, S.: Körperschema und Bewegung. in: Sportwissenschaft, 8 (1978) 1, 91-101

BECKERS, E.: Kunst und Erziehung - eine Möglichkeit zur Neuorientierung des Sportunterrichts? in: DSHS (Hrsg.): Kölner Beiträge zur Sportwissenschaft, Bd. 8/9. St. Augustin: Richarz, 1980, 7-43

BEDARD, A./ MARINEAU, R./ BRISSON, G.R.: La frontiere de l` image du corps chez lètudiant en education physique. in: International Journal of Sport Psychology, 9 (1978), 205-213

BEETS, N.: Historical Actuality and Bodily Experience. in: Humanitas, (1966) 2, 15-28

BELAIEF, L.: Meanings of the Body. in: Philosophy of Sport, 4 (1977) 3, 50-67

BENNET, S.D.: The Body Concept. in: Journal of Mental Science, 106 (1960), 56-75

BERNARD, M.: Der menschliche Körper und seine gesellschaftliche Bedeutung. Phänomen, Phantasma, Mythos. Bad Homburg: Limpert, 1981

BETER, T.R./ CRAGIN, W.E./ DRURY, F.: The Mentally Retarded Child and his Motor Behavior. Springfield / Ill.: C.C. Thomas, 1972

BIELEFELD, C./ BIELEFELD, J.: Ein motopädagogisches Förderprogramm zur Körpererfahrung. in: Motorik, 3 (1980) 3, 132-143

BINDRA, D. et al.: The Brain's Mind. A Neuroscience Perspective on the Mind-Body Problem. New York: Dover Publ., 1980
BIRDWHISTELL, R.L.: Kinesics and Context. Essays on Body-Motion Communication. Harmondsworth: Penguin Books, 1973
BIRDWHISTELL, R.L.: Backround Considerations to the Study of the Body as a Medium of Expression. in: BENTHALL, J./ POLHEMUS, T. (Eds.): The Body as a Medium of Expression. London: Allen Lane, 1975, 36-58
BISCHOF, M./ VOHMANN, U.: Lachende Hände - Sprechende Zehen. in: Sportpädagogik, 7 (1983) 1, 60-66
BISCHOF, N.: Stellungs-, Spannungs- und Lagewahrnehmung. in: METZGER, W. (Hrsg.): Handbuch der Psychologie, Bd. 1, Göttingen: Hogrefe, 1966, 422-430
BLACK, F.W.: The Size of Human Figure Drawings of Learning Disabled Children: in. Journal of Clinical Psychology, 32 (1976) 3, 736-741
BLACKING, J. (Ed.): The anthropology of the body. London: Academic Press, 1977
BLANK, L./ SUGARMAN, A.A./ ROOSA, L.: Body Concern, Body Image and Nudity. in: Psychological Report, 23 (1968), 963-968
BLOM, G./ FARLEY, G.K./ GUTHALS, C.: The Concept of Body Image and the Remediation of Body Image Disorders. in: Journal of Learning Disabilities, (1970) 3, 440-447
BODE, R.: Leib und Seele in der Leibeserziehung. Berlin-Lichterfelde: Widukind, 1938
BODEMEYER, K./ KUTZER, M.: Unterrichtsbeispiele zum Arbeitsbereich Körper, Raum. 2. Aufl. Ravensburg: Meier, 1980
BODEN, M.L.: Meditative Bewegung - meditativer Tanz. in: Praxis der Psychomotorik, 3 (1978), 50-53
BOLDWIN, R./ BRUCK, M.: Body image. in: Journal of Clinical Psychology, 16 (1960), 414-440
BOLTANSKI, L.: Die soziale Verwendung des Körpers. in: KAMPER, D./ RITTNER, V. (Hrsg.): Zur Geschichte des Körpers. München/Wien: Hanser, 1976, 138-183
BRANDL, G.: "Wer bin ich? Körpererlebnis, Sensibilisierung, Interaktion!" Fächerübergreifendes Unterrichtsprojekt. in: TYMISTER, H.J. u.a.: Deutschunterricht Schuljahr 5-10, München: Urban & Schwarzenberg, 1980, 173-191
BROOKS, C.: Sensory Awareness. The Rediscovery of Experiencing. New York: 1974
BROOKS, C.: Erleben durch die Sinne. Paderborn: Junfermann, 1979
BRUMBACK, R.A.: Characteristics of the Inside-of-Body Test Drawings Performed by Normal School Children. in: Perceptual & Motor Skills, 44 (1977), 703-708
BUCHER, H.: Troubles psycho-moteurs chez l`enfants. Paris, 1970
BULL, M.: The Dismal Dichotomy: Dualism in Contemporary Human Movemant Studies. in: Momentum, 2 (1977) 2, 43-48
CABRERA-RIVAS, C.: Individuelles Erleben und Tanzen. Ein Fortbildungskonzept. in: Sportunterricht, 30 (1981) 4, 144-148
CARDONE, S.S./ OLSON, R.E.: Intercorrelations Between Some Body Image Measures. in: Journal of Personality Assessment, 37

(1973), 122-129
CHASEY, W.C.: Self-Concept, Body-Image, Social Interaction and Perceptual-Motor Changes of Learning Disability Children. in: British Journal of Physical Education, 3 (1972), 5, 33-37
CLANCE, P.R.: Body cathexis in children as a function of awareness training and yoga. in: Journal of Clinical Child Psychology, 9 (1980), 82-85
CHRISTIAN, P.: Zur Phänomenologie des leiblichen Daseins. in: Jahrbuch für Psychologie, Psychotherapie und medizinische Anthropologie, 7 (1960), 2-9
CLAPP, R.K.: The Body Scheme of Normal and Mentally Retarded Children. in: Journal of Psychology, 80 (1972), 37-44
CLEVELAND, S.E.: Body Image Changes Associated with Personality Reorganization. in: Journal of Consulting Psychology, 24 (1960), 256-261
CLIFFORD, E.: Body Satisfaction in Adolescence. in: Perceptual & Motor Skills, 33 (1971), 119-125
COLLINGWOOD, T.R./ WILLETT, L.: The Effects of Physical Training upon Self-Concept and Body Attitude. in: Journal of Clinical Psychology, 27 (1971), 411-412
CONRAD, K.: Das Körperschema. in: Ztschft. für die Neurologie und Psychiatrie, 147 (1933), 347-365
CRATTY, B.J.: Comparison of learning a fine motor task with learning a similar gross motor task, using kinesthetic cues. in: Research Quarterly, 33 (1962), 212-221
CRATTY, B.J.: Self-Confidence, the Body Image and Game Preferences. In: CRATTY, B.J.: Motor Activity and the Education of Retardates. Philadelphia: Lea & Febiger, 1969
CRATTY, B.J.: Motorisches Lernen und Bewegungsverhalten. Frankfurt/Main: Limpert, 1975
DARBY, J.A.: Alternation of some Body Image Indexis. in: Journal of Consulting and Clinical Psychology, 35 (1970), 116-121
DARDEN, E.A.: A Comparison of Body Image and Self-Concept Variables among Various Sport Groups. in: Research Quarterly, 43 (1972), 7-15
DAVID, R.B.: Sensivity of Body Cues and the Field Dependence-Independence Continuum. in: Diss. Abstr. Intern., 37 (1976) 2-B, 95
DICKINSON, J.: A Note of the Concept of Body Awareness. in: British Journal of Physical Education, (1970) 1, 34-36
DICKINSON, J.: The Measurement of Proprioceptive Sensivity. in: DICKINSON, J.: Proprioceptive Control of Human Movement. London: Lepus Books, 1974
DITTRICH, A.: The Influence of Body Movement on Psychopathological Phenomena during Short Derivation Periods. in: Ztschft. für klinische Psychologie und Psychotherapie, 22 (1974) 4, 369-375
DIX, C.: Body concept - body image. in: Physical Educator, 35 (1978) 2, 105-110
DOBIAS, H.-W.: Lage- und Drehsinnesorgane beim Menschen. in: Unterricht Biologie, 18 (1978), 22-34

DOUDLAH, A.M.: DOUDLAH Body-Image Statements. in: BARROW, H.M. / Mc GHEE, R. (Eds.): Measurement in Physical Education, 2nd Ed., Philadelphia: Lea & Febiger, 1972, 467-469

DOUTY, H.I. /MOORE, J.B./HARTFORD, D.: Body Characteristics in Relation to life Adjustment, Body-Image and Attitudes of College Females. in: Perceptual & Motor Skills, 39 (1974), 499-521

DYCHTWALD, K.: Körperbewußtsein. Eine Synthese der östlichen und westlichen Wege zur Selbstwahrnehmung, Gesundheit und persönlichem Wachstum. Essen: Synthesis, 1981

EGGERT, D. (Hrsg.): Psychomotorisches Training. Ein Projekt mit lese- und rechtschreibschwachen Grundschülern. Weinheim: Beltz, 1975

EL-SAFTI, M.S.: The Conception of the Body-Ego in Regard to Paul Schilder's Contributions. in: Dynamische Psychiatrie, 6 (1973) 1, 57-64

EICKE, D.: Der Körper als Partner. Pläydoyer für eine psychosomatische Krankheitslehre. München: Kindler, 1973

EUTENER, K./ GÜHNE, O.: Zu einigen Aspekten der Entfaltung von Körpererfahrung im Geräteturnen vor dem Hintergrund der Kritischen Psychologie - Dokumentation einer Unterrichtseinheit. in: EUTENER, K.: Handlungsfähigkeit in der Sporterziehung. Köln: Pahl-Rugenstein, 1984, 135-166

FAIRS, J.R.: Sociocultural Control of the Body in Western Society. An Ethicoecinomic Interpretation. in: Canadian Journal of History Sport and Physical Education, 7 (1976) 2, 1-25

FALTERMEIER, L.: Sport macht lebendiger. Neues Lernen mit Geistigbehinderten. Zur Entdeckung des Körper-Potentials und der Körper-Lust von Menschen mit geistiger Behinderung. Bonn-Bad Godesberg: Dürr, 1984

FATERSON, H.F./ WITKIN, H.A.: Longitudinal study of development of the body concept. in: Development Psychology, 2 (1979), 429-438

FELDENKRAIS, M.: Bewußtheit durch Bewegung. Der aufrechte Gang. Frankfurt: Suhrkamp, 1978

FELDENKRAIS, M.: Bewegungserziehung zur Verbindung von Körper und Geist. in: PETZOLD, H. (Hrsg.): Psychotherapie und Körperdynamik. Paderborn: Junfermann, 1979, 176-194

FELKER, D.W.: Relationship Between Self-Concept, Body Built and Perception of Father's Interest in Sports in Boys. in: Research Quarterly, 39 (1968), 513-517

FETZER, B./ VOLKAMER, M./ BEDENBECKER, H.P.: Untersuchungen zur kinästhetischen Wahrnehmung. in: RIEDER, H./ HAHN, R. (Hrsg.): Psychomotorik und sportliche Leistung. Schorndorf: Hofmann, 1976, 124-140

FISHER, S.: The Body Image as a Source of Selective Cognitive Sets. in: Journal of Personality, 33 (1965), 536-552

FISHER, S.: Body Experience in Fantasy and Behavior. New York: Appleton Century Crofts, 1970

FISHER, S.: Body Conciousness: You Are What You Feel. Englewood Cliffs, N.J.: Prentice-Hall, 1973

FISHER, S.: Influence of Information about Self on the Body Boundery. in: Journal of Personality Assessment, 37 (1973),

503-507
FISHER, S.: Effects of Messages Reported to be out of Awareness upon the Body Boundery. in: Journal of Nervous and Mental Disease, 161 (1975) 2, 90-99
FISHER, S.: Body Experience before and after Surgery. in: Perceptual & Motor Skills, 43 (1976), 275-278
FISHER, S. /CLEVELAND, S.E.: Personality, Body Perception, and Body Image Boundery. in: WAPNER, S./ WERNER, H. (Eds.): The Body Percept. New York: Random House, 1965, 48-67
FISHER, S./ CLEVELAND, S.E.: Body Image and Personality. 2nd Ed., New York: Dover Publ., 1968
FISHER, S./ FISHER, R.: Body Image Boundaries and Patterns of Body Perceptions. in: Journal of Abnormal and Social Psychology, 68 (1964), 255-262
FRANZ, W.K./ BERNING, L.W./ REILLY, E.M.: The effect of sensory awareness training on interpersonal social distance in fourth graders. in: Psychology in the Schools, 13 (1976), 58-63
FUNKE, J.: Ergebnisbericht des Arbeitskreises "Körpererfahrung". in: MAIER, H. (Red.): Freizeitsport-Forschung. Wissenschaftliches Symposium an der Universität Oldenburg vom 10. bis 11. Sept. 1980. Oldenburg : ISSW-Selbstverlag, 1980, 105-109
FUNKE, J.: Körpererfahrung. in: Sportpädagogik, 4 (1980) 4, 13-20
FUNKE, J.: Möglichkeiten zur Körpererfahrung im Geräteturnen. in: Hochschulsport, 9 (1982) 6, 11-14
FUNKE, J. (Hrsg.): Sportunterricht als Körpererfahrung. Reinbek: Rowohlt, 1983
FUNKE, J. u.a.: Sportunterricht als Körpererfahrung. in: ADL (Hrsg.): Schüler im Sport - Sport für Schüler. Schorndorf: Hofmann, 1984, 183-198
GELLERT, E.: Children's conceptions of the content and functions of the human body. in: Genetic Psychology Monographs, 65 (1962), 293-405
GERBER, E.W./ MORGAN, W.J.: Sport and the Body. A Philosophical Symposium. 2nd Ed., Philadelphia: Lea & Febiger, 1979
GERSTMANN, J.: Psychological and Phenomenological Aspects of Disorders of the Body Image. in: Journal of Nervous and Mental Disease, 126 (1958) 6, 499-512
GIBSON, J.J.: Die Sinne und der Prozeß der Wahrnehmung. Bern: Huber, 1973
GIKALOV, V.: Verarbeitung der kinästhetischen Information. in: RIEDER, H. u.a. (Hrsg.): Motorik und Bewegungsforschung. Ein Beitrag zum Lernen im Sport. Schorndorf: Hofmann, 1983, 242-249
GOLDBERG, B. / FOLKINS, C.: Relationship of Body-Image to Negative Emotional Attitudes. in: Perceptual & Motor Skills, 39 (1974) 3, 1053-1054
GORDON, I.J.: How-I-See-My-Self-Scale. in: BARROW, H.M. / Mc GHEE, R. (Eds.): Measurement in Physical Education. 2nd Ed. Philadelphia: Lea & Febiger, 1971, 457-461
GORMAN, W.: Body Image and the Image of the Brain. St. Louis Miss.: W.H. Green, 1969

GOTTESMANN, E.G./ CALDWELL, W.E.: The Body-Image Identification Test: A Quantitative Projective Technique to Study an Aspect of Body Image. in: Journal of Genetic Psychology, 108 (1966), 19-33

GROSS, Y./ WEBB, R./ MELZACK, R.: Central and Peripheral Constributions to Localization of Body Parts: Evidence for a Central Body Schema. in: Journal of Experimental Neurology, 44 (1974) 3, 346-362

GRUNERT, J. (Hrsg.): Körperbild und Selbstverständnis. Psychoanalytische Beiträge zu Leib - Seele - Geist. München: Kindler, 1977

GRUPE, O.: Bewegung und Sport - Möglichkeiten der Erfahrung und der Selbstverwirklichung? in: HECKER, G./ KIRSCH, K./ Menze, C. (Hrsg.): Der Mensch im Sport. Schorndorf: Hofmann, 1976, 16-29

GRUPE, O.: Anthropologische Grundlagen der Leibeserziehung und des Sports: Leib/Körper, Bewegung und Spiel. in: GRUPE, O. (Hrsg.): Einführung in die Theorie der Leibeserziehung und des Sports. 5. Aufl. Schorndorf: Hofmann, 1980, 88-110

GÜNTHER, H.: Freiheit durch den Körper. Die überfällige Reaktion auf den leibfeindlichen Fortschrittsglauben der westlichen Zivilisation. in: Die Zeit, 20. Okt. 1978, 29

HAMSEN, G.: Der Einfluß des kinästhetischen Nacheffekts auf die Kugelstoßleistung. in: ADL (Hrsg.) Sport Lehren und Lernen. Schorndorf: Hofmann, 1976, 302-304

HARRIS, D.V.: Exploration of body image in physical activity involvement. in: WADE, M./ MARTENS, R. (Eds.): Psychology of motor behavior and sport. Proceedings of the North American Society for the Psychology of Sport and Physical Activity. Urbana, Ill.: Human Kinetics., 1974, 271-277

HART, B.: Size Estimation as a Measure of Body Image of Movement Performer. in: Research Quaterly, 42 (1971) 4, 391-394

HAWKINS, D.B./ HOROWITZ, H.: Variations in Body Image as a Function of Achievement Level in School Performance. in: Perceptual & Motor Skills, 33 (1971), 1299-1302

HEAD, H.: Studies in Neurology. Vol. I. London: 1920

HELLISON, D.R.: The effect of physical conditioning on selective attitudes toward the self, the body, and physical fitness. Diss. Abstr. Int., 30 (1969), (7-A), 2831

HELLISON, D.R.: Humanistic Physical Education. Englewood Cliffs, N.J.: Prentice Hall., 1973

HENRY, F.M.: Dynamic kinesthetic perception and adjustment. in: Research Quarterly, 24 (1953), 176-187

HOCHLEITNER, M.: Früherkennung von Perzeptionsstörungen. in: Mitteilungen der österreichischen Sanitätsverwaltung, (1973) 2, 57-62

HUNT, V.V./ WEBER, M.E.: Body Image Projective Test. in: Journal of Projective Techniques, 24 (1960), 3-10

JESSEN, K./ WURL, S.: Zur Methodik der Erfassung des Körperschemas bei 6-8 jährigen. in: ADL (Hrsg.): Sport Lehren und Lernen, Schorndorf: Hofmann, 1976, 349-350

JOHNSON, B.L.: Kinesthetic Obstacle Test. in: JOHNSON, B.L./ NELSON, J.K.: A Practical Measurement for Evalution in Physical Education. 2nd Ed. Minneapolis: Burges Publ., 1974, 380-381

JOHNSON, W.: Some psychological aspects of physical rehabilitation: Toward an organismictheory. in: Journal of the Association of Physical and Mental Rehabilitation, 16 (1962) 6, 165-168

JORASCHKY, P.: Das Körperschema und das Körper-Selbst als Regulationsprinzipien der Organismus-Umwelt-Interaktion. München: Minerva, 1983

JOURARD, S.: Out of touch: body-taboo. in: New Society, (1967) 9

JOURARD, S. / SECORD, P.F.: Body-Cathexis and Personality. in: British Journal of Psychology, 46 (1955) 2, 130-135

KAMPER, D./ RITTNER, V. (Hrsg.): Zur Geschichte des Körpers. München / Wien: Carl Hanser, 1976

KANE, J.E.: Personality, Body-Concept and Performance. in: KANE, J.E. (Ed.): Psychological Aspects of Physical Education and Sport. London: Routledge & Kegan Paul, 1972, 91-127

KEANE, F.J.: Instructional models, the development of body concept, and anxiety reduction in elementary school children. in: NADEAU, C.H./ HALLIWELL, W.R./ NEWELL, K.M./ ROBERTS, G.C. (Eds.): Psychology of motor behavior and sport - 1979. Champaign, Ill.: Human Kinetics Publ., 1980, 219-225

KIENER, F.: Untersuchungen zum Körperbild (Body Image) I, in: Ztschft. für klinische Psychologie und Psychotherapie, 21 (1973) 4, 335-349

KIENER, F.: Untersuchungen zum Körperbild (Body Image) II, in: Ztschft. für klinische Psychologie und Psychotherapie, 22 (1974) 1, 45-66

KIPHARD, E.J.: Leibesübung als "Geistes- und Seelenübung". Turnen und Sport unter psychomotorischem Aspekt. in: Turnen und Sport, 51 (1977) 4, 77-79

KIPHARD, E.J.: Entwicklung des Haltungs- und Bewegungsgefühls im Sportförderunterricht der Vor- und Grundschule. in: Haltung und Bewegung, (1981) 1, 8-12

KIPHARD, E.J.: Erziehung zum richtigen Haltungsgefühl. in: Haltung und Bewegung, (1981) 3, 14-16

KIPHARD, E.J.: Unser Kind erfährt seinen Körper. in: IRMISCHER, T./ KIPHARD, E.J./ MENTZ, S./ SCHILLING, F.: Bewegung, Spiel und Sport mit geistig Behinderten. (Schriftenreihe 'Breitensport' des, Bd. 25), Frankfurt: DSB-Selbstverlag, 1982, 11-35

KIPHARD, E.J.: Funktionsstörungen des menschlichen Gleichgewichtsorgans und ihre Beeinflussung durch Übung. in: Motorik, 8 (1985) 1, 14-23

KIRKCALDY, B.D./ THOME, E.: Möglichkeiten des progressiven Entspannungstrainings im Sportunterricht. in: Sportunterricht, 33 (1984) 11, 420-424

KIRKPATRICK, S.W./ SAMDERS, D.M.: Body image stereotypes: A developmental comparison. in: Journal of Genetic Psychology, 132 (1978), 87-95

KLEIN, M.: Körperlichkeit bei Spitzensportlerinnen. in: Sportpädagogik, 4 (1980) 4, 21-24

KLEIN, M. (Hrsg.): Sport und Körper. Reinbek: Rowohlt, 1984
KNAPCZYK, D.R./ LIEMOHN, W.P.: A factor study of Cratty's Body Perception Test. in: Research Quarterly, 47 (1976) 4, 678-682
KUDAR, K.: Experimental Examination of Body-Image on Male Gymnasts. in: ISSP (Hrsg.): Collection of papers, IV. ISSP-Congress, Prag: Selbstverlag 1977, 403-405
KÜKELHAUS, H.: Fassen - Fühlen - Bilden. Organerfahrung im Umgang mit Phänomenen. Köln: Gaia, 1978
KULLMANN, V.: Spiele zur Körpererfahrung. in: Sportpädagogik, 7 (1983) 1, 46-51
KURTZ, R.M.: Sex differences and variantions in body attitudes. in: Journal of Consulting and Clinical Psychology, 33 (1969) 625-629
KURTZ, R.M./ HIRT, M.: Body attitude and physical health. in: Journal of Clinical Psychology, 26 (1970) 149-151
KRAFT, R.E.: Can the Movement Specialist Really Influence Self-Concept? in: Physical Educator, 35 (1978) 1, 20-21
KUNTZ, S.: Körpererfahrung im Sportunterricht einer Schule für Lernbehinderte. in: IRMISCHER, T./ FISCHER, K. (Red.): Bewegungserziehung und Sport an Schulen für Lernbehinderte. (Reihe Motorik Bd. 3). Schorndorf: Hofmann, 1982, 206-215
LANGEFELD, M.J.: Die Bedeutung des eigenen Körpers für das Selbsterlebnis des Kindes. in: Psychologische Rundschau, 5 (1954)
LAYTON, A.: Body Image in Perceptual Learning. in: American Journal of Optometry and Archives of American Academy of Optometry, 49 (1972) 10, 840-846
LeCAMUS, J.: Praxis der Psychomotorik in Frankreich: Geburt, Wiedergeburt und differenzierte Auseinandersetzung mit dem Körper. in: Motorik, 6 (1983) 1, 1-10
LEE, P.N./ LISHMANN, R.: Visual proprioceptive control fo distance. in: Journal of Human Movement Studies, 1 (1975),
LEFCOURT, H.M./ HOGG, E./ SORDONI, C.: Locus of Control, Field Dependence and the Conditions Arousing Objective vs. Subjective Self-Awareness. in: Journal of Research in Personality, (1975) 9, 21-36
LEIST, K.-H.: Körpererfahrung, Bewegungserfahrung und materiale Erfahrung. in: Jugend und Sport, 33 (1976), 172-173
LENZ, H.: Body Image Disorder. in: Wiener Ztschft. für Nervenheilkunde und ihre Grenzgebiete, 17 (1960), 391-397
LIPOWSKI, Z.J.: The Importance of Body Experience for Psychiatry. in: Comprehensive Psychiatry, 18 (1977) 5, 473 479
LIPPE, R. zur: Am eigenen Leibe. Zur Ökonomie des Lebens, Frankfurt: Suhrkamp, 1978
LOWEN, A.: Bioenergetik - Der Körper als Retter der Seele. München: 1976
MAHONEY, E.R.: Body-Cathexis and Self-Esteem: The Importance of Subjective Importance. in: Journal of Psychology, 88 (1974) 1, 27-30
MAHONEY, E.R./ FINCH, M.D.: The dimensionality of body-cathexis. in: Journal of Psychology, 92 (1976) 277-279
MAIER, H.: Neue Wege der Körper- und Bewegungserziehung. Pläy-

doyer für die Einführung des Subjekts in den Sport in Thesen. in: KOCH, J./ MAIER, H./ RIGAUER, B. (Hrsg.): Integrative Körper- und Bewegungserziehung und sportliches Verhalten. Oldenburg: ISSW-Selbstverlag, 1980, 7 - 19
MALONEY, M.P./ PAYNE, L.E.: Note on the Stability of Chances in Body Image due to Sensory Motor Training. in: American Journal of Mental Deficiency, 74 (1970) 5, 708
MASTERS, R./ HOUSTON, J.: Bewußtseinserweiterung über Körper und Geist. München: Kösel, 1983
MATHES, S.: Body Image and Sex Stereotyping. in: OGLESBY, C.A.: Women and Sport. From Myth to Reality. Philadelphia: Lea & Febiger, 1978, 59-72
Mc KINNEY, J.P.: The Development of Values: A Perceptual Interpretation. in: Journal of Personality and Social Psychology, 31 (1975) 5, 801-807
MEDNICK, S.A.: Body Image, Personality and Chi Square. in: Contemporary Psychology, (1960) 5, 316-317
METRAUX, A.: Zur Erfahrung des Leibes. in: GRAUMANN, C.F./ METRAUX, A.: Versuche über Erfahrung. Bern: Huber, 1979
MITCHELL, K.R.: The Body Image Barrier Variable and Level of Adjustment to Stress Induced by Severe Physical Disability. in: Journal of Clinical Psychology, 26 (1970), 4952
MITTERMAIR, F.: Körpererfahrung und Körperkontakt. München: Kösel, 1985
MOEGLING, K.: Team-Teaching, Körpererfahrungssachen und Schülerreaktionen - Freizeitsportunterricht mit Oberstufenschülern. in: MOEGLING, K. (Hrsg.): Wer hat Angst vorm Freizeitsport? Alternativen zum herkömmlichen Sportunterricht. Kassel: Kasseler Vlg, 1984, 185-199
MORCK, L.: Field Dependence-Independence, Body Image and Intropunitiveness in Juvenile and Asult-Onset Obese Women. in: Diss. Abstr. Int., 38 (1977) 2-B, 910-911
MORFORD, W.R.: The value of supplementary visual information during practice on dynamic kinesthetic learning. in: Research Quarterly 37 (1966), 393-405
MOSER, G. u.a.: Selbstwert und Leiblichkeit. in: GRUPE, O. u.a. (Red.): Sport in unserer Welt - Chancen und Probleme. Berlin/Heidelberg/New York: Springer, 1972,45-48
MRAZEK, J.: Die Wahrnehmung des eigenen Körpers. Psychologie heute - Leserumfrage. in: Psychologie heute, 10 (1983) 6, 43-46
MRAZEK, J.: Zufriedenheit mit dem eigenen Körper. in: DECKER, W./ LÄMMER, M. (Red.): Kölner Beiträge zur Sportwissenschaft, Bd. 12, St. Augustin: Richarz, 1983, 155-174
MRAZEK, J.: Selbstkonzept und Körperkonzept. in: DECKER, W./ LÄMMER, M. (Red.): Kölner Beiträge zur Sportwissenschaft. Bd. 13, St. Augustin: Richarz, 1984, 107-129
MRAZEK, J.: Die Ver-Körperung des Selbst: Ergebnisse der Psychologie heute-Umfrage. in: Psychologie heute, 11 (1984) 2, 50-58
MÜLLER, E.: Stressbewältigung durch Entspannungstraining. in: Praxis der Leibesübungen, 19 (1978) 10, 183-185, 19 (1978) 11, 211-212, 19 (1978) 12, 226-228
NELSON, B.A./ ALLEN, D.J.: Scale for the Appraisal of Movement

Satisfaction. in: Perceptual & Motor Skills, 31 (1970), 795-800
NEUHÄUSER, G.: Entwicklungsneurologische Grundlagen von Bewegungsverhalten und Körperschema. in: Motorik, 7 (1984) 4, 153-156
NICKEL, U.: Bewegungsbewußtsein. Bad Homburg: Limpert, 1983
PAULUS, P. Selbstbeurteilung des eigenen Körpers. in: Neurologische Psychiatrie, 5 (1979) 49-56
PAULUS, P.: Zur Erfahrung des eigenen Körpers. Theoretische Ansätze, therapeutische und erziehungswissenschaftliche Aspekte sowie ein empirischer Bericht. Weinheim: Beltz, 1982
PAULUS, P. / OTTE, R.: Zur Erfassung der Zufriedenheit mit dem Aussehen des eigenen Körpers. in: Psychotherapie und Medizinische Psychologie, 29 (1979) 128-141
PERLS, F.: Der Aberglaube von "Körper, Geist und Seele". in: Psychologie heute, (1978) 6, 60-66
PETZOLD, H. (Hrsg.): Psychotherapie und Körperdynamik. Paderborn: Junfermann, 1974
PHILLIPS, M. / SUMMERS, D.: Relation of kinesthetic perpection to motor learning. in: Research Quarterly, 25 (1954), 456-469
PICK, A.: Zur Pathologie des Bewußtseins vom eigenen Körper. in: Neurologisches Zentralblatt, 34 (1915), 257-264
PICK, A.: Störungen der Orientierung am eigenen Körper. in: Psychologische Forschung, 1 (1922), 303-318
PLÜGGE, H.: Über den menschlichen Raum. in: Psyche, 17 (1963/64), 538-555
PLÜGGE, H.: Der Mensch und sein Leib. Tübingen: Niemeyer, 1967
PLÜGGE, H.: Vom Spielraum des Leibes. Salzburg: Müller, 1970
PLÜGGE, H. / KOHN, R.: Wohlbefinden und Missbefinden. in: Psyche, 12 (1958), 33-47
POECK, K.: Der Begriff des Körperschemas und seine Probleme. in: Dt. Gesellschaft für Sprachheilpäd. in Deutschland e.V. (Hrsg.): Sprachheilpädagogische und hirnpathologischen Probleme bei der Rehabilitation von Hirn- und Sprachgeschädigten. Hamburg, Selbstverlag, 1967, 62-75
POECK, K. / ORGASS, B.: Die Entwicklung des Körperschemas bei Kindern im Alter von 4-10 Jahren. in: Neuropsychologia, (1964) 2, 109-130
POECK, K. / ORGASS, B.: Über die Entwicklung des Körperschemas. in: Fortschritte der Neurologie und Psychatrie und ihrer Grenzgebiete, 32 (1964), 538-555
POLHEMUS, T.: Social Bodies. in: BENTHALL, J./ POLHEMUS, T. (Eds.): The Body as a Medium of Expression. London: Allen Lane, 1975, 13-35
POPPE, U.: Zum Verhältnis von Körper und Identität. in: Sportunterricht, 31 (1982), 165-172
PORTMANN, A.: Spezielle Probleme der Lebensgestaltung. Versuch einer Eingliederung der Pflege von Körpergefühl und sportlicher Betätigung. (Schriftenreihe der ETH Magglingen) Basel: Selbstverlag, 1980
RACLAW, H.: An Exploration of the Theory of the Body Image Boundery in Relation to Specific ID Derivatives. in: Diss. Abstr. Int., 36 (1976) 9-B, 4704-4705

READ, D.A.: The influence of competitive and non-competitive programs of physical education on body image and self concept. Doc. Diss. Boston Univ., 1968

RIGAUER, B.: Bewegen - Erinnern - Bewußtwerden. in: Sportpädagogik, 4 (1980) 4, 49-52

RITTNER V.: Zur Soziologie körperbetonter sozialer Systeme. in: NEIDHARDT, F. (Hrsg.): Gruppensoziologie. (Kölner Ztschft. für Soziologie und Sozialpsychologie, Sonderheft 25) 1983, 233-255

ROESCH, H.E.: Sporthistorische Überlegungen zu einer christlichen Leiblichkeit. in: ANDRECS, H./ REDL, S. (Hrsg.): Forschen Lehren, Handeln. Wien: Österreichischer Bundesverlag für Unterricht, Wissenschaft und Kunst, 1976, 103-115

ROGER, D.B.: The Body-Cathexis-Scale: Parallel Forms. in: Perceptual & Motor Skills, 44 (1977), 258

ROHRBACHER, R.: Influence of a Special Camp Program for Obese Boy's on Weight-loss, Self-Concept and Body Image. in: Research Quarterly, 44 (1973) 2, 150-157

ROLOFF, L.L.: Kinesthesis in relation to the learning of selected motor skills. in: Research Quarterly, 24 (1953), 210-217

ROSEN, G.M./ ROSS, A.O.: Relationship of Body Image to Self-Concept. in: Journal of Consulting and Clinical Psychology, 32 (1968), 100

ROSSI, B. / ZOCCOLOTTI, P.: Body perception in athletes and nonathletes. in: Perceptual & Motor Skills, 49 (1979), 723-726

ROWE, M.A.: Re-evaluation the Physical. in: Physical Education, 14 (1978) 1, 10-20

ROWE, A.S./ CALDWELL, W.E.: The Somatic Apperception Test. in: Journal of General Psychology, 68 (1963), 59-69

RÜSSEL, A.: Psychomotorik. Empirie und Theorie der Alltags-, Sport- und Arbeitsbewegungen. Darmstadt: Steinkopff, 1976

RUMPF, H.: Beherrscht und verwahrlost. Über den Sportkörper, den Schulkörper und die ästhetische Erziehung. in: Ztschft. für Pädagogik, 29 (1983) 333-346

RUMPF, H.: Der Menschenkörper - ein Bewegungsapparat?. in: DIETRICH, K. / LANDAU, G. (Red.): Annäherungen, Versuche, Betrachtungen. Bewegung zwischen Erfahrung und Erkenntnis (Sonderheft der Ztschft. Sportpädagogik). Seelze: Friedrich, 1983, 10-12

SCHERLER, K.: Bewegung und Erfahrung. in: HAHN, E./ PREISING, W. (Red.): Die menschliche Bewegung. Human Movement. (Schriftenreihe des Bundesinstituts für Sportwissenschaft, Band 7.) Schorndorf: Hofmann, 1976, 93-104

SCHILDER, P.: Das Körperschema. Ein Beitrag zur Lehre vom Bewußtsein des eigenen Körpers. Berlin: Intern. Univ. Press, 1923

SCHILDER, P.: The Image and Appearance of the Human Body. New York: John Wiley & Sons, 1950 (Erstveröffentlichung 1935)

SCHMIDBAUER, W.: Im Körper zuhause. Frankfurt: Fischer, 1982

SCHNEIDER, F.J.: Eine Untersuchung über den Einfluß einer Sportunterrichtseinheit: "Schöpferische Bewegung und Pantomine" auf das Körperbildnis, das Selbstbildnis und die Körperkoordination. in: Sportunterricht, 28 (1979) 4, 133-138

SCHRICKER, G.: Entspannung und Körpererleben im Schulsport. in: Sportunterricht, 27 (1978) 8, 306, 311
SCHRICKER, G.: Übungsbeispiele zur Entwicklung des Körperbewußtseins im Sportunterricht an Berufschulen. in: Lehrhilfen für den Sportunterricht, Beilage zur Ztschft. Sportunterricht, 33 (1984) 10, 129-133
SCHWAB, J.J./ HARMELING, J.D.: Body Image and Medical Illness. in: Psychosomatic Medicine, 30 (1968), 51-61
SCOTT, M.G.: Measurement of Kinesthesis. in: Research Quarterly, 26 (1955), 324-341
SCOTT, M.G.: Tests of Kinesthesis. in: BARROW, H.M. / Mc GHEE, R.A. (Eds.): A Practical Approach to Measurement in Physical Education. Philadelphia: Lea & Febiger, 1975
SECORD, P./ JOURARD, S.: The appraisal of body cathexis: body cathexis and the self. in: Journal of Consulting and Clinical Psychology, 17 (1953), 343-347
SHONTZ, F.C.: Perceptual and Cognitive Aspects of Body Experience. New York: Academic Press, 1969
SHONTZ, F.C.: Physical disability and personality. in: NEFF, W.S. (Ed.): Rehabilitation psychology. Washington: American Psychology Association, 1971, 33-73
SHONTZ, F.C.: Structure and Functions of Body Experience. in: SHONTZ, F.C.: The Psychological Aspects of Physical Illness and Disability. New York: Mc Millan Publ., 1975, 61-81
SIBLIK, E.: Körperbild und motorische Geschicklichkeit. Wien: Diss., 1973
SLADE, P.D.: Awareness of Body Dimensions during Pregnancy: An Analogue Study. in: Journal of Psychological Medicine, 7 (1977) 2, 245-252
SLATER-HAMMEL, A.T.: Measurement if kinesthetic perception of muscular force with muscle potential changes. in: Research Quarterly, 28 (1957), 153-159
SMYTHIES, J.R.: The Experience and Discription of the Human Body. in: Brain, 76 (1953), 132-145
SNYDER, E.E./ KIVLIN, J.E.: Women Athletes and Aspects of Psychological Well-Being and Body-Image. in: Research Quarterly, 46 (1975), 191-199
SOMMER, R.: Personal Space. The Behavioral Basis of Design. Englewood Cliffs: Prentice Hall, 1969
STAFFIERI, J.R.: A Study of Social Stereotype of Body Image in Children. in: Journal of Personality and Social Psychology, (1967) 7, 101-104
START, K.B. Kinesthesis and mental practice. in: Research Quarterly, 35 (1964),-
STELTER, R.: Körperausdruck in Bewegung und Tanz. Eine Unterrichtseinheit in einem gemischten Oberstufenkurs 'Gymnastik'. in: Sportunterricht, 34 (1985) 3, 100-107
STILES, D.B. / SMITH, H.M.: A Film Technique for Assessing Children's Self-Estimation of Body Size under Static and Dynamic Conditions. in: Perceptual & Motor Skills, 45 (1977), 1275-1282
STOLZE, H.: Selbsterfahrung und Bewegung. in: Praxis der Psychotherapie, 17 (1972), 165

STOLZE, H.: Bewegungserlebnis als Selbsterfahrung. in: HAHN, E./ PREISING, W. (Hrsg.): Die menschliche Bewegung. Schorndorf: Hofmann, 1977, 105-133

STONE, R.E.: Relationship between the Perception and Reproduction of Body Postures. in: Research Quarterly, 39 (1968), 721-727

STRAUB, B. / APPELT, H.: Ein Fragebogen zur Beurteilung des eigenen Körpers. in: Diagnostica, 29 (1983) 145-164

TOLOR, A. / DIGRAZIA, P.V.: The Body Image of Pregnant Women as Reflected in Their Human Figure Drawings. in: Journal of Clinical Psychology, 23 (1977) 2, 566-571

UNGERER, D.: Die Psychosomatik der Bewegung. in: Der Sportarzt, 8 (1959), 23-31

VAN DALEN, D.B.: Body Image and the Presidency: Abraham Lincoln. in: Research Quaterly, 46 (1975), 489-497

VAYER, P.: L'Education du schema corporel. Cle de voute de l'education du jeune enfant. in: Revue de l'Education Physique, (1972) 12, 23-44

VINCENT, W.J. / DORSEY, D.S.: Body image Phenomena and Measures of Physiological Performance. in: Research Quaterly, 39 (1968), 1101-1106

WALKER, D.L.: Body image and blindness: A review of related theory and research. in: American Foundation for the Blind Research Bulletin, 25 (1973), 211-231

WAPNER, S. / WERNER, H.: (Eds.): The Body Percept. New York: Random House, 1965

WAPNER, S. / WERNER, H.: An Experimental Approach to Body Perception from the Organismic-Developmental Point of View. in: WAPNER, S. / WERNER, H. (Eds.): The Body Percept. New York: Random House, 1965, 9-25

WEDELL, K.: Follow-up Study of Perceptual Ability in Children with Hemiplegia. in: Little Clubs Clinics in Developmental Medicine, (1961) 4, 76-85

WHITING, H.T.A.: The Body-Concept. in: WHITING, H.T.A. / HARDMAN, K./ HENDRY, L.B. / JONES, M.G., Personallity and Performance in Physical Education and Sport. London: Henry Kimpton Publ., 1973, 43-75

WIEBE, V.R.: A study of tests of kinesthesis. in: Research Quaterly, 33 (1962), 476-484

WIECZOREK, M. / SOENNICHSEN, G. / NAUMANN, E.: Vorstellung des Projekts - Ich selbst - mein Körper - mein Verhalten. in: ADL (Hrsg.): Sport - Lehren und Lernen. Schorndorf: Hofmann, 1976, 111-115

WIEGERSMA, P.H.: Psychomotorik, Körperschema und Körpererleben. in: EGGERT, D. / KIPHARD, E.J. (Hrsg.): Die Bedeutung der Motorik für die Entwicklung normaler und behinderter Kinder. Schorndorf: Hofmann, 1972, 98-120

WILLKE, E.: Tanz - Erfahrung jenseits der Sprache. in: Psychologie heute, 5 (1978) 7, 14-25

WILLKE, E.: Körper - Bewegung - Psyche. Überlegungen zur Einheit des Menschen. in: Motorik, 4 (1981) 2, 40-49

WIPPICH, U.: Die Reise durch den Körper. (Hrsg. von der Gesellschaft für Verkaufsforschung und Verkaufstraining mbH)

Kiel: Stade, 1978
WITKIN, H.A.: Development of the Body Concept and Psychological Differentiation. in: WAPNER, S. / WERNER, H. (Eds.): The Body Percept. New York: Random House, 1965, 26-47
WITKIN, H.A. / MOORE, C.A. / GOODENOUGH, D.R. / COX, P.W.: Field-dependent and Field-independent Cognitive Styles and their Educational Implications. in: Review of Educational Research, 47 (1977), 1-64
WITTE, F.: Relation of kinesthetic perception to a selected skill for elementary school children. in Research Quaterly, 16 (1945), 277-278
WURZEL, B.: Lernziel: Körperkontakte - ? in: Sportunterricht, 31 (1982) 5, 173-178
YOUNG, O.G.: A study of kinesthesis in relation to selected movements. in: Research Quaterly, 16 (1945), 277-287
ZANER, R.M.: The Radical Reality of the Human Body. in: Humanitas, (1966) 2, 73-87
ZIMMER-SCHÜRINGS, M.: Atem mehr als eine körperliche Funktion. in: ZIMMER-SCHÜRINGS, M. (Hrsg.): Bewegungserziehung oder Körpertherapie? Oldenburg: Selbstverlag, 1979, 22-30
ZIMMER-SCHÜRINGS, M: Überblick über einige Verfahren psychophysischer Körper- und Bewegungserziehung. in: ZIMMER-SCHÜRINGS, M. (Hrsg.): Bewegungserziehung oder Körpertherapie. Informationen aus dem Modellversuch Freizeitsport 2. Oldenburg: Selbstverlag, 1979, 31-54
ZIMMER-SCHÜRINGS, M. / MAIER, H. (Hrsg.): Zur Theorie und Praxis von Körper- und Bewegungserziehung. Oldenburg: Selbstverlag, 1979

Die Autoren

BAUMANN, Sigurd, geb. 1937

Dr. phil., Dipl. Psych., Studiendirektor am Institut für Sportwissenschaft der Universität Würzburg.
Arbeitsschwerpunkte: Sportsoziologie, Grundschuldidaktik, Bewegungsforschung, u.a. zum Körperschema.
Publikationen: Sport in der Grundschule, München: TR-Verlagsunion, 1976; Sportspiele, München: BLV, 1979; sowie weitere Bücher und Aufsätze zu den o.a. Arbeitsschwerpunkten.

BIELEFELD, Christa, geb. 1946

Sonderschullehrerin an einer Schule für Lernbehinderte in Kiel.
Arbeitsschwerpunkte: Didaktik der Lern- und Geistig Behinderten.
Publikationen: Sonderschüler in der Sicht angehender Sonderschullehrer. in: Die Sonderschule in SH, 2 (1975) 2, 78-86 (gemeinsam mit J. BIELEFELD); Ein motopädagogisches Förderprogramm zur Körpererfahrung, in Motorik, 3 (1980) 3, 130-140 (gemeinsam mit J. BIELEFELD).

BIELEFELD, Jürgen, geb. 1943

Dr. phil., Professor in der Abt. Sondererziehung und Rehabilitation der Universität Dortmund.
Arbeitsschwerpunkte: Bewegungserziehung mit (Lern-)Behinderten, Motologie, Einstellungsforschung und Lehrerverhalten.
Publikationen: Einstellung zum Sport, Schorndorf: Hofmann, 1981; Sportlehrerverhalten, Schorndorf: Hofmann, 1982 (gemeinsam mit H. ALLMER); Bewegungserziehung mit Lernbehinderten, Schorndorf: Hofmann, 1983; sowie weitere Bücher und Aufsätze zu den o.a. Arbeitsschwerpunkten.

LANGE, Helgard, geb. 1944

Akad. Rätin am Institut für Sportwissenschaft der Technischen Universität Braunschweig.
Arbeitsschwerpunkte: Bewegungsforschung, Tanzdidaktik, Sportsoziologie.

LEIST, Karl-Heinz, geb. 1940

Dr. phil., Professor für Sportpädagogik im Fachbereich Wirtschafts- und Sozialwissenschaften der Technischen Universität München. Arbeitsschwerpunkte: Pädagogische Motorik- und Bewegungsforschung, Sportdidaktik, sportpädagogische Handlungsforschung. Publikationen: Körpererfahrung, in: Sonderheft der Ztschft. Sportpädagogik 1983; Vernachlässigte Bezugsgrundlagen für das Lehren und Lernen sportlicher Bewegungen, in: Sonderheft der Ztschft. Sportpädagogik 1983; sowie weitere Bücher und Aufsätze zu den o.a. Arbeitsschwerpunkten.

LOIBL, Jürgen, geb. 1945

Dr. rer. nat., Professor im Fachbereich Sportwissenschaft, Arbeitsbereich Bewegung und Training der Universität Hamburg. Arbeitsschwerpunkte: Bewegungsforschung, Biomechanik, Wahrnehmungspsychologie, Sportdidaktik. Publikationen: Der Vorgang der Bewegungswahrnehmung: Analyse und Konsequenzen für die Konstruktion von Medien, in: FUS, Ztschft. für Medien im Sport, 2/1983; Aspekte der visuellen Bewegungswahrnehmung im Sport, in: CHRISTMANN, E. (Red.): Volleyball trainieren, Ahrensburg: Czwalina, 1984; sowie weitere Aufsätze zu den o.a. Arbeitsschwerpunkten.

MRAZEK, Joachim, geb. 1947

Dr. phil., Dipl.-Psych., wiss. Mitarbeiter am Institut für Sportsoziologie und Freizeitpädagogik der Deutschen Sporthochschule Köln. Arbeitsschwerpunkte: Körperkonzept, Einstellung zu Sport und Gesundheit, Methoden der empirischen Sozialforschung. Publikationen: Die Ver-Körperung des Selbst, in: Psychologie heute, 11 (1984) 2, 50-58; Zufriedenheit mit dem eigenen Körper, in: DECKER, W./LÄMMER, M. (Red.): Kölner Beiträge zur Sportwissenschaft, Bd. 12, St. Augustin: Richarz, 1983, 155-174; sowie weitere Aufsätze zu den o.a. Arbeitsschwerpunkten.

PAULUS, Peter, geb. 1948

Dr. phil., Dipl. Psych., Hochschulassistent am Institut für Pädagogische Psychologie der Universität Göttingen. Arbeitsschwerpunkte: Psychische Gesundheit, Körpererfahrung, Didaktik der Psychologie, Familienhilfe, Pflegepersonal-Patient-Beziehung. Pubikationen: Zur Erfahrung des eigenen Körpers, Weinheim: Beltz, 1982; Psychologie Lernen, Eine Einführung und Anleitung, Weinheim: Beltz, 1985 (gemeinsam mit H.P. NOLTING); sowie div. Aufsätze zu den o.a. Arbeitsschwerpunkten.

PETER-BOLAENDER, Martina, geb. 1952

Oberstudienrätin i.H. an der Abteilung für Sportwissenschaft der Ruhr-Universität Bochum.
Arbeitsschwerpunkte: Gymnastik und Tanz in der Sportlehrerausbildung, Kreativitäts- und Körperforschung.
Publikationen: div. Aufsätze zu den o.a. Arbeitsschwerpunkten.

RITTNER, Volker, geb. 1946

Dr. phil., Professor am Institut für Sportsoziologie und Freizeitpädagogik der Deutschen Sporthochschule Köln.
Arbeitsschwerpunkte: Soziologie des Körpers, Sport- und Medizinsoziologie.
Publikationen: Zur Geschichte des Körpers, München: Hanser, 1976 (gemeinsam mit D. KAMPER); sowie zahlreiche Aufsätze zu den o.a. Arbeitsschwerpunkten.